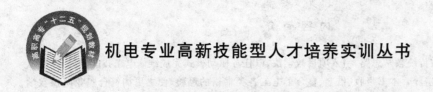
机电专业高新技能型人才培养实训丛书

电工电子实训操作教程

刘朝辉　宋宏文　主编

北京航空航天大学出版社

内容简介

本教材的编写力图突破传统教学思路,引入项目教学法,以任务驱动模式完成维修电工技能学习;坚持从实际出发,重视实践能力的培养。本书吸收、借鉴、整合了电工各类书籍的经验,使之更加符合职业院校教学需求。本书涵盖:电工的基本操作、电工仪表、电力拖动、电子技术、可编程控制器(PLC)、CAD、可控整流、直流调速技术及单片机等相关知识。

本书可作为职业院校电类专业教学用书,亦可作为相关领域学习和培训指导用书。

图书在版编目(CIP)数据

电工电子实训操作教程 / 刘朝辉,宋宏文主编. --北京:北京航空航天大学出版社,2013.10
ISBN 978-7-5124-1195-1

Ⅰ. ①电… Ⅱ. ①刘… ②宋… Ⅲ. ①电工技术-高等职业教育-教材②电子技术-高等职业教育-教材 Ⅳ. ①TM②TN

中国版本图书馆 CIP 数据核字(2013)第 155919 号

版权所有,侵权必究。

电工电子实训操作教程

刘朝辉　宋宏文　主编

责任编辑　金友泉

*

北京航空航天大学出版社出版发行

北京市海淀区学院路 37 号(邮编 100191)　http://www.buaapress.com.cn
发行部电话:(010)82317024　传真:(010)82328026
读者信箱:goodtextbook@126.com　邮购电话:(010)82316936

北京时代华都印刷有限公司印装　各地书店经销

*

开本:787×1 092　1/16　印张:25.25　字数:646 千字
2013 年 10 月第 1 版　2013 年 10 月第 1 次印刷　印数:4 000 册
ISBN 978-7-5124-1195-1　定价:40.00 元

若本书有倒页、脱页、缺页等印装质量问题,请与本社发行部联系调换。联系电话:(010)82317024

序　言

职业教育是我国国民教育体系的重要组成部分,而教材建设是深化职业教育教学改革、提高职业教育教学质量的关键环节。随着科学技术和国民经济的迅猛发展,对从业人员的知识结构与实践操作能力的要求越来越高,专业课程改革如何满足学生就业的实际需求,教材建设如何适应课程改革的需要,是职业教育领域普遍面临的重要课题。

目前职业院校所应用的教材大多按传统的学科知识体系进行编排,过分强调学科基本知识,教材在反映知识的综合运用上有待进一步提高;教材内容老化,知识内容与行业科技前沿有一定差距,不能完全反映现代科学技术的发展水平;教材结构和内容过于单调,陈述性语言过多,不利于引起学生的学习兴趣;内容缺乏与相关行业和职业资格证书的衔接。这些情况直接影响了学生理解和掌握专业知识,妨碍学生创造力的培养,也不利于学生进行自学。

针对目前职业教育教材所存在的不足,天津机电工艺学院做了卓有成效的尝试,他们主动适应经济社会发展要求,从职业能力的研究入手,紧贴企业生产实际开展教学研究,以相关职业岗位的实际需求为目标,探索更加适合当前技能人才需求的教育培养模式,着力开发一体化课程。本套丛书便是他们几年来实施教学改革研究的结晶。

本丛书学以致用和"做中学"的特征显著,侧重培养学生的应用能力和创新素质。学生应掌握的专业知识和技能明确、具体;根据具体教学内容的特征及其所适用的教法,设计各书的结构,选取教学案例;教学过程详实;教学手段合理;内容由浅入深、简明扼要、通俗易懂。作为同类教材中的佼佼者,希望本丛书能为机电类职业教改提供有益的借鉴和思考。

中国职业教育学会副会长
天津职业技术师范大学校长

前　言

随着社会的进步和科学的发展,电工类的设备及产品更新换代迅猛,电类专业的教学设备、教材也随之改变。此教材为职业院校电工类专业教学所用,亦可作为相关领域学习和培训指导用书。

教材编写中坚持从实际出发,重视实践能力的培养;着重介绍了基本概念、基本理论和基本的操作方法。教材内容以实际操作为主,配合相关的理论知识;吸收、借鉴、整合了一些电工类书籍的经验,本着实用、够用和能用的原则,使之更加符合职业院校教学需求。此书主要内容有:电工的基本知识、电工仪表、电力拖动、典型机床电路检修、电机介绍、电子技术、可编程控制器(西门子PLC)、电子CAD、可控整流、直流调速技术及单片机的相关知识等。

参加编写人员有:宋宏文、刘朝辉、方晓群、周秀峰、齐丽、朱琳、李慧洁、毛玉春、袁伟伟、张长勇和刘建海共11位老师。

全书由刘朝辉、宋宏文任主编,天津职业技术师范大学张国香主审。

由于作者的水平有限,书中难免有不足之处,恳请广大使用者批评指正,在这里我们感谢广大使用者,将认真听取您的宝贵建议,在今后的工作中加以改进,使之更加完善。

机电工艺学院
电气工程系
2013年5月

《机电专业高新技能型人才培养实训丛书》编委会

主　任　　宋春林
委　员　　卜学军　　孙　爽　　张铁城　　阎　兵
　　　　　张玉洲　　刘介臣　　李　辉　　张国香
　　　　　王金城　　雷云涛　　张　宇　　刘　锐
总主编　　孙　爽　　卜学军
总主审　　刘介臣

本书编委会

主　编　　刘朝辉　　宋宏文
编　者　　周秀峰　　李惠洁　　宋宏文　　刘朝辉
　　　　　方晓群　　张长勇　　齐　丽　　朱　琳
　　　　　袁伟伟　　刘建海　　毛玉春

目 录

绪 论 安全用电 ·· 1
  0.1 安全用电常识 ··· 1
  0.2 设备运行安全常识 ·· 2
  0.3 安全电压 ··· 2
  0.4 触电事故原因 ··· 2
  0.5 电流对人体的伤害 ·· 4
  0.6 触电后的急救 ··· 5

模块一 电工基本技能 ··· 8
  课题一 验电工具的使用 ·· 8
  课题二 螺钉旋具的使用 ·· 9
  课题三 导线绝缘层的剖削及安装圈的制作 ·· 11
  课题四 导线的连接 ··· 14
  课题五 导线绝缘层的恢复 ··· 17

模块二 继电-接触式控制电路的安装与调试 ·· 19
  常用低压电器介绍 ··· 19
  课题一 交流接触器的拆装与检修 ··· 29
  课题二 三相异步电动机正转控制线路的安装与调试 ··························· 33
  课题三 三相异步电动机正反转控制线路的安装与调试 ······················ 36
  课题四 顺序控制线路的安装与调试 ·· 41
  课题五 星形-三角形降压启动控制线路的安装与调试 ·························· 45
  课题六 单相半波整流能耗制动控制线路的安装与调试 ······················· 48
  课题七 多速异步电动机控制线路的安装与调试 ································· 51

模块三 可编程控制器 ··· 56
  第一节 可编程控制器的基本概况 ·· 56
  第二节 S7-200可编程序控制器硬件构成 ·· 58
  第三节 西门子PLC的程序开发过程 ··· 62
  第四节 S7-200存储器的数据类型与寻址方式 ···································· 69
  第五节 西门子S7-200指令 ··· 73
  课题一 PLC认知实训 ··· 83
  课题二 典型电动机控制实训 ··· 91
  课题三 抢答器控制 ··· 95
  课题四 十字路口交通灯控制 ··· 98

目录

  课题五 四节传送带控制……………………………………………………… 101
  课题六 音乐喷泉控制…………………………………………………………… 104
  课题七 装配流水线控制………………………………………………………… 106
  课题八 机械手控制……………………………………………………………… 109
  课题九 基于 PLC 的 C6140 普通车床电气控制………………………………… 113
  课题十 基于 PLC 的变频器外部端子的电机正反转控制……………………… 119

模块四 常用电工仪器仪表的使用……………………………………………………… 121

  课题一 用钳形电流表测量三相笼型异步电动机的空载电流…………………… 121
  课题二 利用兆欧表测量电动机绝缘电阻……………………………………… 123
  课题三 指针式万用表的基本操作……………………………………………… 126
  课题四 数字式万用表的基本操作……………………………………………… 130
  课题五 数字示波器测量波形的频率和峰值…………………………………… 134

模块五 电子技术基本操作……………………………………………………………… 142

  课题一 电阻器的识别与检测…………………………………………………… 142
  课题二 电容器的识别与检测…………………………………………………… 147
  课题三 识别与检测二极管……………………………………………………… 150
  课题四 识别与检测三极管……………………………………………………… 153
  课题五 电烙铁的安装与检测…………………………………………………… 158
  课题六 电子元器件在印制电路板上的插装与焊接…………………………… 162
  课题七 多用充电器的制作……………………………………………………… 169
  课题八 光控音乐电路…………………………………………………………… 175
  课题九 温控电路制作…………………………………………………………… 179
  课题十 水满告知箱电路制作…………………………………………………… 183
  课题十一 十进制全加器译码显示电路制作……………………………………… 186
  课题十二 555 集成块门铃电路……………………………………………………… 191

模块六 电子 CAD……………………………………………………………………… 195

  第一节 DXP 软件简介…………………………………………………………… 195
  第二节 电路原理图设计基础…………………………………………………… 197
  第三节 制作元器件与建立元器件库…………………………………………… 202
  第四节 PCB 板设计……………………………………………………………… 205
  课题一 利用 DXP 软件自制元器件并绘制原理图……………………………… 210
  课题二 应用 DXP 软件设计 PCB 板……………………………………………… 212

模块七 机床线路电气故障检修…………………………………………………………… 217

  基础篇 工业机械电气设备维修的一般要求和方法…………………………… 217
  课题一 CA6140 车床电气控制线路的检修……………………………………… 219

课题二	M7120 平面磨床电气控制线路的检修	223
课题三	Z3050 摇臂钻床电气控制线路的检修	227
课题四	X62W 万能铣床电气控制线路的检修	230
课题五	T68 镗床电气控制线路的检修	234

模块八　电动机相关知识 238

课题一	三相异步电动机的拆装与运行	238
课题二	三相异步电动机的故障排除	243

模块九　单片机 247

第一节	单片机(MCS-51)简介	247
第二节	MCS-51 系列单片机的指令系统及汇编语言程序设计	252
课题一	51 系列通用 I/O 控制	254
课题二	定时器/计数器的应用	264
课题三	中断系统的应用	268
课题四	数码管的静态显示	273
课题五	4×4 矩阵式键盘识别技术	277
课题六	8×8 点阵式 LED 显示	279

附　表 285

参考文献 393

绪 论 安全用电

随着电能应用的不断拓展,以电能为介质的各种电气设备广泛进入企业、社会和家庭生活中。但是,由于电本身看不见,摸不着,具有潜在的危险性,因此只有掌握了用电规律,懂得用电常识,按操作规程办事,电就可以为人类服务;否则,会造成电气事故,导致人身触电,电气设备损坏,轻则使人受伤,重则致人死亡。所以必须重视安全用电问题。

0.1 安全用电常识

① 不掌握电气知识的人员,不可安装和拆卸电气设备及电路。
② 禁止用一线(相线)一地(接地)安装用电器具。
③ 开关控制必须是相(火)线。
④ 绝不允许私自乱接电线。
⑤ 在一个插座上不可接过多或功率过大的电器。
⑥ 不准用铁丝或铜丝代替正规熔体。
⑦ 不可用金属丝绑扎电源线。
⑧ 不允许在电线上晾晒衣物。
⑨ 不可用湿手接触带电的电器,如开关、灯座等,更不可用湿布揩擦电器。
⑩ 私自在原有的线路上增加用电器具或采用不合格的用电器具。
⑪ 电动机和电气设备上不可放置衣物,不可在电动机上坐立,雨具不可挂在电动机或开关等电器的上方。
⑫ 任何电气设备或电路的接线桩头均不可外露。
⑬ 堆放和搬运各种物资、安装其他设备要与带电设备和电源线保持一定的安全距离。
⑭ 在搬运电钻、电焊机和电炉等可移动电器之前,应首先切断电源,不允许拖拉电源线来搬移电器。
⑮ 发现任何电气设备或电路的绝缘物有破损时,应及时对其进行绝缘物修复。
⑯ 在潮湿环境中使用可移动电器,必须采用额定电压为 36 V 的低压电器,若采用额定电压为 220 V 的电器,其电源必须采用隔离变压器;在金属容器如锅炉、管道内使用移动电器一定要用额定电压为 12 V 的低压电器,并要加接临时开关,还要有专人在容器外监护;低压移动电器应装特殊型号的插头,以防插入电压较高的插座上。
⑰ 雷雨时,不要接触或走近高电压电杆、铁塔和避雷针的接地导线的周围,不要站在高大的树木下,以防雷电入地时发生跨步电压触电;雷雨天禁止在室外变电所或室内的架空引入线上进行作业。
⑱ 切勿走近断落在地面上的高压电线,万一高压电线断落在身边或已进入跨步电压区域时,要立即用单脚或双脚并拢跳到 10 m 以外的地方。为了防止跨步电压触电,千万不可奔跑。

0.2 设备运行安全常识

① 在进行电气设备安装与维修操作时，必须严格遵守各种安全操作规程和规定，不得玩忽职守。

② 操作时，要严格遵守停电操作的规定，要切实做好防止突然送电时的各项安全措施，如锁上闸刀，并挂上"有人工作，不许合闸"的警告牌等，不准约定时间送电。

③ 在邻近带电部分操作时，要保证有可靠的安全距离。

④ 操作前应检查工具的绝缘手柄、绝缘鞋和绝缘手套等安全用具的绝缘性能是否良好，有问题的应立即更换，并应作定期检查。

⑤ 登高工具必须安全可靠，未经登高训练的，不准进行登高作业。

⑥ 发现有人触电，要立即采取正确的抢救措施。

⑦ 必须严格遵照操作规程进行运行操作，合上电源时，应先合隔离开关，再合负荷开关；分断电源时，应先断开负荷开关，再断开隔离开关。

⑧ 在需要切断故障区域电源时，要尽量缩小停电范围。有分路开关的，要尽量切断故障区域的分路开关，尽量避免越级切断电源。

⑨ 电气设备一般都不能受潮，要有防止雨、雪和水侵袭的措施。电气设备在运行时会发热，要有良好的通风条件，有的还要有防火措施。有裸露带电体的设备，特别是高压设备，要有防止小动物窜入造成短路事故的措施。

⑩ 所有电气设备的金属外壳，都必须有可靠的保护接地。

⑪ 凡有可能被雷击的电气设备，都要安装防雷装置。

0.3 安全电压

不带任何防护设备，对人体各部分组织均不造成伤害的电压值，称为安全电压。我国规定 12 V、24 V、36 V 三个电压等级为安全电压级别。在湿度大、狭窄、行动不便、周围有大面积接地导体的场所（如金属容器内、矿井内、隧道内等）使用的手提照明，应采用 12 V 安全电压。凡手提照明器具，在危险环境、特别危险环境的局部照明灯，高度不足 2.5 m 的一般照明灯，携带式电动工具等，若无特殊的安全防护装置或安全措施，均应采用 24 V 或 36 V 安全电压。

0.4 触电事故原因

众所周知，触电事故是由电流形成的能量所造成的事故。为了更好地预防触电事故，首先应了解触电事故的种类方式。例如，在人们日常生活中经常出现如图 0.1 所示的不安全现象，从而导致触电事故的发生。

1. 触电事故种类

按照触电事故的构成方式，触电事故可分为电击和电伤。

（1）电击

电击是电流对人体内部组织的伤害，是最危险的一种伤害，绝大多数（大约85％以上）的

| 线破损火线漏出 | 湿手 | 潮湿 |

图 0.1 不安全现象

触电死亡事故都是由电击造成的。

(2) 电伤

电伤是由电流的热效应、化学效应、机械效应等效应对人造成的伤害。触电伤亡事故中,纯电伤性质及带有电伤性质的约占75%(电烧伤约占40%)。尽管大约85%以上的触电死亡事故是由电击造成的,但其中大约70%的含有电伤成分。对专业电工的自身安全而言,预防电伤具有更加重要的意义。

① 电烧伤 是电流的热效应造成的伤害,分为电流灼伤和电弧烧伤。

电流灼伤是人体与带电体接触,电流通过人体由电能转换成热能造成的伤害。电流灼伤一般发生在低压设备或低压线路上。

电弧烧伤是由弧光放电造成的伤害,分为直接电弧烧伤和间接电弧烧伤。前者是带电体与人体之间发生电弧,有电流流过人体的烧伤;后者是电弧发生在人体附近对人体的烧伤,包含熔化了的炽热金属溅出造成的烫伤。直接电弧烧伤是与电击同时发生的。

电弧温度高达 8 900 ℃ 以上,可造成大面积、大深度的烧伤,甚至烧焦、烧掉四肢及其他部位。大电流通过人体,也可能烘干、烧焦机体组织。高压电弧的烧伤较低压电弧严重,直流电弧的烧伤较工频交流电弧严重。

② 皮肤金属化 是在电弧高温的作用下,金属熔化、汽化,金属微粒渗入皮肤,使皮肤粗糙而张紧的伤害。皮肤金属化多与电弧烧伤同时发生。

③ 电烙印 是在人体与带电体接触的部位留下的永久性斑痕。斑痕处皮肤失去原有弹性、色泽,表皮坏死,失去知觉。

④ 机械性损伤 是电流作用于人体时,由于中枢神经反射和肌肉强烈收缩等作用导致的机体组织断裂、骨折等伤害。

⑤ 电光眼 是发生弧光放电时,由红外线、可见光、紫外线对眼睛的伤害。电光眼表现为角膜炎或结膜炎。

2. 触电事故方式

按照人体触及带电体的方式和电流流过人体的途径,电击可分为单相触电、两相触电和跨步电压触电。

(1) 单相触电

当人体直接碰触带电设备的其中一相时,电流通过人体流入大地,这种触电现象称为单相触电。对于高压带电体,人体虽未直接接触,但由于超过了安全距离,高电压对人体放电,造成单相接地而引起的触电,也属于单相触电。

低压电网通常采用变压器低压侧中性点直接接地和中性点不直接接地(通过保护间隙接地)的接线方式,这两种接线方式发生单相触电的情况如图 0.2 所示。

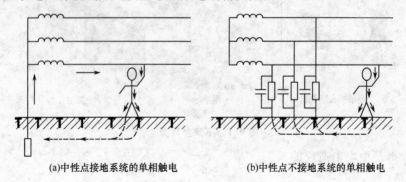

(a)中性点接地系统的单相触电　　　　　(b)中性点不接地系统的单相触电

图 0.2　单相触电示意图

(2) 两相触电

人体同时接触带电设备或线路中的两相导体,或在高压系统中人体同时接近不同相的两相带电导体,而发生电弧放电,电流从一相导体通过人体流入另一相导体,构成一个闭合回路,这种触电方式称为两相触电。发生两相触电的情况如图 0.3 所示。

发生两相触电时,作用于人体上的电压等于线电压,这种触电是最危险的。

(3) 跨步电压触电

当电气设备发生接地故障,接地电流通过接地体向大地流散,在地面上形成电位分布时,若人在接地短路点周围行走,其两脚之间的电位差,就是跨步电压。由跨步电压引起的人体触电,称为跨步电压触电。发生跨步电压触电的情况如图 0.4 所示。

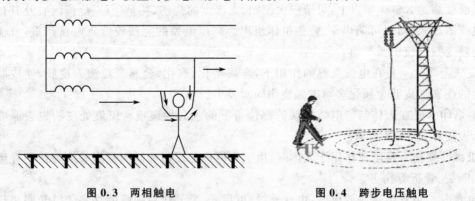

图 0.3　两相触电　　　　　　图 0.4　跨步电压触电

0.5　电流对人体的伤害

电流通过人体时可对人体造成生理和病理的伤害,其伤害的表现形式为电击和电伤。电流对人体的伤害程度取决于以下因素。

1. 通过人体电流的大小

触电时通过人体电流的大小是决定人体受伤害程度的主要因素之一。按照人体对电流的生理反应强弱和电流对人体的伤害程度可将电流分为 3 种,即感知电流、摆脱电流和致命电流。感知电流是指引起人体感觉但不会伤害生理反应的最小电流,其值约为 1 mA;摆脱电流是指人触电后能自主摆脱电源的最大电流,其值是 10 mA;致命电流是指在较短的时间内能引起触电者心室颤动而危及生命的最小电流,其值是 50 mA。在一般情况下,可取 30 mA 为安全电流。

2. 持续的时间

电流在人体中持续的时间越长,对人体的伤害程度就越严重。特别是电流持续时间超过心脏的心动周期时,则危险性更大,极易引起心室颤动而造成死亡。

3. 流过的部位

人体遭受电击时,如果电流通过心脏、肺和中枢神经系统,对人体的伤害程度就更严重。所以触电时的电流路径明显地影响着对人体的伤害程度。如从左手到前胸是最危险的电流路径,从一只脚到另一只脚是危险性较小的路径,但人体可能由于痉挛而摔倒,使电流通过全身或造成摔伤。

4. 电流的性质

电流的性质是指电流的频率。频率在 28~300 Hz 的电流对人体的影响较严重,尤其是频率为 40~60 Hz 的电流对人体的伤害最为严重;频率在 2 kHz 以上的高频电流对人体的伤害程度明显的减少;直流电流对人体的伤害程度较轻。

5. 人体电阻

人体电阻的大小是影响触电后人体受伤害程度的重要物理因素。人体电阻由体内电阻和皮肤电阻组成,体内电阻基本稳定,约为 500 Ω。接触电压为 220 V 时,人体电阻的平均值为 1 900 Ω;接触电压为 380 V 时,人体电阻降为 1 200 Ω。经过对大量实验数据的分析研究确定,人体电阻的平均值一般为 2 000 Ω 左右,而在计算和分析时,通常取下限值为 1 700 Ω。

0.6 触电后的急救

在电气操作和日常用电中,即使采取了有效的触电预防措施,也可能会有触电事故的发生。所以,在电气操作和日常用电中,尤其是在进行电气操作过程中,必须做好触电急救的思想和技术准备。一旦发生人身触电,迅速准确地进行现场急救,并坚持救治是抢救触电者的关键。不但电工应该正确熟练地掌握触电急救方法,所有用电的人都应该懂得触电急救常识,万一发生触电事故就能分秒必争地进行抢救,减少伤亡。

1. 断开触电者的电源

发现有人触电时,不要惊慌失措,应赶快使触电人脱离电源,但千万不要用手直接去拉触电者,防止造成群伤触电事故。

(1) 断开低压触电

如果是低压触电,断开电源有以下几种方法:

① 断开开关 如果发现有人触电,而开关设备就在现场,应立即断开开关。如果触电者接触灯线触电,不能认为拉开拉线开关就算停电了,因为有可能拉线开关是错误地接在零线上,应在顺手拉开拉线开关以后,再迅速地拉开附近的闸刀开关或保险盒才比较可靠。

② 利用绝缘物 如果触电者附近没有开关,不能立即停电,可用干燥的木棍、绝缘钳等不

导电的东西将电线拨离触电者的身体或用有绝缘柄的电工钳或干燥木柄的斧头,将电线切断,使触电者脱离电源。不能用潮湿的东西、金属物体去直接接触触电者,以防救护者触电。如果身边什么工具都没有,可以用干衣服或者干围巾等把自己一只手厚厚地严密绝缘起来,拉触电者的衣服(附近有干燥木板时,最好站在木板上拉),使触电人脱离电源,或用干木板等绝缘物插入触电者身下,以隔断电流。总之,要迅速用现场可以利用的绝缘物,使触电者脱离电源,并要防止救护者触电。

(2) 断开高压电源

对于高压触电事故,可以采用下列措施使触电者脱离电源:

① 立即通知有关部门停电。

② 戴上绝缘手套,穿上绝缘靴,用相应电压等级的绝缘工具断开开关。

③ 抛掷裸金属线使线路短路接地,断开电源。注意在抛掷金属线前,应将金属线的一端可靠地接地,然后抛掷另一端。

④ 如果是在高空触电,抢救时应做好防护工作,防止触电者在脱离电源后从高空摔下来加重伤势。

2. 现场急救

人触电后,往往会失去知觉或者形成假死,能否救治的关键,是在于使触电者迅速脱离电源和及时采取正确的救护方法。当触电者脱离电源后,应在现场就地检查和抢救。将触电者移至通风干燥的地方,使触电者仰天平卧,松开衣服和裤带;检查瞳孔是否放大,呼吸和心跳是否存在;同时通知医务人员前来抢救。急救人员应根据触电者的具体情况迅速采取相应的急救措施。对没有失去知觉的,要使其保持安静,不要走动,观察其变化;对触电后精神失常的,必须防止发生突然狂奔的现象。

对失去知觉的触电者,若呼吸不齐、微弱或呼吸停止而有心跳的,应采用"口对口人工呼吸法"进行抢救;对有呼吸而心脏跳动微弱、不规则或心跳已停的触电者,应采用"胸外心脏挤压法"进行抢救;对呼吸和心跳均已停止的触电者,应同时采用"口对口人工呼吸法"和"胸外心脏挤压法"进行抢救。抢救者要有耐心,必须持续不断的进行,直至触电者苏醒为止;即使在送往医院的途中也不能停止抢救。应该将触电者仰天平卧,颈部枕垫软物,头部稍后仰,松开衣服和腰带。

(1) 口对口人工呼吸法

具体操作步骤如下:

① 先使触电者仰卧,解开衣领、围巾、紧身衣服等,除去口腔中的粘液、血液、食物、假牙等杂物。

② 将触电者头部尽量后仰,鼻孔朝天,颈部伸直。救护人一只手捏紧触电者的鼻孔,另一只手掰开触电者的嘴巴。救护人深吸气后,紧贴着触电者的嘴巴大口吹气,使其胸部膨胀;之后救护人换气,放松触电者的嘴鼻,使其自动呼气。如此反复进行,吹气2 s,放松3 s,大约5 s一个循环。

③ 吹气时要捏紧鼻孔,紧贴嘴巴,不使漏气,放松时应能使触电者自动呼气。其操作示意如图0.5所示。

④ 如触电者牙关紧闭,无法撬开,可采取口对鼻吹气的方法。

⑤ 对体弱者和儿童吹气时用力应稍轻,以免肺泡破裂。

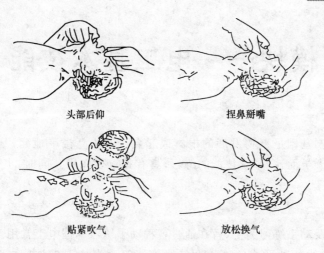

图 0.5　口对口人工呼吸法

(2) 胸外心脏挤压法

急救者先跪跨在触电者臀部位置,右手掌照图 0.6(a)所示位置放在触电者的胸上,双手掌照图 0.6(b)所示方法,左手掌压在右手掌上,按照图 0.6(c)、(d)所示的方法,向下挤压 3~4 cm 后,突然放松。挤压和放松动作要有节奏,每秒钟 1 次(儿童 2 s 钟 3 次)为宜,挤压用力要适当,用力过猛会造成触电者内伤,用力过小则无效,必须连续进行到触电者苏醒为止。

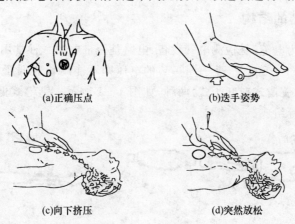

图 0.6　胸外心脏挤压法

思 考 题

(1) 人体触电的方式有几种?
(2) 发现有人低压触电,应采用哪些方法使触电者尽快脱离电源?

模块一　电工基本技能

【任务引入】

什么是基础呢？基础是事物发展的根本或起点。万丈高楼平地起,基础不好难成大厦。对于维修电工从业人员而言,基本技能的练习,具有其重要作用。同时,也可以避免对人身造成伤害。

【任务分析】

本模块以讲解及动手练习为主,旨在通过各种动手练习掌握电工常用工具的使用,导线去绝缘的方法,以及导线各种形式的连接和绝缘恢复等。为接下来维修电工学习打好坚实的基础。

课题一　验电工具的使用

【相关知识】

一、低压验电器的结构

低压验电器又称为电笔,是检测电气设备、电路是否带电的一种常用工具。普通低压验电器的电压测量范围为 60~500 V,高于 500 V 的电压则不能用普通低压验电器来测量。有钢笔式和螺丝刀式(又称旋凿式或起子式)两种,如图 1-1 所示。钢笔式低压验电器由氖管、电阻、弹簧、笔身和笔尖等组成。

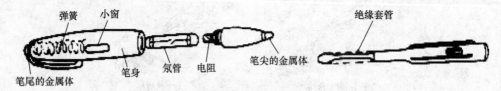

图 1-1　低压验电器

二、低压验电器用途

① 区别电压的高低　测试时可根据氖管发亮的强弱来估计电压的高低。

② 区别相线与零线　在交流电路中,当验电器触及导线时,氖管发亮的即是相线,在正常情况下,零线是不会使氖管发亮的。

③ 区别直流电与交流电　交流电通过验电笔时,氖管里的两个极同时发亮;直流电通过验电笔时,氖管里两个电极只有一个发亮。

④ 区别直流电的正负极　把测电笔连接在直流电的正负极之间,氖管发亮的一端即为直流电的负极。

⑤ 识别相线有无碰壳　用验电笔触及电动机、变压器等电气设备外壳,若氖管发亮,则说明该设备相线有碰壳现象。如果壳体上有良好的接地装置,氖管是不会发亮的。

三、使用低压验电器注意事项

使用低压验电器时要注意下列几个方面:

① 使用低压验电器之前,首先要检查其内部有无安全电阻、是否有损坏,有无进水或受潮,并在带电体上检查其是否可以正常发光,检查合格后方可使用。

② 测量时手指握住低压验电器笔身,食指触及笔身尾部金属体,低压验电器的小窗口应该朝向自己的眼睛,以便于观察。

③ 在较强的光线下或阳光下测试带电体时,应采取适当避光措施,以防观察不到氖管是否发亮,造成误判。

④ 低压验电器笔尖与螺钉旋具形状相似,但其承受的扭矩很小,因此应尽量避免用其安装或拆卸电气设备,以防受损。

【任务实施】

① 准备器材:低压验电器、控制变压器和直流稳压电源。
② 采用正确的方法握持验电器,使笔尖接触带电体。
③ 仔细观察氖管的状态,根据氖管的亮、灭判断相线(火线)和中性线(零线);
④ 根据氖管的亮、暗程度,判断电压的高低;
⑤ 根据氖管发光位置,判断直流电源的正、负极。

【任务评价】

低压电器检验成绩评分标准见附表1-1。

课题二　螺钉旋具的使用

【相关知识】

一、螺钉旋具作用分类

螺钉旋具俗称为起子或螺丝批(刀),主要用来紧固或拆卸螺钉。按头部形状的不同,常用螺钉旋具有一字形和十字形两种,如图1-2所示。

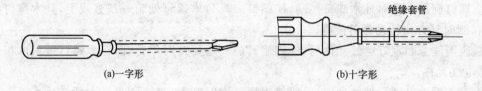

(a)一字形　　　　　　　　　　　(b)十字形

图1-2　螺钉旋具

一字形螺钉旋具用来紧固或拆卸带一字槽的螺钉,其规格用柄部以外的长度来表示,一字形螺钉旋具常用的规格有50 mm、100 mm、150 mm和200 mm等,其中电工必备的是50 mm和150 mm两种。

十字形螺钉旋具专供紧固或拆卸十字槽的螺钉,常用的规格有 4 个,Ⅰ号适用于直径为 2~2.5 mm 的螺钉,Ⅱ号为 3~5 mm,Ⅲ号为 6~8 mm,Ⅳ为 10~12 mm。

二、使用方法

1. 大螺钉旋具的使用

大螺钉旋具一般用来紧固较大的螺钉。使用时,除大拇指、食指和中指要夹住握柄外,手掌还要顶住柄的末端,这样就可防止旋转时滑脱,用法如图 1-3(a)所示。

2. 小螺钉旋具

小螺钉旋具一般用来紧固电气装置接线桩头上的小螺钉。使用时,可用大拇指和中指夹着握柄,用食指顶住柄的末端捻旋,如图 1-3(b)所示。

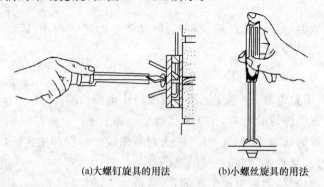

(a)大螺钉旋具的用法　　(b)小螺丝旋具的用法

图 1-3　螺钉旋具的使用

三、使用螺钉旋具注意事项

① 螺钉旋具的手柄应该保持干燥、清洁、无破损且绝缘完好。

② 电工不可使用金属杆直通柄顶的螺钉旋具,在实际使用过程中,不应让螺钉旋具的金属杆部分触及带电体,但可以在其金属杆上套上绝缘塑料管,以免造成触电或短路事故。

③ 不能用锤子或其他工具敲击螺钉旋具的手柄,或当作錾子使用。

【任务实施】

① 准备器材　螺钉旋具、拉线开关、平灯、插座、木螺钉和木盘。

② 选用合适的螺钉旋具。

③ 螺钉旋具头部对准木螺钉尾端,使螺钉旋具与木螺钉处于一条直线上,且木螺钉与木板垂直,顺时针方向转动螺钉旋具。

④ 应当注意固定好电气元件后,螺钉旋具的转动要及时停止,防止木螺钉进入木板过多而压坏电气元件。

⑤ 对于拆除电气元件的操作,只要使木螺钉逆时针方向转动,直至木螺钉从木板中旋出即可。操作过程中,如果发现螺钉旋具头部从螺钉尾端滑至螺钉与电气元件塑料壳体之间,螺钉旋具应立即停止转动,以免损坏电气元件壳体。

【任务评价】

螺钉旋具的使用成绩评分标准见附表 1-2。

课题三 导线绝缘层的剖削及安装圈的制作

【相关知识】

一、常用导线绝缘层的剖削工具

1. 钢丝钳

(1) 钢丝钳的结构和作用

钢丝钳又称克丝钳、老虎钳,是电工应用最频繁的工具之一,其外观如图1-4所示。

图1-4 钢丝钳

电工用钢丝钳由钳头和钳柄两部分组成,钳头有钳口、齿口、刀口和铡口四部分组成。主要用于剪切、绞弯、夹持金属导线,也可用作紧固螺母、切断钢丝。其结构和使用方法如图1-5所示。钢丝钳有铁柄和绝缘柄两种,电工应该选用带绝缘手柄的钢丝钳,其绝缘性能为500 V。常用钢丝钳的规格有150 mm、175 mm和200 mm三种。

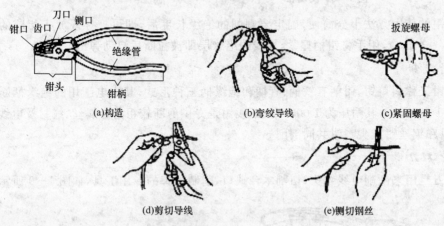

图1-5 电工钢丝钳的构造及用途

(2) 注意事项

① 使用电工钢丝钳以前,必须检查绝缘柄的绝缘是否完好。绝缘如果损坏,进行带电作业时会发生触电事故。

② 用电工钢丝钳剪切带电导线时,不得用刀口同时剪切相线和零线,或同时剪切两根相

线,以免发生短路故障。不得把钢丝钳当作锤子敲打使用,也不能在剪切导线或金属丝时,用锤或其他工具敲击钳头部分。另外,钳轴要经常加油,以防生锈。

2. 尖嘴钳

(1) 尖嘴钳的用途和结构

尖嘴钳的头部尖细,适用于在狭小的工作空间操作。主要用于夹持较小螺钉、垫圈、导线等元件,也可用于弯绞导线,剪切较细导线和其他金属丝,在装接控制线路板时,尖嘴钳能将单股导线弯成一定圆弧的接线鼻子。

(2) 分　类

电工使用的是带绝缘手柄的一种,其绝缘手柄的绝缘性能为 500 V,其外形及结构如图 1-6 所示。尖嘴钳按其全长分为 130 mm、160 mm、180 mm 和 200 mm 四种。

(3) 注意事项

尖嘴钳在使用时的注意事项应与钢丝钳一致。

3. 剥线钳

剥线钳是用于剥除较小直径导线、电缆的绝缘层的专用工具,它的手柄是绝缘的,绝缘性能为 500 V,其外形如图 1-7 所示。

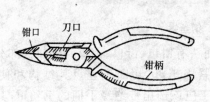 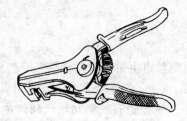

图 1-6　尖嘴钳　　　　　　　　图 1-7　剥线钳

剥线钳的使用方法十分简便,确定要剥削的绝缘长度后,即可把导线放入相应的切口中(直径 0.5~3 mm),用手将钳柄握紧,导线的绝缘层即被拉断后自动弹出。

4. 断线钳

断线钳又称斜口钳,钳柄有铁柄、管柄和绝缘柄三种形式,其中电工用的绝缘柄断线钳的外形如图 1-8 所示,其耐压为 1 000 V。断线钳是专供剪断较粗的金属丝、线材及电线电缆等用,也可以和钢丝钳或尖嘴钳共同剖削导线。

5. 电工刀

电工刀是用来剖削电线线头,切割木台缺口,削制木榫的专用工具,如图 1-9 所示。

图 1-8　断线钳　　　　　　　　图 1-9　电工刀

1) 电工刀在使用时,应将刀口朝外剖削,剖削导线绝缘层时,应使刀面与导线成较小的锐角,以免割伤导线。

2) 电工刀的安全知识:
① 电工刀使用时应注意避免伤手。
② 电工刀用毕,随即将刀身折进刀柄。
③ 电工刀刀柄是无绝缘保护的,不能在带电导线或器材上剖削,以免触电。

二、导线绝缘层的剖削

1. 塑料硬线绝缘层的剖削

1) 芯线横截面积为 4 mm² 及以下的塑料硬线,一般用钢丝钳进行剖削,剖削方法如下:
① 用左手捏住导线,根据线头所需长短用钢丝钳口切割绝缘层,但不可切入芯线;
② 用右手捏住钢丝钳头部用力向外勒去塑料绝缘层,如图 1-10 所示;
③ 剖削出的塑料芯线应保持完整无损,如损伤较大,应重新剖削。

2) 芯线横截面积大于 4 mm² 塑料硬线,可用电工刀来剖削,方法如下:
① 根据所需的长度用电工刀以 45°角倾斜切入塑料绝缘层,如图 1-11(a)所示;
② 接着刀面与芯线保持 25°角左右,用力向线端推削,不可切入芯线,削去上面一层料绝缘,如图 1-11(b)所示;
③ 将下面塑料绝缘层向后扳翻,如图 1-11(c)所示,最后用电工刀齐根切去。

 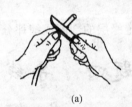  

(a) (b) (c)

图 1-10 钢丝钳剖削塑料硬线绝缘层   图 1-11 电工刀剖削塑料硬线绝缘

2. 塑料软线绝缘层的剖削

塑料软线绝缘层只能用剥线钳或钢丝钳剖削,不可用电工刀剖,其剖削方法同上。

3. 塑料护套线绝缘层的剖削

塑料护套线的绝缘层必须用电工刀来剖削,剖削方法如下:
① 按所需长度用电工刀刀尖对准芯线逢隙间划开护套层,如图 1-12(a)所示;
② 向后扳翻护套层,用刀齐根切去,如图 1-12(b)所示;
③ 在距离护套层 5~10 mm 处,用电工刀以 45°角倾斜切入绝缘层,其他剖削方法如同塑料硬线。

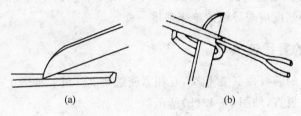

(a) (b)

图 1-12 塑料护套线绝缘层的剖削

4. 注意事项

1) 用电工刀剖削时,刀口应向外,并注意安全,以防伤手。
2) 用电工刀或钢丝钳剖削导线绝缘层时,不得损伤芯线,若损伤较多应重新剖削。

【任务实施】

1) 准备器材:
① 工具:钢丝钳、尖嘴钳、电工刀和剥线钳。
② 耗材:BV1 mm²、BV1.5 mm² 单股导线。
③ 零件:直径为 4 mm 的螺钉。
2) 根据不同的导线选用适当的剖削工具。
3) 采用正确的方法进行绝缘层的剖削。
4) 根据安装圈的大小剖削导线部分绝缘层。
5) 检查剖削过绝缘层的导线,看是否存在断丝、线芯受损的现象。
6) 将剖削绝缘层的导线向右折,使其与水平线成约 30°夹角。
7) 由导线端部开始均匀弯制安装圈,直至安装圈完全封口为止。
8) 安装圈完成后,穿入相应直径的螺钉,检验其误差。

【任务评价】

电工常用工具应用与导线绝缘层的剖削成绩评分标准见附表 1-3。

课题四　导线的连接

【相关知识】

在进行电气线路、设备的安装过程中,如果当导线不够长或要分接支路时,就需要进行导线与导线间的连接。常用导线的线芯有单股、7 芯和 19 芯等几种,连接方法随芯线的金属材料、股数不同而异。

一、对导线连接的基本要求

① 接触紧密,接头电阻小,稳定性好。与同长度同截面积导线的电阻比应不大于1。
② 接头的机械强度应不小于导线机械强度的80%。
③ 耐腐蚀。对于铝与铝连接,如采用熔焊法,主要防止残余熔剂或熔渣的化学腐蚀。对于铝与铜连接,主要防止电化腐蚀。在接头前后,要采取措施,避免这类腐蚀的存在。
④ 接头的绝缘层强度应与导线的绝缘强度一样。

二、单股铜线的直线连接

① 首先把两线头的芯线做 X 形相交,互相紧密缠绕 2~3 圈,如图 1-13(a)所示。
② 接着把两线头扳直,如图 1-13(b)所示。
③ 然后将每个线头围绕芯线紧密缠绕 6 圈,并用钢丝钳把余下的芯线切去,最后钳平芯线的末端,如图 1-13(c)所示。

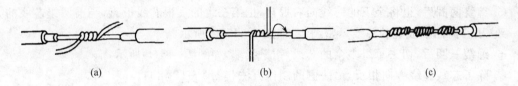

图 1-13 单股铜线的直线连接

三、单股铜线的 T 字形连接

① 如果导线直径较小,可按图 1-14(a)所示方法绕制成结状,然后再把支路芯线线头拉紧扳直,紧密地缠绕 6～8 圈后,剪去多余芯线,并钳平毛刺。

② 如果导线直径较大,先将支路芯线的线头与干线芯线做十字相交,使支路芯线根部留出约 3～5 mm,然后缠绕支路芯线,缠绕 6～8 圈后,用钢丝钳切去余下的芯线,并钳平芯线末端,如图 1-14(b)所示。

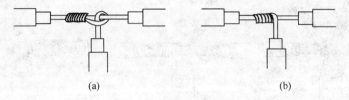

图 1-14 单股铜线的 T 字形连接

四、七股铜线的直线连接

① 先将剖去绝缘层的芯线头散开并拉直,然后把靠近绝缘层约 1/3 线段的芯线绞紧,接着把余下的 2/3 芯线分散成伞状,并将每根芯线拉直,如图 1-15(a)所示。

② 把两个伞状芯线隔根对叉,并将两端芯线拉平,如图 1-15(b)所示。

③ 把其中一端的 7 股芯线按两根、两根、三根分成三组,把第一组两根芯线扳起,垂直于芯线紧密缠绕,如图 1-15(c)所示。

④ 缠绕两圈后,把余下的芯线向右拉直,把第二组的两根芯线扳直,与第一组芯线的方向一致,压着前两根扳直的芯线紧密缠绕,如图 1-15(d)所示。

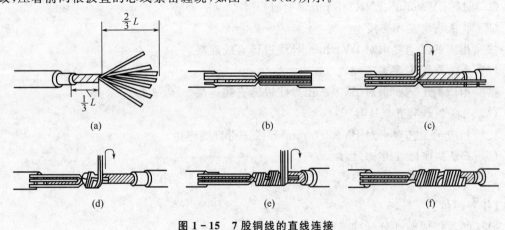

图 1-15 7 股铜线的直线连接

⑤ 缠绕两圈后,也将余下的芯线向右扳直,把第三组的三根芯线扳直,与前两组芯线的方向一致,压着前四根扳直的芯线紧密缠绕,如图 1-15(e)所示。

⑥ 缠绕三圈后,切去每组多余的芯线,钳平线端,如图 1-15(f)所示。

⑦ 除了芯线缠绕方向相反,另一侧的制作方法与图 1-15 相同。

五、七股铜线的 T 字形连接

① 把分支芯线散开钳平,将距离绝缘层 1/8 处的芯线绞紧,再把支路线头 7/8 的芯线分成 4 根和 3 根两组,并排齐;然后用螺钉旋具把干线的芯线撬开分为两组,把支线中 4 根芯线的一组插入干线两组芯线之间,把支线中另外 3 根芯线放在干线芯线的前面,如图 1-16(a)所示。

② 把 3 根芯线的一组在干线右边紧密缠绕 3~4 圈,钳平线端;再把 4 根芯线的一组按相反方向在干线左边紧密缠绕,如图 1-16(b)所示。缠绕 4~5 圈后,钳平线端,如图 1-16(c)所示。

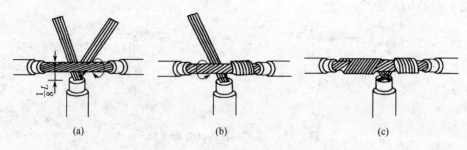

图 1-16　7 股铜线的 T 字形连接

七股铜线的直线连接方法同样适用于 19 股铜导线,只是芯线太多可剪去中间的几根芯线;连接后,需要在连接处进行钎焊处理,这样可以改善导电性能和增加其力学强度。19 股铜线的 T 字形分支连接方法与 7 股铜线也基本相同。将支路导线的芯线分成 10 根和 9 根两组,而把其中 10 根芯线那组插入干线中进行绕制。

【任务实施】

(1) 准备器材

① 工具:钢丝钳、尖嘴钳、电工刀和剥线钳。

② 耗材:BV1 mm²、BVR2.5 mm²(七股)导线。

(2) 单股导线直线连接

按照相应的工艺要求对 BV1 mm² 导线进行直线连接。

(3) 单股导线 T 字形连接

按照相应的工艺要求对 BV1 mm² 导线进行直线连接。

(4) 七股铜线的直线连接

按照相应的工艺要求对 BVR2.5 mm² 导线进行直线连接。

(5) 七股铜线的 T 字形连接

按照相应的工艺要求对 BVR2.5 mm² 导线进行 T 字形连接。

【任务评价】

导线的连接成绩评分标准见附表 1-4。

课题五 导线绝缘层的恢复

【相关知识】

导线的绝缘层破损后,必须恢复,导线连接后,也须恢复绝缘。恢复后的绝缘强度不应低于原有绝缘层。通常用黄蜡带、涤纶薄膜带和黑胶带作为恢复绝缘层的材料。黄蜡带和黑胶带一般选用 20 mm 宽较适中,包缠也方便。

一、直线连接接头的绝缘恢复

① 首先将黄蜡带从导线左侧完整的绝缘层上开始包缠,包缠两根带宽后再进入无绝缘层的接头部分,如图 1-17(a)所示。

② 包缠时,应将黄蜡带与导线保持约 55°的倾斜角,每圈叠压带宽的 1/2 左右,如图 1-17(b)所示。

③ 包缠一层黄蜡带后,把黑胶布接在黄蜡带的尾端,按另一斜叠方向再包缠一层黑胶布,每圈仍要压叠带宽的 1/2,如图 1-17(c)、1-17(d)所示。

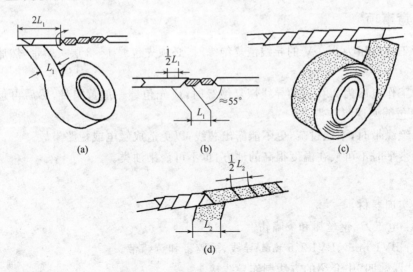

图 1-17 直线连接接头的绝缘恢复

二、T 字形连接接头的绝缘恢复

① 首先将黄蜡带从接头左端开始包缠,每圈叠压带宽的 1/2 左右,如图 1-18(a)所示。

② 缠绕至支线时,用左手拇指顶住左侧直角处的带面,使它紧贴于转角处芯线,而且要使处于接头顶部的带面尽量向右侧斜压,如图 1-18(b)所示。

③ 当围绕到右侧转角处时,用手指顶住右侧直角处带面,将带面在干线顶部向左侧斜压,使其与被压在下边的带面呈 X 状交叉,然后把带再回绕到左侧转角处,如图 1-18(c)所示。

④ 使黄蜡带从接头交叉处开始在支线上向下包缠,并使黄蜡带向右侧倾斜,如图 1-18(d)所示。

⑤ 在支线上绕至绝缘层上约两个带宽时,黄蜡带折回向上包缠,并使黄蜡带向左侧倾斜,

绕至接头交叉处,使黄蜡带围绕过干线顶部,然后开始在干线右侧芯线上进行包缠,如图1-18(e)所示。

⑥ 包缠至干线右端的完好绝缘层后,再接上黑胶带,按上述方法包缠一层即可,如图1-18(f)所示。

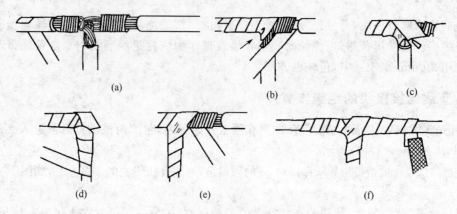

图1-18 T字形连接接头的绝缘恢复

三、注意事项

① 在为工作电压为380 V的导线恢复绝缘时,必须先包缠1~2层黄蜡带,然后再包缠一层黑胶带。

② 在为工作电压为220 V的导线恢复绝缘时,应先包缠一层黄蜡带,然后再包缠一层黑胶带,也可只包缠两层黑胶带。

③ 包缠绝缘带时,不能过疏,更不能露出芯线,以免造成触电或短路事故。

④ 绝缘带平时不可放在温度很高的地方,也不可浸染油类。

【任务实施】

1)准备实训器材:

① 工具:电工刀、钢丝钳和尖嘴钳。

② 耗材:BV1 mm²、BVR2.5 mm²导线、黑胶带和黄蜡带。

2)根据"课题四"中介绍的方法制作导线接头。

3)单股和多芯导线直线连接的绝缘层恢复方法参照"【相关知识】"。

4)完成绝缘恢复后,将其浸入水中约30 min,然后检查是否渗水。

【任务评价】

导线绝缘恢复成绩评分标准见附表1-5。

模块二　继电-接触式控制电路的安装与调试

常用低压电器介绍

一、组合开关(转换开关)

组合开关又称为转换开关,它体积小,触头对数多,接线方式灵活,操作方便,常用于交流 50 Hz、380 V 以下及直流 220 V 以下的电气线路中,供手动不频繁的接通和断开电路、换接电源和负载以及控制 5 kW 以下小容量异步电动机的启动、停止和正反转,其外形和型号含义如图 2-1 所示。

1. 型号及含义

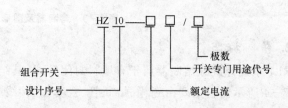

图 2-1　组合开关

2. 结　构

静触头一端固定在胶木盒内,另一端伸出盒外,与电源或负载相连。动触片套在绝缘方杆上,绝缘方轴每次作 90°正或反方向的转动,带动动触头与静触头接通。特点:结构紧凑,安装面积小,操作方便,其结构及图形符号如图 2-2 所示。

3. 组合开关的选用

组合开关应根据电源种类、电压等级、所需触头数、接线方式和负载容量进行选用。用于直接控制异步电动机的启动和正反转时,开关的额定电流一般取电动机额定电流的 1.5~2.5 倍。

二、RL1 系列螺旋式熔断器

熔断器是低压配电网络和电力拖动系统中主要用作短路保护的电器。使用时串联在被保护电路中,当电路发生短路故障,通过熔断器的电流达到或超过某一规定值时,以其自身产生的热量使熔体熔断,从而自动分断电路,起到保护作用,其外形和图形符号如图 2-3 所示。

模块二 继电-接触式控制电路的安装与调试

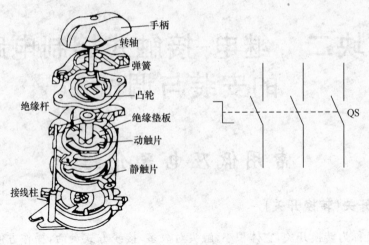

图 2-2 结构及图形符号

1. 型号及含义

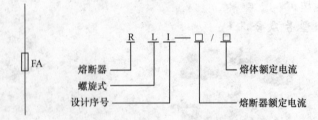

图 2-3 熔断器及图形符号

2. 结 构

RL1系列螺旋式熔断器属于有填料封闭管式,其结构如图2-4所示。它主要由瓷帽、熔断管、瓷套、上接线端、下接线端及瓷座等部分组成。

该系列熔断器的熔断管内,熔丝的周围填充着石英砂以增强灭弧性能。熔丝焊在瓷管两端的金属盖上,其中一端有一个标有不同颜色的熔断指示器,当熔丝熔断时,熔断指示器自动脱落,此时只需要更换同规格的熔断管即可。

3. RL1系列螺旋式熔断器主要技术参数

① 额定电压:指熔断器长期工作所能承受的电压。如果熔断器的实际工作电压大于其额定电压,熔体熔断时可能会发生电弧不能熄灭的危险。

② 额定电流:指保证熔断器长期正常工作的电流。它由熔断器各部分长期工作时允许的温升决定。

提示:熔断器的额定电流与熔体的额定电流是两个不同的概念。熔体的额定电流是指在规定的工作条件下,长

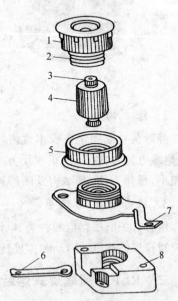

1—瓷帽;2—金属螺管;3—指示器;
4—熔管;5—瓷套;6—下接线端;
7—上接线端;8—瓷座

图 2-4 螺旋式熔断器结构示意图

时间通过熔体而熔体不熔断的最大电流值。通常情况下,要保证熔体的额定电流值不能大于熔断器的额定电流值。例如:型号为 RL1-15 的熔断器,其额定电流为 15 A,它可以配用额定电流为 2 A、4 A、6 A、10 A 和 15 A 的熔体。

③ 分断能力:在规定的使用和性能条件下,在规定电压下熔断器能分断的预期分断电流值。常用极限分断电流值来表示。

RL1 系列主要技术参数如表 2-1 所列。

表 2-1 RL1 系列主要技术参数

类别	型号	额定电压/V	额定电流/A	熔体额定电流等级/A	极限分断能力/kA	功率因数
螺旋式熔断器	RL1	500	15	2、4、6、10、15	3	≥0.3
			60	20、25、30、35、40、50、60	2.5	

4. 应用场合

广泛应用于控制箱、配电箱、机床设备及振动较大的场合,在交流额定电压 500 V、额定电流 200 A 及以下的电路中作为短路保护器件。

5. 熔体的选用

对于 RL1 系列熔断器其熔体的选用按照下列原则选用:

① 对一台不经常启动且启动时间不长的电动机的短路保护,熔体的额定电流 I_{RN} 应大于或等于 1.5~2.5 倍电动机额定电流 I_N,即 $I_{RN} \geq (1.5 \sim 2.5)I_N$。

② 对多台电动机的短路保护,熔体的额定电流应大于或等于其中最大容量电动机的额定电流 $I_{N,max}$ 的 1.5~2.5 倍,再加上其余电动机额定电流的总和 $\sum I_N$,即 $I_{RN} \geq (1.5 \sim 2.5)I_{N,max} + \sum I_N$。

三、控制按钮

1. 控制按钮的功能

它是一种具有用人体某一部分(一般为手指或手掌)所施加力而操作的操动器,并具有储能(弹簧)复位的一种控制开关。在低压控制电路中,控制按钮发布手动控制指令。

按钮的触头允许通过的电流较小,一般不超过 5 A,因此一般情况下它不直接控制主电路的通断,而是在控制电路中发出指令或信号去控制接触器、继电器等电器,再由它们去控制主电路的通断、功能转换或电器联锁。部分常见按钮的外形如图 2-5 所示。

2. 型号含义

按钮的型号及含义

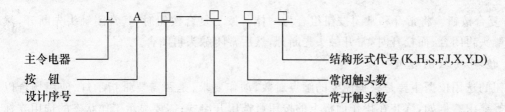

模块二 继电-接触式控制电路的安装与调试

图 2-5 部分按钮外形

其中结构形式代号的含义如下：

K—开启式；H—保护式；S—防水式；F—防腐式；J—紧急式；X—旋钮式；Y—钥匙操作式；D—光标按钮。

3. 控制按钮的结构

控制按钮一般由按钮帽、复位弹簧、桥式动触头、静触头、支柱连杆及外壳等部分组成，控制按钮结构示意图如图 2-6 所示。

按钮按静态（不受外力作用）时触头的分合状态，可分为常开按钮（启动按钮）、常闭按钮（停止按钮）和复合按钮（常开、常闭组合为一体的按钮）。控制按钮一般用红色表示停止按钮，绿色表示启动按钮，具体的图形符号及文字符号如图 2-7 所示。

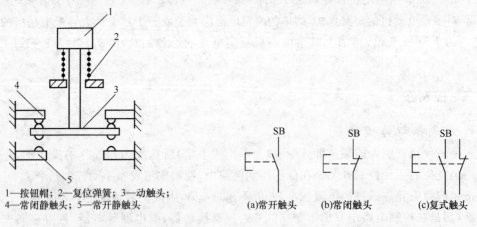

1—按钮帽；2—复位弹簧；3—动触头；
4—常闭静触头；5—常开静触头

图 2-6 按钮开关结构示意图　　　　图 2-7 按钮的符号

① 常开按钮　未按下时，触头是断开的；按下时触头闭合；当松开后，按钮自动复位。

② 常闭按钮　与常开按钮相反，未按下时，触头是闭合的；按下时触头断开；当松开后，按钮自动复位。

③ 复合按钮　将常开和常闭按钮组合为一体。按下复合按钮时，其常闭触头先断开，然后常开触头再闭合；而松开时，常开触头先断开，然后常闭触头再闭合。

4. 控制按钮的选用

按钮的选用依据主要是根据需要的触点对数、动作要求、是否需要带指示灯、使用场合以及颜色等要求。例如，嵌装在操作面板上的按钮可选用开启式；需要显示工作状态的选用光标式；在控制回路中需要三个控制按钮，可选用三联钮。

四、行程开关

1. 行程开关功能

行程开关是用以反应工作机械的行程，发出命令以控制其运动方向和行程大小的开关。其作用原理与按钮相同，区别在于它不是靠手指的按压而是利用生产机械运动部件的碰压使其触头动作，从而将机械信号转变为电信号，用以控制机械动作或用作程序控制。通常，行程开关被用来限制机械运动的位置或行程，使运动机械按一定的位置或行程实现自动停止、反向运动、变速运动或自动往返运动等。

2. 行程开关分类和结构

各系列行程开关的基本结构大体相同，都是由触头系统、操作机构和外壳组成。以某种行程开关元件为基础，装置不同的操作机构，可得到不同形式的行程开关，种类按运动形式分为直动式、转动式，按结构分为直动式（见图2-8）、滚动式（见图2-9）和微动式（见图2-10）。

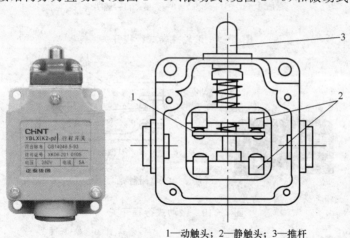

1—动触头；2—静触头；3—推杆

图2-8 直动式行程开关外形及结构

3. 行程开关的选用

行程开关的主要参数是形式、工作行程、额定电压及触头的电流容量，这些参数在产品说明书中详细说明。例如，JLXK1系列行程开关的主要技术数据见表2-2。选用行程开关时主要根据动作要求、安装位置及触头数量进行选择。

表2-2 JLXK1系列行程开关的主要技术数据

型 号	额定电压 额定电流	结构特点	触头对数		工作行程	超行程
			常 开	常 闭		
JLXK1-111	500 V	单轮防护式	1	1	12°～15°	≤30°
JLXK1-211	5 A	双轮防护式	1	1	约45°	≤45°
JLXK1-311	—	直动防护式	1	1	1～3 mm	2～4 mm
JLXK1-411		直动滚轮 防护式	1	1	1～3 mm	2～4 mm

模块二 继电-接触式控制电路的安装与调试

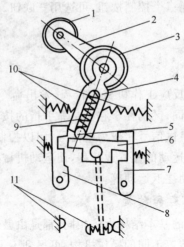

1—滚轮；2—上转臂；3—盘形弹簧；4—推杆；
5—小滚轮；6—擒纵件；7、8—压板；
9、10—弹簧；11—触头

图 2-9 滚轮旋转式行程开关

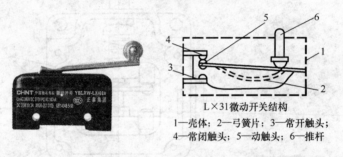

L×31微动开关结构

1—壳体；2—弓簧片；3—常开触头；
4—常闭触头；5—动触头；6—推杆

图 2-10 微动式行程开关

4. 安 装

① 行程开关安装时,安装位置要准确,安装要牢固;滚轮的方向不能装反,挡铁与其碰撞的位置应符合控制线路的要求,并确保能可靠地与挡铁碰撞。

② 在使用中,行程开关要定期检查和保养,除去油垢及粉尘,清理触头,经常检查其动作是否灵活、可靠,及时排除故障。防止因行程开关触头接触不良或接线松脱产生误动作而导致设备和人身安全事故。

五、热继电器

热继电器是利用流过继电器的电流所产生的热效应而反时限动作的继电器。热继电器主要用于电动机的过载保护、断相保护、电流不平衡运行的保护及其他电气设备发热状态的控制。常见热继电器外形及图形符号如图 2-11 和图 2-12 所示。

1. 热继电器种类

热继电器的形式有多种,其中双金属片式应用最多。按级数划分有单极、两极和三极三种。其中三极的又包括带断相保护装置和不带断相保护装置两种;按复位方式划分有自动复位式和手动复位式两种。

模块二　继电-接触式控制电路的安装与调试

图 2-11　常见热继电器

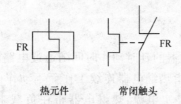

图 2-12　热继电器图形符号

2. 热继电器结构及工作原理

① 结构　图 2-13 所示为三极双金属片热继电器的结构,它主要由热元件、传动机构、常闭触头、电流整定装置和复位按钮组成。热继电器的热元件由主双金属片和绕在外面的电阻丝组成。主双金属片由两种热膨胀系数不同的金属片复合而成。

② 工作原理　使用时,将热继电器的三相热元件分别串接在电动机的三相主电路中,常闭触头串接在控制电路的接触器线圈回路中。电动机过载时,流过电阻丝的电流超过热继电器整定电流,电阻丝发热,主双金属片弯曲,推动传动机构向右移动,从而推动触头系统动作,辅助常闭触头分断,切断接触器线圈电路,将电源切除起保护作用。电源切除后,主双金属片逐渐冷却恢复原位,于是动触头在失去作用力的情况下,靠弹簧的弹性自动复位。

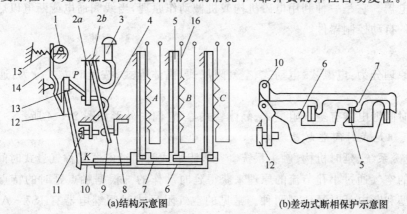

(a)结构示意图　　　　(b)差动式断相保护示意图

1—电流调节凸轮；2—簧片；3—手动复位机构；4—弓簧片；5—主双金属片；6—外导板；7—内导板；8—常闭静触头；
9—动触头；10—杠杆；11—复位调节螺钉；12—补偿双金属片；13—推杆；14—连杆；15—压簧　16—热元件

图 2-13　热继电器的结构示意图

3. 热继电器的选用

选择热继电器时，主要根据所保护的电动机的额定电流来确定热继电器的规格和热元件的电流等级。

① 根据电动机的额定电流选择热继电器的规格。一般应使热继电器的额定电流略大于电动机的额定电流。

② 根据需要的整定电流值选择热元件的编号和电流等级。一般情况下，热元件的整定电流应为电动机额定电流的 0.95～1.05 倍。

③ 根据电动机定子绕组的连接方式选择热继电器的结构形式，即定子绕组作星形（Y）连接的电动机选用普通三相结构的热继电器，接成三角形（△）的电动机必须采用三极带断相保护装置的热继电器。

4. 提 示

① 所谓反时限动作，是指电器的延时动作时间随通过电路电流的增加而缩短。

② 热继电器的整定电流是指热继电器连续工作而不动作的最大电流。其大小可通过旋转电流整定旋钮来调节。超过整定电流，热继电器将在负载未达到其允许的过载极限之前动作。

③ 热继电器不能作短路保护。

由于热继电器主双金属片受热膨胀的热惯性及传动机构传递信号的惰性，热继电器从电动机过载到触头动作需要一定的时间。也就是说，即使电动机严重过载甚至短路，热继电器也不会瞬时动作，因此热继电器不能作短路保护。

六、时间继电器

自得到动作信号起至触头动作或输出电路产生跳跃式改变有一定延时时间，该延时时间又符合其准确度要求的继电器称为时间继电器。

时间继电器是作为辅助器件用于各种保护及自动装置中，使被控元器件达到所需要的延时动作的继电器。它是一种利用电磁机构或机械动作原理，当线圈通电或断电以后，触点延迟闭合或断开的自动控制器件。

1. 分 类

按构成原理分为：电磁式、电动式、空气阻尼式、晶体管式；按延时方式分为：通电延时型、断电延时型。

常用的时间继电器有空气阻尼式、晶体管式等，它们的外形如图 2-14 所示。

（1）空气阻尼式时间继电器结构

组成：电磁系统、延时机构、触头系统。空气阻尼式时间继电器又称气囊式时间继电器，是利用气囊中的空气通过小孔节流的原理来获得延时动作的。根据触点延时的特点，可分为通电延时动作型和断电延时复位型两种。常见的空气阻尼式时间继电器有 JS7-A 系列等，其结构如图 2-15(a)所示。如果将通电延时型时间继电器的电磁机构翻转 180°安装即成为断电延时型时间继电器。

（2）晶体管式时间继电器

晶体管时间继电器又称为半导体时间继电器和电子式时间继电器。它具有结构简单、延

(a)空气阻尼式　　　　　　　(b)晶体管式

图 2-14　常用时间继电器

时范围广,精度高,消耗功率小,调整方便及寿命长等优点,所以发展很迅速,其应用范围越来越广。

晶体管时间继电器按结构分为阻容式和数字式两类;按延时方式分为通电延时型、断电延时型及带瞬动触点的通电延时型。常用的JS20系列晶体管时间继电器适用于交流50 Hz、电压380 V及以下或直流110 V及以下的控制电路,作为时间控制器件,按预定的时间延时,周期性地接通或分断电路,其外形如图2-15(b)所示。只要调整好时间继电器KT触头的动作时间,电动机由启动过程切换到运行过程就能准确可靠地完成。

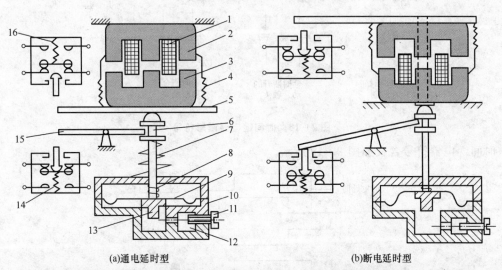

(a)通电延时型　　　　　　　(b)断电延时型

1—线圈；2—铁芯；3—衔铁；4—反力弹簧；5—推板；6—活塞杆；7—塔形弹簧；8—弱弹簧

图 2-15　JS7-A系列空气阻尼式时间继电器结构原理图

JS20系列晶体管时间继电器具有保护外壳,其内部结构采用印刷电路组件(见图2-16)。安装和接线采用专用的插接座,并配有带插脚标记的下标盘作接线指示,具体接线如图2-17所示。上标盘上还带有发光二极管作为动作指示。

模块二 继电-接触式控制电路的安装与调试

图 2-16 JS20 系列时间继电器

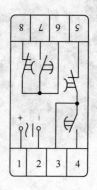

图 2-17 JS20 系列时间继电器接线

2. 时间继电器图形符号

时间继电器图形符号如图 2-18 所示。

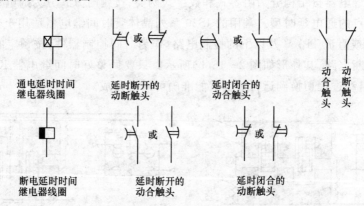

图 2-18 时间继电器图形符号

时间继电器符号含义如图 2-19 所示。

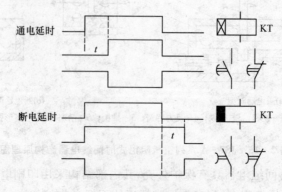

图 2-19 时间继电器符号含义

3. 用　途

空气阻尼式时间继电器延时范围大,结构简单、寿命长、价格低,但延时误差大,难以精确地整定延时值,且延时值易受周围环境温度、尘埃等的影响。因此,对延时精度要求较高的场合不宜采用空气阻尼式时间继电器,应采用晶体管时间继电器。

课题一　交流接触器的拆装与检修

【任务引入】

交流接触器是电力拖动的基本元器件,对于它的了解和掌握及使用维修是非常重要的。在使用的过程中,元器件会出现各种问题,学会检修及维修是电气工作人员必须掌握的一门技术。

【任务分析】

在本课题实训中,首先要掌握交流接触器的工作原理,通过拆装和检修交流接触器,掌握维修方法是学习的主要目的。正确使用、准确判断及维修是本课题的学习重点。

【相关知识】

一、接触器

接触器是一种用于中远距离频繁地接通与断开交直流主电路及大容量控制电路的一种自动开关电器。接触器有交流接触器和直流接触器两大类型。交流接触器在电力拖动自动控制线路中被广泛应用,其外形如图2-20所示。

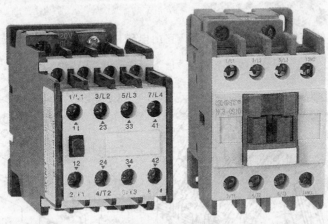

图2-20　接触器

1. 接触器的结构与原理

① 电磁机构　电磁机构是接触器及其他电磁式电器的主要组成部分之一,它的主要作用是将电磁能量转换为机械能量,带动触头动作,从而完成接通或分断电路。

电磁机构由吸引线圈、铁芯、衔铁等几部分组成。

常用的磁路结构如图2-21所示,可分为三种形式。

② 触头系统　触头是接触器其他电器的执行部分,起接通和分断电路的作用。

模块二 继电-接触式控制电路的安装与调试

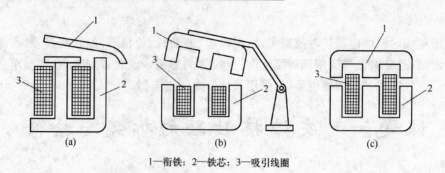

1—衔铁；2—铁芯；3—吸引线圈

图 2-21 常用的磁路结构

图 2-22(a)所示为两个点接触的桥式触头，图 2-22(b)所示为两个面接触的桥式触头，图 2-22(c)所示为指形触头。

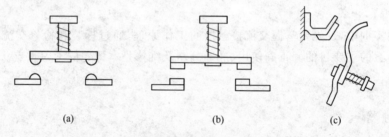

图 2-22 触头的结构形式

③ 电弧的产生及灭弧的方法　接触器的触头在大气中断开电路时，如果被断开电路的电流超过某一数值，触头间隙中就会产生电弧。

2. 交流接触器

① 交流接触器的结构如图 2-23 所示。它由电磁机构、触头系统、灭弧装置等组成。

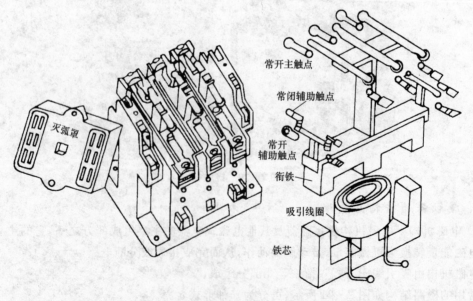

图 2-23 CJ10型交流接触器

② 工作原理　交流接触器有两种工作状态：得电状态（动作状态）和失电状态（释放状态）。接触器主触点的动触头装在与衔铁相连的绝缘连杆上，其静触点则固定在壳体上。当线圈得电后，线圈产生磁场，使静铁芯产生电磁吸力，将衔铁吸合。衔铁带动动触点动作，使常闭触点断开，常开触点闭合，分断或接通相关电路。当线圈失电时，电磁吸力消失，衔铁在反作用弹簧的作用下释放，各触点随之复位。

③ 图形符号　接触器图形符号如图 2-24 所示。

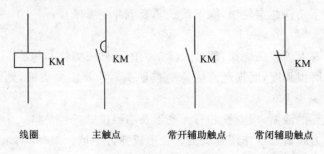

图 2-24　接触器图形符号

二、任务实施

1. 准备工具、仪表及器材

① 工具　螺钉旋具、电工刀、尖嘴钳、剥线钳、镊子等。
② 仪表　电流表、电压表、万用表、兆欧表。
③ 器材　见表 2-3。

表 2-3　元件明细表

代　号	名　称	型号规格	数　量
T	调压变压器	TDGC2-10/0.5	1
KM	交流接触器	CJ10-20	1
QS1	三极开关	HK1-15/3	1
QS2	二极开关	HK2-15/2	1
EL	指示灯	220 V、25 W	3
	控制板	500 mm×400 mm×30 mm	1
	连接导线	BVR 1.0 mm^2	若干

2. 实施步骤及工艺要求

（1）拆　卸

① 卸下灭弧罩紧固螺钉，取下灭弧罩。
② 拉紧主触头定位弹簧夹，取下主触头及主触头压力弹簧片。拆卸主触头时必须将主触头侧转 45°后取下。
③ 松开辅助常开静触头的线桩螺钉，取下常开静触头。
④ 松开接触器底部的盖板螺钉，取下盖板。在松盖板螺钉时，要用手按住螺钉并慢慢

放松。

⑤ 取下静铁芯缓冲绝缘纸片及静铁芯。

⑥ 取下静铁芯支架及缓冲弹簧。

⑦ 拔出线圈接线端的弹簧夹片,取下线圈。

⑧ 取下反作用弹簧。

⑨ 取下衔铁和支架。

⑩ 从支架上取下动铁芯定位销,取下动铁芯及缓冲绝缘纸片。

(2) 检 修

① 检查灭弧罩有无破裂或烧损,清除灭弧罩内的金属飞溅物和颗粒。

② 检查触头的磨损程度,磨损严重时应更换触头。若不需要更换,则清除触头表面上烧毛的颗粒。

③ 清除铁芯端面的油垢,检查铁芯有无变形及端面接触是否平整。

④ 检查触头压力弹簧及反作用弹簧是否变形或弹力不足。如有需要则更换弹簧。

弹簧更换后,为保证检修质量应作以下的检查试验:

a. 测量动、静触头刚接触时作用在触头上的压力,即触头初压力;触头完全闭合后作用于触头上的压力,即触头终压力。测量桥式触头终压力的方法如图 2-25 所示。指示灯刚熄灭时,每一触头的终压力为砝码质量的1/2。

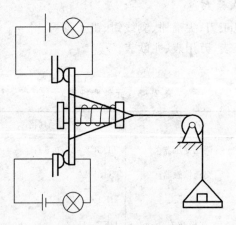

图 2-25 触头终压力测量

b. 测量触头在完全分开时,动、静触头间的最短距离,即开距。触头完全闭合后,将静触头取下,动触头接触处发生的位移,即超程。触头的开距和超程可用卡尺、塞尺或内卡钳等量具进行测量。

⑤ 检查电磁线圈是否有短路、断路及发热变色现象。

(3) 装 配

按拆卸的逆顺序进行装配。

(4) 自 检

用万用表欧姆挡检查线圈及各触头是否良好;用兆欧表测量各触头间及主触头对地电阻是否符合要求;用手按动主触头检查运动部分是否灵活,以防产生接触不良、振动和噪声。

【任务评价】
接触器的拆装与检修成绩评分标准见附表2-1。

课题二　三相异步电动机正转控制线路的安装与调试

在学习了有关电气元器件的基础上,继续学习电力拖动基本电路控制的安装及检修方法,并在学习各个电路的工作原理基础上掌握检修方法。

【任务引入】
由于各种生产机械的工作性质和加工工艺不同,使得它们对电动机的控制要求不同。要使电动机按照生产机械的要求正常安全地运转,必须配备一定的电器,组成一定的控制线路。本课题主要练习三相异步电动机的正转控制线路的安装与调试。

【任务分析】
三相异步电动机的正转控制线路,主要介绍自锁、欠压保护、失压保护、过载保护的概念,以及电路的工作原理。技能训练完成正转控制线路和接触器自锁正转控制线路的安装与调试。

【相关知识】

一、接触器自锁正转控制线路

在实际工作中,往往要求电动机启动后能够连续运转,为实现电动机的连续运转,可采用图2-26所示的接触器自锁控制线路。

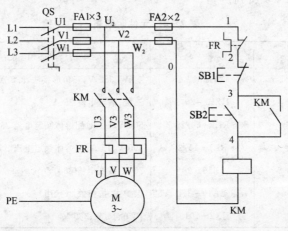

图2-26　接触器自锁正转控制电路图

线路的工作原理如下:
先合上组合开关QS,此时电动机M尚未接通电源。按下启动按钮SB2,接触器KM的线圈得电,使接触器衔铁吸合,同时带动接触器KM的三对主触头闭合,辅助常开触头闭合形成自锁,电动机M便接通电源启动运转。当电动机需要停转时,只要按下按钮SB1,使接触器

KM 的线圈失电,衔铁在复位弹簧作用下复位,带动接触器 KM 的三对主触头恢复分断,电动机 M 失电停转。像这种当松开启动按钮 SB2 后,接触器 KM 通过自身常开辅助触头而使线圈保持得电的作用称为自锁。与启动按钮 SB2 并联起到自锁作用的常开辅助触头称为自锁触头。

接触器自锁控制线路不但能使电动机连续运转,而且还有一个重要的特点,就是具有欠压和失压保护作用。

1. 欠压保护

"欠压"是指线路电压低于电动机应加的额定电压。"欠压保护"是指当线路电压下降到某一数值时,电动机能自动脱离电源停转,避免电动机在欠压下运行的一种保护。

2. 失压保护

"失压保护"是指电动机在正常运行中,由于外界某种原因引起突然断电时,能自动切断电动机电源;当重新供电时,保证电动机不能自行启动的一种保护。

二、任务实施

(1) 准备工具、仪表及器材

① 工具　测电笔、螺钉旋具、尖嘴钳、斜口钳、剥线钳和电工刀等。

② 仪表　5050 型兆欧表、T301-A 型钳形电流表和 MF30 型万用表。

③ 器材:

a. 控制板一块(500 mm×400 mm×20 mm)。

b. 导线规格:主电路采用 BV1.5 mm² 和 BVR1.5 mm²(黑色);控制电路采用 BV1 mm²(红色);按钮线采用 BVR0.75 mm²(红色);接地线采用 BVR1.5 mm²(黄绿双色)。

c. 电器元件如表 2-4 所列。

表 2-4　元件明细表

代号	名　称	型　号	规　格	数量
M	三相异步电动机	Y112M-4	4 kW、380 V、三角形接法、8.8 A、1 440 r/min	1
QS	组合开关	HZ10-25/3	三极、额定电流 25 A	1
FA1	螺旋式熔断器	RL1-60/25	500 V、60 A、配熔体额定电流 25 A	3
FA2	螺旋式熔断器	RL1-15/2	500 V、15 A、配熔体额定电流 2 A	2
KM	交流接触器	CJ10-20	20 A、线圈电压 380 V	1
SB	按　钮	LA10-3H	保护式、按钮数 3(代用)	1
XT	端子板	JX2-1015	10 A、15 节、380 V	1

(2) 识读接触器联锁正转控制线路

明确线路所用电器元件及作用,熟悉线路的工作原理,绘制元件布置图(见图 2-27)和接线图。

(3) 按表 2-4 配齐所用电器元件,并进行检验

① 电器元件的技术数据(如型号、规格、额定电压、额定电流等)应完整并符合要求,外观无损伤,配件、附件齐全完好。

② 电器元件的电磁机构动作是否灵活,有无衔铁卡阻等不正常现象。用万用表检查电磁线圈的通断情况以及各触头的分配情况。

③ 接触器线圈额定电压与电源电压是否一致。

④ 对电动机的质量进行常规检查。

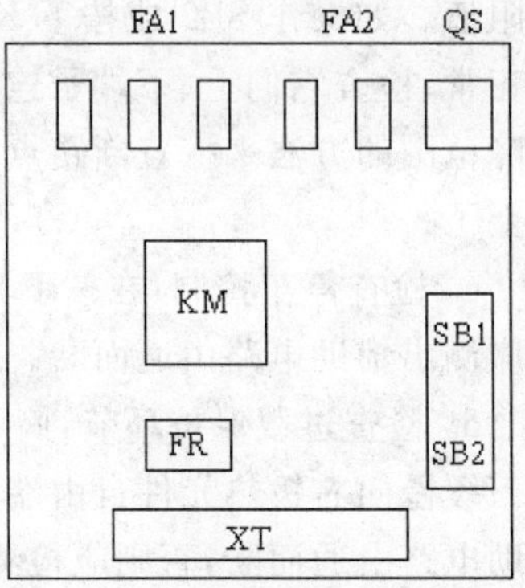

(4) 在控制板上安装电器元件,并贴上醒目的文字符号

安装电器元件工艺要求如下:

① 组合开关、熔断器的受电端子应安装在控制板外侧,并使熔断器的受电端为底座的中心端。

② 各元器件的位置应整齐、匀称,间距合理,便于元件的更换。

图 2-27 接触器自锁正转控制电路元件布置图

③ 紧固各元器件时要用力均匀,紧固程度适当。在紧固熔断器、接触器等易碎裂元件时,应用手按住元件一边轻轻摇动,一边用旋具轮换旋紧对角线的螺钉,直到手摇不动后再适当旋紧些即可。

(5) 板前明线布线工艺

板前明线布线的工艺要求是:

① 布线通道尽可能少,同路并行导线按主、控电路分类集中,单层密排,紧贴安装面布线。

② 同一平面的导线应高低一致或前后一致,不能交叉。

③ 布线应横平竖直,分布均匀。变换走向时应垂直。

④ 布线时严禁损伤芯线和导线绝缘。

⑤ 布线顺序一般以接触器为中心,由里向外,由低至高,先控制电路,后主电路进行。

⑥ 导线与接线端子或接线桩连接时,不得压绝缘层,不反圈及不露铜过长。

⑦ 同一元件、同一回路的不同节点的导线间距应保持一致,不能交叉。

⑧ 一个电器元件接线端子上的连接导线不得多于两根。

(6) 自 检

利用万用表进行自检,将万用表拨到 R×1 挡,并进行校零,以防错漏短路故障。断开 QS。

① 检查主电路:

a. 要拔掉 FA2 以断开辅助电路,用万用表笔分别测量 QS 下端 U1 - V1、V1 - W1 和 U1 - W1 之间的电阻值,其读数应为 $R \to \infty$(断路)。否则说明被测线路有短路处,要仔细检查被测线路。

b. 用手按压接触器触头架,使三极主触点都闭合,重复上述的测量,可测出电动机各相绕组的电阻值。若某次测量结果为 $R \to \infty$(断路),说明被测线路有断路处,则应仔细检查所测两相的各段接线。

② 检查辅助电路要接好 FA2,检查方法如下:

a. 检查启动控制将万用表笔跨接在 U2 和 V2 处,应测得断路;按下 SB2 应测得 KM 线圈的电阻值。

b. 检查自锁控制松开 SB2 后,按下 KM 触头架,使其常开触头闭合,应测得 KM 线圈的电阻值。如操作 SB2 或按下 KM 触头架后,测得结果为断路,应检查按钮及 KM 自锁触点是否正常,检查它们上、下端子连接线是否正确,有无虚接及脱落。必要时可使用移动表笔缩小故障范围的方法来探查断路点。如上述检测为短路,则重点检查两根导线是否错接到同一端子上了。

c. 检查停车控制:在按下 SB2 或按下 KM 触头架测得 KM 线圈电阻值后,同时按下 SB1,则应测出辅助电路由通而断。否则应检查按钮盒内接线,并排除错接。

d. 检查过载保护环节:摘下热继电器盖板后,按下 SB2 测得 KM 线圈阻值,同时用小螺丝刀缓慢向右拨热元件自由端,在听到热继电器常闭触头分断动作声音的同时,万用表应显示辅助电路由通而断,否则应检测热继电器的动作及连接线情况,并排除故障。

(7) 通电试车

完成上述检查后,清理好工具和安装板检查三相电源。要将热继电器电流整定值按所接电动机的需要调节好,在指导老师的监护下通电测试。

① 接通三相电源 L1、L2、L3,合上电源开关 QS 后,用测电笔检查熔断器出线端,氖管亮则说明电源接通。按下 SB2 后松开,接触器 KM 立即得电动作。并能自锁而保持吸合状态,按下 SB1 则 KM 释放。反复操作几次,以检查线路动作的可靠性。观察接触器情况是否正常,是否符合线路功能要求;观察电器元件是否灵活,有无卡阻及噪声过大现象;观察电动机运行是否正常等。但不得对线路接线是否正确进行带电检查。观察过程中,若有异常现象,例如接触器振动,发出噪声,主触点燃弧严重,以及电动机嗡嗡响,不能启动,则应马上停车。当电动机运转平稳后,用钳形电流表测量三相电流是否平衡。

② 出现故障后,学生应独立进行检修。若需进行带电检查时,教师必须在现场监护。检查完毕,如需再次试车,也应该有教师监护,并有时间记录。

③ 通电试车完毕,停转,切断电源。先拆除三相电源线,再拆除电动机线。

【任务评价】

三相异步电动机正转控制线路的安装与调试成绩评分标准见附表 2-2。

课题三　三相异步电动机正反转控制线路的安装与调试

【任务引入】

正转控制线路只能使电动机朝一个方向运转,带动生产机械的运动部件朝一个方向运动。但许多生产机械往往要求运动部件能向正反两个方向运动。如机床工作台的前进与后退,万能铣床主轴的正转与反转,起重机的上升与下降等,这些生产机械要求电动机能实现正反转控制。

改变通入电动机定子绕组的三相电源相序,即把接入电动机三相电源进线中的任意两相对调接线时,电动机就可以反转。

【任务分析】

电动机的正反转控制常见的有倒顺开关正反转控制、接触器联锁的正反转控制、按钮连锁的正反转控制、按钮和接触器双重联锁正反转控制四种。本课题着重介绍接触器联锁的正反转控制和按钮、接触器双重联锁正反转控制电路,并进行安装。

【相关知识】

一、接触器联锁的正反转控制线路

接触器联锁的正反转控制线路如图 2-28 所示。线路中采用了两个接触器,即正转用的接触器 KM1 和反转用的接触器 KM2,它们分别由正转按钮 SB2 和反转按钮 SB3 控制。从主电路中可以看出,这两个接触器的主触头所接通的电源相序不同,KM1 按 L1-L2-L3 相序接线,KM2 则按 L3-L2-L1 相序接线。相应地控制电路有两条,一条是由按钮 SB2 和 KM1 线圈等组成的正转控制电路;另一条是由按钮 SB3 和 KM2 线圈等组成的反转控制电路。

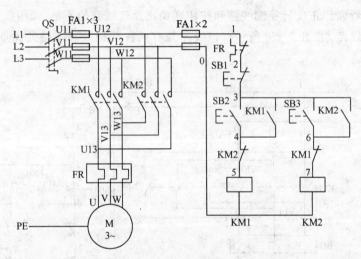

图 2-28 接触器联锁的正反转控制电路图

必须指出,接触器 KM1 和 KM2 的主触头绝不允许同时闭合,否则将造成两相电源短路事故。为了避免两个接触器 KM1 和 KM2 同时得电动作,就在正、反转控制电路中分别串接了对方接触器的一对常闭辅助触头,这样,当一个接触器得电动作时,通过其常闭辅助触头使另一个接触器不能得电动作,接触器间这种相互制约的作用称为接触器联锁。实现联锁作用的常闭辅助触头称为联锁触头,联锁符号用"▽"表示。

线路的工作原理如下(先合上电源开关 QS):

1. 正转控制

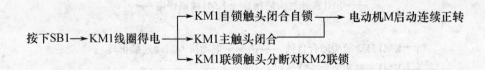

2. 反转控制

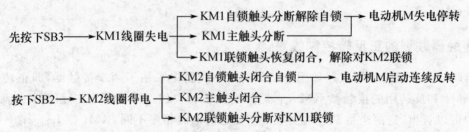

停止时，按下停止按钮SB3 → 控制电路失电 → KM1(或KM2)主触头分断 → 电动机M失电停转

二、按钮、接触器双重联锁的正反转控制线路

为克服接触器联锁正反转控制线路和按钮联锁正反转线路的不足，采用按钮、接触器双重联锁正反转控制线路，如图2-29所示。该线路兼有两种联锁控制线路的优点，操作方便，工作安全可靠。

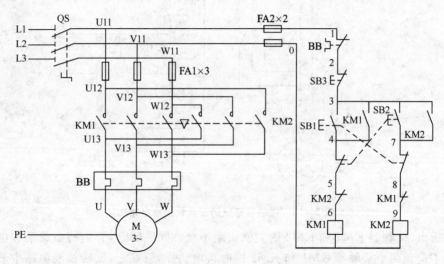

图2-29 双重联锁的正反转控制电路图

线路的工作原理如下（先合上电源开关QS）：

1. 正转控制

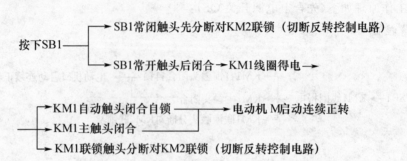

2. 反转控制

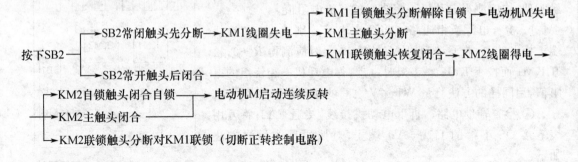

若要停止,按下 SB3,整个控制电路失电,主触头分断,电动机 M 失电停转。

三、任务实施

(1) 准备工具、仪表及器材

① 工具 测电笔、螺钉旋具、尖嘴钳、斜口钳、剥线钳和电工刀等。

② 仪表 5050 型兆欧表、T301-A 型钳形电流表和 MF30 型万用表。

③ 器材:

a. 控制板一块(500 mm×400 mm×20 mm)。

b. 导线规格:主电路采用 BV1.5 mm^2 和 BVR1.5 mm^2(黑色)塑铜线;控制电路采用 BVR1 mm^2(红色);电器元件如表 2-5 所列。

表 2-5 元件明细表

代号	名称	型号	规格	数量
M	三相异步电动机	Y-112M-4	250 W Y/△ 教学电动机	1
QS	组合开关	HZ10-10/3	三级额定电流 10A	1
FA1	螺旋式熔断器	RL1-15/2	500 V、15 A 熔体	3
FA2	螺旋式熔断器	RL1-15/2	500 V、5 A 熔体	2
KM	交流接触器	CJ10-10	10 A 线圈电压 380 V	2
SB	按钮	LA-3H	保护式按钮数 3 联	1
XT4	端子板	JX2-1015	10 A、15 节	1
	自制木板		600 mm×500 mm×50 mm	1

(2) 识别接触器按钮双重联锁正反转控制线路

识读接触器按钮双重联锁正反转控制线路,明确线路所用电器元件及作用,熟悉线路的工作原理,绘制元件布置图(见图 2-30)和接线图。

(3) 质量检验

① 按表 2-5 配齐所用电器元件,并进行质量检验。

② 在控制板上按如图 2-29 所示安装所有的电器元件,并贴上醒目的文字符号。

③ 根据工艺要求进行板前明线布线。

④ 自检 断开 QS(如使用带灭弧罩的接触器,要摘下 KM1 和 KM2 的灭弧罩),用万用表 R×1 挡检查主电路和辅助电路。检查主电路断开 FA2 切除辅助电路,做以下检查:

a. 检查各相通路 将两支表笔分别接 U1－V1、V1－W1 和 U1－W1 端子，应测得断路；分别按下 KM1、KM2 的触头架，均应测得电动机一相绕组的直流电阻值。

b. 检查电源换相通路 将两支表笔分别接 U1 和接线端子板上的 U 端子，按下 KM1 的触头架时应测得 $R \to 0$；松开 KM1 而按下 KM2 触头架时，应测得电动机一相绕组的电阻值，用同样的方法测量 W1～W 之间的回路。

⑤ 检查辅助电路 拆下电动机接线，接通 FA2；将万用表笔接 QS 下端的 U1 与 V1 端子，对照原理图检测方法如下：

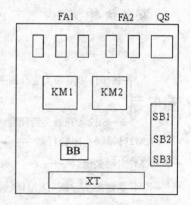

图 2－30 接触器按钮双重联锁正反转控制电路元件布置图

a. 检查启动和停车的控制 分别按下 SB1、SB2，各应测得 KM1、KM2 的线圈电阻值，在按下 SB1 和 SB2 的同时，按下 SB3，万用表应显示电路由通而断。

b. 检查自锁线路 分别按下 KM1、KM2 的触头架，各应测得 KM1、KM2 的线圈电阻值；如操作的同时按下 SB3，万用表应显示电路由通而断。如果测量时发现异常，则重点检查接触器自锁触点上、下端子的连线。容易接错处是：将 KM1 的自锁线错接到 KM2 的自锁触点上。将常闭触点用做自锁触点等，应根据异常现象分析、检查。

c. 检查联锁按钮 按下 SB1 测得 KM1 线圈电阻值后，再同时按下 SB2，万用表显示电路由通而断；同样，先按下 SB2 再同时按下 SB1，也应测得电路由通而断。发现异常时，应重点检查按钮盒内 SB1、SB2 和 SB3 之间的连线；检查按钮盒引出护套线与接线端子板 XT 的连接是否正确，发现错误予以纠正。

d. 检查辅助触点联锁线路 按下 KM1 触头架测得 KM1 线圈电阻值后，再同时按下 KM2 触头架，万用表应显示电路由通而断；同样，先按下 KM2 触头架再同时按下 KM1 触头架，也应测得电路由通而断。如发生异常，应重点检查接触器常闭触点与相反转向接触器线圈端子之间的连线。常见的错误接线是：将常开触头误作联锁触头；将接触器的联锁线错接到同一接触器的线圈端子上等，应对照原理图、接线图认真核查排除错误。安装完毕的控制线路板，必须按要求进行认真检查，确保无误后才允许通电试车。

⑥ 交验合格后通电试车 通电时，必须经指导教师同意后，由指导教师接通电源，并在现场进行监护。出现故障后，学生应独立进行检修。若需带电检查时，也必须有教师在现场监护。

⑦ 通电试车：

a. 接通三相电源 L1、L2、L3，学生合上电源开关 QS 后，用验电笔检查熔断器出线端，氖管亮说明电源接通。按下 SB1 后松开，接触器 KM1 立即得电动作，并能自锁而保持吸合，此时按下 SB2 后送开，接触器 KM1 线圈失电，KM2 立即得电动作，并能自锁而保持吸合，按下 SB3 则 KM2 释放。反复操作几次，以检查线路动作的可靠性。观察接触器情况是否正常，是否符合线路功能要求；观察电器元件是否灵活，有无卡阻及噪声过大现象；观察电动机运行是否正常等。但不得对线路接线是否正确进行带电检查。观察过程中，若有异常现象，例如接触器振动，发出噪声，主触点燃弧严重，以及电动机嗡嗡响，不能启动等现象应马上停车。当电动机运转平稳后，用钳形电流表测量三相电流是否平衡。

b. 出现故障后，学生应独立进行检修。若需带电进行检查时，教师必须在现场监护。检查完毕,如需再次试车,也应该有教师监护,并有时间记录。

c. 通电试车完毕,停转,切断电源。先拆除三相电源线,再拆除电动机线。

【任务评价】

三相异步电动机正反转控制线路的安装与调试成绩评分标准见附表2-3。

课题四 顺序控制线路的安装与调试

【任务引入】

在装有多台电动机的生产机械上,各电动机所起的作用是不同的,有时需按一定的顺序启动或停止,才能保证操作过程的合理和工作的安全可靠。例如:X62W型万能铣床上要求主轴电动机启动后,进给电动机才能启动;M7120型平面磨床的冷却泵电动机,要求当砂轮电动机启动后才能启动。像这种要求几台电动机的启动和停止必须按一定的先后顺序来完成的控制方式,称为电动机的顺序控制。

【任务分析】

顺序控制电路分为主电路实现顺序控制和控制电路实现顺序控制两种方式。本课题介绍的是控制电路实现顺序控制,两台电动机顺序启动、逆序停止控制线路。

【相关知识】

一、顺序启动、逆序停止的顺序控制电路

如图2-31所示的控制线路中,在接触器KM2线圈电路中,串联一个KM1接触器的辅助常开触头,来实现顺序启动。在接触器KM1线圈电路中,在SB1停止按钮下面并联了一个KM2接触器的辅助常开触头,只要KM2接触器得电,停止按钮SB1就失去作用,只有在

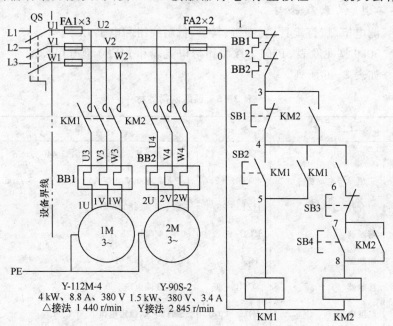

图2-31 顺序启动、逆序停止的顺序控制电路图

KM2 接触器失电后,停止按钮 SB1 才能起作用,从而达到逆序停止的目的。

二、线路工作原理

线路的工作原理如下(先合上电源开关 QS):

1. 启 动

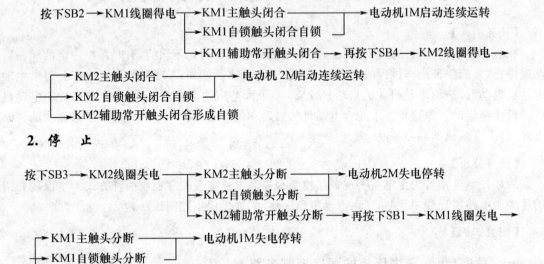

2. 停 止

三、任务实施

1. 准备工具、仪表及器材

① 工具　测电笔、螺钉旋具、尖嘴钳、斜口钳、剥线钳和电工刀等。
② 仪表　5050 型兆欧表、T301-A 型钳形电流表和 MF30 型万用表。
③ 器材　如表 2-6 所列。

表 2-6　课题所需器材

代 号	名 称	型 号	规 格	数 量
M1	三相异步电动机	Y112M-4	4 kW、380 V、8.8A、△接法、1 440 r/min	1
M2	三相异步电动机	Y90S-2	1.5 kW、380 V、3.4 A、Y 接法、2 845 r/min	1
QS	组合开关	HZ10-25/3	三级、25 A、380 V	1
FA1	熔断器	RL1-60/25	60 A、配熔体 25 A	3
FA2	熔断器	RL1-15/2	15 A、配熔体 2 A	2
KM1、KM2	接触器	CJ10-20	20 A、线圈电压 380 V	2
FR1	热继电器	JR16-20/3	三级、20 A、额定电流 8.8 A	1

续表 2-6

代 号	名 称	型 号	规 格	数 量
BB2	热继电器	JR16-20/3	三级、20 A、额定电流 3.4 A	1
SB11-SB12	按钮	AL10-3H	保护式、按钮数 3	1
SB21-SB22	按钮	AL10-3H	保护式、按钮数 3	1
XT	端子板	JD0-1020	380 V、10 A、20 节	1
	主电路导线	BVR-1.5	1.5 mm^2	若干
	控制电路导线	BVR-1.0	1 mm^2	若干
	按钮线	BVR-0.75	0.75 mm^2	若干
	走线槽		18～25 mm	若干
	控制板		500 mm×400 mm×20 mm	1

2. 识别、读取线路

① 识读两台电动机顺序启动、逆序停止控制线路(见图 2-31),明确线路所用电器元件及作用,熟悉线路的工作原理,绘制元件布置图(见图 2-32)和接线图。

② 按表 2-6 配齐所用电器元件,并检验元件质量。

③ 在控制板上安装走线槽和所有电器元件。

④ 按电路图进行板前线槽布线。

3. 板前线槽布线工艺要求

① 线槽内的导线要尽可能避免交叉,槽内装线不要超过其容量的 70%,并能方便盖上线槽盖,以便装配和维修。线槽外的导线也应做到横平竖直、整齐、走线合理。

② 各电器元件与走线槽之间的外露导线要尽量做到横平竖直,变换走向要垂直。同一元件位置一致的端子和相同型号电器元件中位置一致的端子上引入、引出的导线,要敷设在同一平面上,并应做到高低一致、前后一致,不得交叉。

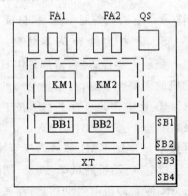

图 2-32 两台电动机顺序启动、逆序停止控制线路元件布置图

③ 在电器元件接线端子上,对其间距很小或元件机械强度较差的引出或引入的导线,允许直接架空敷设外,其他导线必须经过走线槽进行连接。

④ 电器元件接线端子引出导线的走向,以元件的水平中心线为界限,水平中心线以上接线端子引出的导线,须进入元件上面的线槽;水平中心线以下接线端子引出的导线,须进入元件下面的线槽。任何导线都不允许从水平方向进入线槽内。

⑤ 导线与接线端子的连接,必须牢靠,不得松动。在任何情况下,接线端子必须与导线截面积和材料性质相适应,并且所有连接在接线端子上的导线其端头套管上的编码要与原理图上节点的线号相一致。

⑥ 所有导线必须要采用多芯软线,其截面积要大于 0.75 mm^2。电子逻辑及类似低电平的电路,可采用 0.2 mm^2 的硬线。

⑦ 当接线端子不适合连接软线或较小截面积的软线时可以在导线端头穿上针形或叉形

轧头并压紧后再进行连接。

⑧ 一般一个接线端子只能连接一根导线,如果采用专门设计的端子,可以连接两根或多根导线,但导线的连接方式,必须采用工艺上成熟的连接方式,如夹紧、压接、焊接、绕接等,并且连接工艺应严格按照工序要求进行。

⑨ 布线时,严禁损伤线芯和导线绝缘。

4. 自检

断开 QS(如使用带灭弧罩的接触器,要摘下 KM1 和 KM2 的灭弧罩),用万用表 R×1 挡检查主电路和辅助电路。

① 检查主电路 断开 FA2 切除辅助电路,做以下检查:

a. 检查各相通路 将两支表笔分别接 U1-V1、V1-W1 和 U1-W1 端子,应测得断路;分别按下 KM1、KM2 的触头架,均应测得电动机一相绕组的直流电阻值。

b. 用手按压接触器 KM1 触头架,使三极主触点都闭合,重复上述的测量,可测出电动机 M1 各相绕组的电阻值。若某次测量结果为 $R \rightarrow \infty$(断路),说明被测线路有断路处,则应仔细检查所测两相的各段接线。用手按住 KM2 的触头架,重复上述的测量,可分别测出电动机 M2 两相绕组串联的电阻值。若某次测量结果为 $R \rightarrow \infty$(断路),说明被测线路有断路处,则应仔细检查所测两相的各段接线。

② 检查辅助电路 检查辅助电路要接好 FA2,按照课题二讲授的方法步骤分别检查 M1、M2 两台电动机的启动控制、自锁、停车及过载保护控制电路。

5. 通电实验和试车校验

完成上述检查后,清理好工具和安装板及检查三相电源。要将热继电器电流整定值按电动机的需要调节好,在指导老师的监护下进行通电实验和接电动机试车校验。

① 通电实验 合上 QS,按下 SB2 后松开,接触器 KM1 立即得电动作,并能自锁而保持吸合状态。按下 SB4 则 KM2 立即得电动作并能自锁保持吸合状态。按下 SB3 则 KM2 释放,再按下 SB1 则 KM1 释放。反复操作几次,以检查线路动作的可靠性。

② 接电动机后试车校验 切断电源后,接好电动机接线,合上 QS,按下 SB2 后松开,电动机 M1 应立即得电启动后运行,按下 SB4 后松开,电动机 M2 立即得电启动运行。按下 SB3,KM2 断电释放,M2 断电停车。按下 SB1,KM1 断电释放,M1 断电停车。

6. 注意事项

① 通电试车前,应熟悉线路的操作顺序,即先合上电源开关 QS,然后按下 SB2 后,再按 SB4 顺序启动;按下 SB3 后,再按下 SB1 逆序停止。

② 通电试车时,注意观察电动机、各电器元件及线路各部分工作是否正常。若发现异常情况,必须立即切断电源开关 QS,因为此时停止按钮 SB1 已失去作用。

③ 安装训练应在规定定额时间内完成。同时要做到安全操作和文明生产。

【任务评价】

顺序控制线路的安装与调试成绩评分标准见附表 2-4。

课题五 星形-三角形降压启动控制线路的安装与调试

【任务引入】

加在电动机定子绕组上的电压为电动机的额定电压,属于全压启动,又称直接启动。直接启动的优点是电器设备少,线路简单,维修量较小。异步电动机直接启动时,启动电流一般为额定电流的 4~7 倍。在电源变压器容量不够大而电动机功率较大的情况下,直接启动将导致电源变压器输出电压下降,不仅减小电动机本身的启动转矩,而且会影响同一供电线路中其他电器设备的正常工作。因此,较大容量的电动机需采用降压启动。

【任务分析】

降压启动是指利用启动设备将电压适当降低后加到电动机的定子绕组上进行启动,待电动机启动运转后,再使其电压恢复到额定值正常运转。常见的降压启动方法有四种:定子绕组串接电阻降压启动;自耦变压器降压启动;星形-三角形(Y-△)降压启动;延边△降压启动。本节主要介绍时间继电器自动控制 Y-△降压启动控制线路。

【相关知识】

一、时间继电器自动控制 Y-△降压启动控制电路及工作原理

1. Y-△降压启动控制电路

时间继电器自动控制 Y-△降压启动控制电路如图 2-33 所示。该线路由三个接触器、一个热继电器、一个时间继电器和两个按钮组成。时间继电器 KT 用作控制 Y 形降压启动时间和完成 Y-△自动切换。

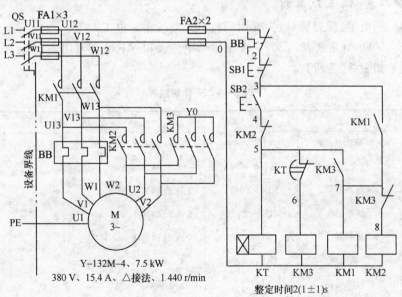

图 2-33 时间继电器自动控制 Y-△降压启动控制电路

2. 工作原理

线路的工作原理如下（先合上电源开关 QS）：

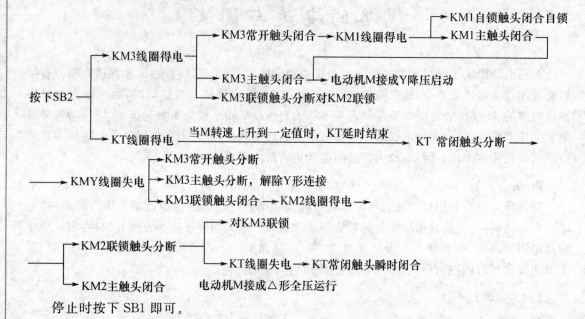

停止时按下 SB1 即可。

该线路中，接触器 KM_Y 得电以后，通过 KM_Y 的常开辅助触头使接触器 KM 得电动作，这样 KM_Y 的主触头是在无负载的条件下进行闭合的，故可延长接触器 KM_Y 主触头的使用寿命。

二、任务实施

1. 准备工具、仪表及器材

① 工具　测电笔、螺钉旋具、尖嘴钳、斜口钳、剥线钳和电工刀等。
② 仪表　5050 型兆欧表、T301-A 型钳形电流表和 MF30 型万用表。
③ 器材　如表 2-7 所列。

表 2-7　元件明细表

代号	名称	型号	规格	数量
M	三相异步电动机	Y132M-4	7.5 kW、380 V、15.4 A、△接法、1 440 r/min	1
QS	组合开关	HZ10-25/3	三级、25 A、380 V	1
FA1	熔断器	RL1-60/35	60 A、配熔体 35 A	3
FA2	熔断器	RL1-15/2	15 A、配熔体 2 A	2
KM1-KM3	接触器	CJ10-20	20 A、线圈电压 380 V	2
BB1	热继电器	JR16-20/3	三级、20 A、额定电流 8.8 A	1
KT	时间继电器	SJ7-2A	线圈电压 380 V	1
SB1、SB2	按钮	AL10-3H	保护式、按钮数 3	1

续表 2-7

代号	名称	型号	规格	数量
XT	端子板	JD0-1020	380 V,10 A,20 节	1
	主电路导线	BVR-1.5	1.5 mm²	若干
	控制电路导线	BVR-1.0	1 mm²	若干
	按钮线	BVR-0.75	0.75 mm²	若干
	走线槽		18~25 mm	1
	控制板		500 mm×400 mm×20 mm	

2. 识别与读取线路

① 识读 Y-△降压启动控制线路控制线路(见图 2-33),明确线路所用电器元件及作用,熟悉线路的工作原理,绘制元件布置图(见图 2-34)和接线图。

② 按表 2-7 配齐所用电器元件,并检验元件质量。

③ 在控制板上安装走线槽和所有电器元件。

④ 按电路图进行板前线槽布线。

3. 自检

断开 QS,万用表拨到 R×1 挡,做下列检查:

① 检查主电路断开 FA2 切除辅助电路。

a. 检查 KM1 的控制作用 将万用表笔分别接 QS 下端的 U11 和 XT 上的 U2 端子测得断路;按下 KM1 触头架,再测得电动机一相绕组的电阻值。可用同样的方法检测 V11-V2、W11-W2 间的电阻值。

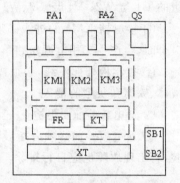

图 2-34 星形-三角形降压启动控制线路元件布置图

b. 检查 Y 连接启动电路 将万用表笔接 QS 下端的 U11、V11 端子,同时按下 KM1 和 KM3 的触头架,可测得电动机两相绕组串联的电阻值。可用同样的方法测得 V11-W11 及 U11-W11 间的电阻值。

c. 检查△连接运行电路 将万用表笔接在 QS 下端的 U11、V11 端子,同时按下 KM1 和 KM2 的触头架,可测得电动机两相绕组串联后再与第三相绕组并联的电阻值(小于一相绕组的电阻值)。

② 检查辅助电路拆下电动机接线,接通 FA2,用万用表笔接 QS 下端的 U11 和 V11,并做下列几项检查:

a. 检查 Y 连接启动控制 按下 SB2,可测得 KT 和 KM2 两只线圈的并联电阻值;同时按下 KM2 的触头架,测得 KT、KM2 及 KM1 三只线圈的并联电阻值;同时按下 KM1 与 KM2 的触头架,也应该测得上述三只线圈的并联电阻值。

b. 检查联锁电路 按下 KM1 的触头架,可测得电路中四个电器线圈的并联电阻值;再轻按 KM2 的触头架使其常闭触点分断(不要放开 KM1 的触头架),切除 KM3 线圈,测得电阻值应该增大;如在按下 SB2 的同时再轻按 KM3 的触头架,使其常闭触点分断,测得线路由通而断。

c. 检查 KT 的控制作用 按下 SB2 测得 KT 与 KM2 两只线圈的并联电阻值,再按住 KT 电磁机构的衔铁不放,大约 5 s 后,KT 的延时触点分断切除 KM2 的线圈,测得的电阻值应增大。

4. 通电和试车检验

检查三相电源,在指导教师的监护下通电试车。

① 通电校验　合上 QS,按下 SB2,KT、KM2 和 KM1 应立即得电动作,约 5 s 后,KT 和 KM2 断电释放,同时 KM3 得电动作。按下 SB1,则 KM1 和 KM3 释放。反复操作几次,检查线路动作的可靠性。调节 KT 的针阀,使其延时更准确。

② 接电动机后试车　断开 QS,接好电动机接线,仔细检查主电路各熔断器的接触情况,检查各端子的接线情况,做好立即停车的准备。合上 QS,按下 SB2,电动机应立即得电启动转速上升,此时应注意电动机运转的声音;约 5 s 后转换,电动机转速再次上升进入全压运行。

5. 注意事项

① 用 Y-△降压启动控制的电动机,必须有 6 个出线端子且定子绕组在△接法时的额定电压等于三相电源线电压。

② 接线时要保证电动机△形接法的正确性,即接触器 KM△ 主触头闭合时,应保证定子绕组的 U1 与 W2、V1 与 U2、W1 与 V2 相连接。

③ 接触器 KMY 的进线必须从三相定子绕组的末端引入,若误将其首端引入,则在 KMY 吸合时,会产生三相电源短路事故。

④ 控制板外部配线,必须按要求一律装在导线通道内,使导线有适当的机械保护,以防止液体、铁屑和灰尘的侵入。

⑤ 通电校验前要再检查一下熔体规格及时间继电器、热继电器的各整定值是否符合要求。

⑥ 通电校验前必须有指导老师在现场监护,学生应根据电路图的控制要求独立进行校验,若出现故障也应自行排除。

【任务评价】

星形—三角形降压启动控制线路安装与调试成绩评分标准见附表 2-5。

课题六　单相半波整流能耗制动控制线路的安装与调试

【任务引入】

电动机断开电源以后,由于惯性作用不会马上停止转动,而是需要转动一段时间才会完全停下来。这种情况对于某些生产机械是不适宜的。例如,起重机的吊钩需要准确定位,万能铣床要求立即停转等。满足生产机械的这种要求就需要对电动机进行制动。

【任务分析】

制动就是给电动机一个与转动方向相反的转矩使它迅速停转。制动的方法一般有两类:机械制动和电力制动。电力制动常用的方法有:反接制动、能耗制动、电容制动和再生发电制动等。

【相关知识】

一、能耗制动

使电动机在切断电源停转的过程中,产生一个和电动机实际旋转方向相反的电磁力矩,迫使电动机迅速制动停转的方法称为电力制动。当电动机切断交流电源后,立即在定子绕组的任意两相中通入直流电,迫使电动机迅速停转的方法称为能耗制动。

二、无变压器单相半波整流、单向启动能耗制动自动控制电路及工作原理

1. 无变压器单相半波整流、单向启动能耗制动自动控制电路

图 2-35 所示为无变压器单相半波整流、单向启动能耗制动控制电路图。

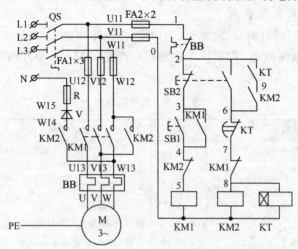

图 2-35 单相半波整流能耗制动控制电路图

2. 工作原理

线路的工作原理如下（先合上电源开关 QS）：

① 单向启动运转

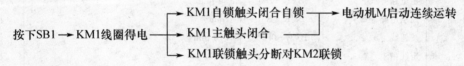

② 能耗制动停转

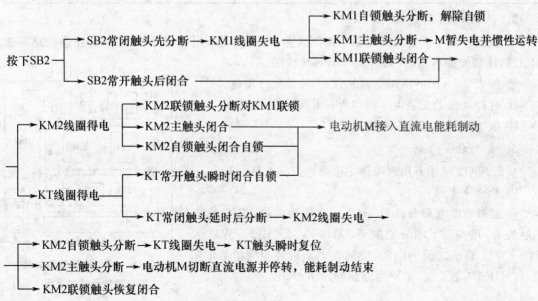

图 2-44 中 KT 瞬时闭合常开触头的作用是,当 KT 出现线圈断线或机械卡住等故障时,按下 SB2 后能使电动机制动后脱离直流电源。

三、任务实施

1. 准备工具、仪表及器材

① 工具　测电笔、螺钉旋具、尖嘴钳、斜口钳、剥线钳和电工刀等。

② 仪表　5050 型兆欧表、T301-A 型钳形电流表和 MF30 型万用表。

③ 器材　如表 2-8 所列。

表 2-8　元件明细表

代　号	名　称	型　号	规　格	数　量
M	三相异步电动机	Y132M-4	7.5 kW、380 V、15.4A、△接法、1 440r/min	1
QS	组合开关	HZ10-25/3	三级、25 A、380 V	1
FA1	熔断器	RL1-60/35	60 A、配熔体 35 A	3
FA2	熔断器	RL1-15/2	15 A、配熔体 2 A	2
KM1、KM2	接触器	CJ10-20	20 A、线圈电压 380 V	2
BB1	热继电器	JR16-20/3	三级、20 A、额定电流 8.8 A	1
KT	时间继电器	SJ7-2A	线圈电压 380 V	1
SB1、SB2	按　钮	AL10-3H	保护式、按钮数 3	1
V	整流二极管	2CZ30	30 A、600 V	1
R	制动电阻		0.5 Ω、50 W	1
XT	端子板	JD0-1020	380 V、10 A、20 节	1
	主电路导线	BVR-1.5	1.5 mm²	若干
	控制电路导线	BVR-1.0	1 mm²	若干
	按钮线	BVR-0.75	0.75 mm²	若干
	走线槽		18～25 mm	若干
	控制板		500 mm×400 mm×20 mm	1

2. 识别和读取线路

① 识读单相半波整流能耗制动控制线路,明确线路所用电器元件及作用,熟悉线路的工作原理,绘制元件布置图(见图 2-36)和接线图。

② 按表 2-8 配齐所用电器元件,并检验元件质量。

③ 在控制板上安装走线槽和所有电器元件。

④ 按电路图进行板前线槽布线。

3. 自　检

要断开 QS 使用万用表检测主电路和控制电路。

① 检查主电路:

a. 检查辅助电路要断开 FA2 切除辅助电路,按下 KM1 的触头架,在 QS 下端分别测量 U11-V11、V11-W11 及 U11-W11 端子之间的电阻,应测得电动机各相绕组的电阻值;放开 KM1 触头架,电路由通而断。

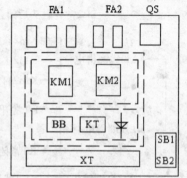

图 2-36　单相半波整流能耗控制线路元件布置图

b. 检查制动电路　将万用表拨到 R×10 kΩ 挡,按下 KM2 触头架,将黑表笔接 QS 下端 U11 端子,红表笔接中性线 N 端,应测得整流器 V 的正向导通阻值;将表笔调换位置再测量,应测得 $R \to \infty$。

② 检查辅助电路　拆下电动机接线,接通 FA2,将万用表拨回 R×1 挡,表笔接 QS 下端检查启动电路,检查启动控制电路方法同前面所述。

a. 检查制动控制　按下 SB2 或按下 KM2 的触头架,均测得 KM2 与 KT 两只线圈的并联电阻值。

b. 检查 KT 延时控制　断开 KT 线圈的一端接线,按下 SB2 应测得 KM2 线圈电阻值,同时按住 KT 电磁机构的衔铁,当 KT 延时触点动作时,万用表应显示电路由通到断。重复检测几次,将 KT 的延时时间调到 2 s 左右。

4. 通电实验和试车校验

① 通电检测　合上 QS,按下 SB1,KM1 应得电并自锁吸合;轻按 SB2 则 KM1 释放,按 SB1 使 KM1 动作并自锁吸合,将 SB2 按到底,则 KM1 释放而 KM2 和 KT 同时得电动作,KT 延时触头约 2 s 左右动作,KM2 和 KT 同时释放。

② 接电动机试车　断开 QS,接好电动机连线,先将 KT 线圈一端引线和 KM2 自锁触点一端引线断开,还将 KM2 自锁触点一端引线断开,合上 QS,检查制动作用。启动电动机后,轻按 SB2,观察 KM1 释放后电动机能否惯性运转。再启动电动机,将 SB2 按到底使电动机进入制动过程,待电动机停转立即松开 SB1。

5. 整定制动时间

切断电源后,按前一项测定的时间调整 KT 的延时,接好 KT 线圈及 KM2 自锁触点的连接线,检查无误后接通电源。启动电动机,待达到额定转速后进行制动,电动机停转时,KT 和 KM2 应刚好断电释放,反复试验调整以达到上述要求。

6. 注意事项

① 时间继电器的整定时间不要调得太长,以免制动时间过长引起定子绕组发热。
② 整流二极管要配装散热器和固装散热器支架。
③ 制动电阻要安装在控制板外面。
④ 进行制动时,停止按钮 SB2 要按到底。
⑤ 通电试车时,必须有指导教师在现场监护,同时要做到安全文明生产。

【任务评价】

单相半波整流能耗制动控制线路的安装与调试成绩评分标准见附表 2-6。

课题七　多速异步电动机控制线路的安装与调试

【任务引入】

改变异步电动机转速可通过三种方法来实现:一是改变电源频率 f_1;二是改变转差率 s;三是改变磁极对数 p。本课题主要介绍通过改变磁极对数 p 来实现电动机调速的基本控制线路。

模块二 继电-接触式控制电路的安装与调试

【任务分析】

改变异步电动机的磁极对数进行调速称为变极调速。变极调速是通过改变定子绕组的连接方式来实现的,它是有级调速,且只适用于笼形异步电动机。凡磁极对数可改变的电动机称为多速电动机,常见的多速电动机有双速、三速、四速等几种类型。本课题主要介绍时间继电器控制双速电动机控制线路。

【相关知识】

一、时间继电器控制双速电动机的控制线路

1. 双速异步电动机定子绕组的连接

双速异步电动机定子绕组的△/YY接线如图2-37所示。图中,三相定子绕组接成△形,由三个连接点接出三个出线端U1、V1、W1,从每相绕组的中点各接出一个出线端U2、V2、W2,这样定子绕组共有6个出线端。通过改变这6个出线端与电源的连接方式,就可以得到两种不同的转速。要使电动机在低速工作时,就把三相电源分别接至定子绕组作△形连接顶点的出线端U1、V1、W1上,另外三个出线端U2、V2、W2空着不接,如图2-37(a)所示,此时电动机定子绕组接成△形,磁极为4极,同步转速为1 500 r/min;若要使电动机高速工作,就把三个出线端U1、V1、W1并接在一起,另外三个出线端U2、V2、W2分别接到三相电源上(见图2-37(b)),这时电动机定子绕组接成YY形,磁极为2极,同步转速为3 000 r/min。可见双速电动机高速运转时的转速是低速运转转速的两倍。

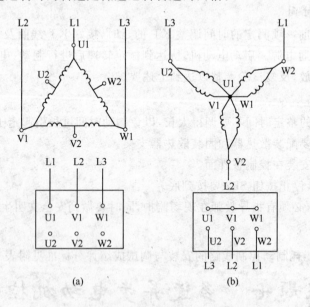

图2-37 双速异步电动机定子绕组接线图

2. 时间继电器控制双速电动机控制线路

用按钮和时间继电器控制双速电动机低速启动高速运转的电路如图2-38所示。时间继电器KT控制电动机的△启动时间和△/YY的自动换接运转的时间。

线路工作原理如下(先合上电源开关QS):

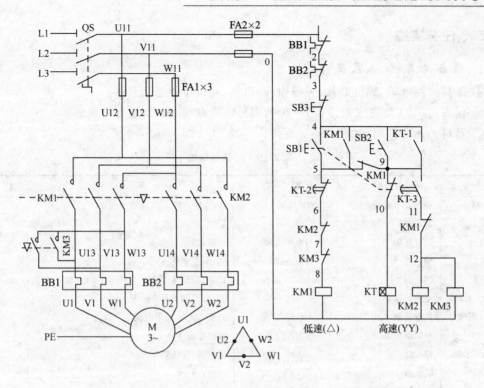

图 2-38 按钮和时间继电器控制双速电动机控制电路图

三角形低速启动运转:

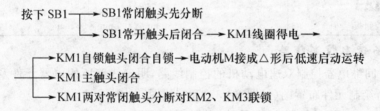

YY 形高速运转:

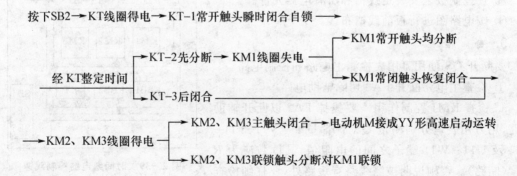

停止时,按下 SB3 即可。若电动机只需高速运转时,可直接按下 SB2,则电动机△形低速启动后,YY 形高速运转。

模块二 继电-接触式控制电路的安装与调试

二、任务实施

1. 准备工具、仪表及器材

① 工具　测电笔、螺钉旋具、尖嘴钳、斜口钳、剥线钳和电工刀等。
② 仪表　5050 型兆欧表、T301-A 型钳形电流表和 MF30 型万用表。
③ 器材　元器件明细如表 2-9 所列。

表 2-9　元器件明细

代号	名称	型号	规格	数量
M	三相异步电动机	YD112M-4/2	3.3 kW、380 V、7.4 A/8.6 A、△/YY、1 440 r/min 或 2 890 r/min	1
QS	组合开关	HZ10-25/3	三级、25 A、380 V	3
FA1	熔断器	RL1-60/35	60 A、配熔体 35 A	2
FA2	熔断器	RL1-15/4	15 A、配熔体 2 A	2
KM1-KM3	交流接触器	CJ10-20	20 A、线圈电压 380 V	1
BB1、BB2	热继电器	JR16-20/3	三级、20 A、额定电流 8.8 A	1
KT	时间继电器	SJ7-2A	线圈电压 380 V	1
SB1-SB3	按钮	AL10-3H	保护式、按钮数 3	1
XT	端子板	BVR-1.5	380 V、10 A、20 节	1
	主电路导线	BVR-1.0	1.5 mm²	若干
	控制电路导线	BVR-0.75	1 mm²	若干
	按钮线		0.75 mm²	若干
	走线槽		18～25 mm	若干
	控制板		500 mm×400 mm×20 mm	1

2. 识别与读取控制线路

① 识读时间继电器控制双速电动机的控制线路,明确线路所用电器元件及作用,熟悉线路的工作原理,绘制元件布置图(见图 2-39)和接线图。
② 按表 2-10 配齐所用电器元件,并检验元件质量。
③ 在控制板上安装走线槽和所有电器元件。
④ 按电路图进行板前线槽布线。

3. 自检

要断开 QS 使用万用表检测主电路和控制电路。
① 检查主电路断开 FA2 切除辅助电路。
a. 检查 KM1 控制作用　要拔掉 FA2 以断开辅助电路,用万用表笔分别测量 QS 下端 U11-V11、V11-W11 及 U11-W11 端子之间的电阻值,其读数应为 $R \to \infty$(断路)。否则说明被测线路有短路处,要仔细检查被测线路。用手按压接触器 KM1 触头架,使三极主

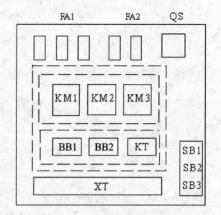

图 2-39　时间继电器控制双速电动机控制线路元件布置图

触点都闭合,重复上述的测量,可测出电动机 M 各相绕组的电阻值。若某次测量结果为 $R \to \infty$

（断路），说明被测线路有断路处，则应仔细检查所测两相的各段接线。

b. 检查 KM2 的控制作用　用手按住接触器 KM2 的触头架，使其主触点闭合，重复上述的测量，可测出电动机 M 各相绕组 1/2 的电阻值。

② 检查辅助电路　拆下电动机接线，接通 FA2，用万用表笔接 QS 下端的 U11 和 V11 端，并做下列几项检查：

a. 检查低速启动电路　按下 SB1，可测得 KM1 线圈的电阻值；

b. 检查高速运行电路　按下 SB2，测得 KT 线圈的阻值。

c. 检查 KT 的控制作用　按下 SB2 再按住 KT 电磁机构的衔铁不放，此时顺动点 KT-1 闭合大约 5 s 后，KT-2 延时触点分断，KT-3 延时闭合点闭合 测得的电阻值应为 KT、KM2、KM3 线圈并联阻值。

4. 试　车

检查三相电源，在指导教师的监护下通电实验和试车。

① 通电校验　合上 QS，按下 SB1，KM1 应立即得电动作并自锁，电动机低速运行。按下 SB2，KT 线圈得电，KT-1 瞬间闭合，约 5 s 后，KT-2 释放断开，KM1 断电释放，KT-3 闭合，KM2、KM3 得电动作。按下 SB3 则 KT 和 KM2、KM3 断电释放，反复操作几次，检查线路动作的可靠性。调节 KT 的针阀，使其延时更准确。

② 接电动机后试车　断开 QS，接好电动机接线，仔细检查主电路各熔断器的接触情况，检查各端子的接线情况，做好立即停车的准备。

合上 QS，按下 SB1，电动机应立即得电，△连接低速启动，此时应注意电动机运转的声音；约 5 s 后转换，电动机转换高速运行。

5. 注意事项

a. 接线时，注意主电路中接触器 KM1、KM2 在两种转速下电源相序的改变，不能接错；否则，两种转速下电动机的转向相反，换相时将产生很大的冲击电流。

b. 控制双速电动机△形接法的接触器 KM1 和 YY 形接法的接触器 KM2 的主触头不能对换接线，否则不但无法实现双速控制要求，而且会在 YY 形运转时造成电源短路事故。

c. 热继电器 FR1、FR2 的整定电流及其在主电路中的接线不要搞错。

d. 通电试车前，要复验以下电动机的接线是否正确，并测试绝缘电阻是否符合要求。

e. 通电试车时，必须有指导教师在现场监护，同时要做到安全文明生产。

【任务评价】

单相半波整流能耗制动控制线路的安装与调试成绩评分标准见附表 2-7。

模块三 可编程控制器

第一节 可编程控制器的基本概况

一、可编程序控制器的由来

1968年,美国通用汽车公司(GM公司)为了在汽车改型或改变工艺流程时不改动原有继电器柜内的接线,提出了研制新型逻辑顺序控制装置,并提出了该装置的研制指标要求,即10项招标技术指标,这10项指标实际上就是当今可编程序控制器最基本的功能。

可编程控制器是在继电—接触器控制系统中引入微型计算机控制技术后发展起来的一种新型工业控制设备。它的引入避免了继电器控制系统的下列缺点:

(1) 硬接线电路的故障率高。
(2) 电器触头的使用寿命有限。
(3) 诊断、排除故障的速度慢。
(4) 当控制逻辑需要修改却难于改动接线时,则可以用硬接线实现控制逻辑。

二、可编程序控制器的定义

可编程序控制器(programmable Controller),简称PC或PLC。它是一种数字运算操作的电子系统,专为在工业环境下应用而设计。它采用了可编程序的存储器,用来在其内部存储执行逻辑运算、顺序控制、定时、计算和算术运算等操作的指令,并通过数字式和模拟式的输入和输出来控制各类机械的工作过程。

三、可编程序控制器的特点

PLC从开始研制到成熟应用只有短短几十年。作为工业自动化控制的核心器件,PLC在工业自动化控制领域应用非常普及、非常广泛,这在很大程度上是因为它具备以下两个优势:

① 强大的功能与很高的可靠性;
② PLC的程序编写思路与继电器控制电路很相似,容易为电气技术人员所掌握。

PLC的特点简单归纳如下:

① 可靠性高　PLC适应不同的工业环境,抗外部干扰能力强,无故障时间长,系统程序与用户程序相对独立,不容易发生死机现象。

② 使用灵活　PLC采用基本单元加扩展模块形式,可满足更多的接口需要与多功能需要。

③ 编程容易　PLC编程语言面向电气工程人员,采用与继电器控制电路相似的梯形图进行设计,简洁直观,易于理解和掌握。

④ 安装、调试、维修方便　PLC只需要进行输入/输出接口接线,外部连接线少;有自诊断

和动态监控功能,方便调试,可现场进行程序调整与修改。

四、可编程序控制器的应用

可编程控制器近年来不断发展和完善,目前已广泛应用于机械制造、石化、冶金、电力、轻纺、汽车、交通及各种机电产品中,其应用类型包括以下几种。

1. 开关量的逻辑控制

这是 PLC 最基本、最广泛的应用领域,它取代了传统的继电器电路,实现逻辑控制、顺序控制,既可用于单台设备的控制,也可用于多机群控及自动化流水线。如注塑机、印刷机、订书机械、组合机床、磨床、包装生产线和电镀流水线等。

2. 模拟量控制

在工业生产过程当中,有许多连续变化的量,如温度、压力、流量、液位和速度等都是模拟量。为使可编程控制器处理模拟量,必须实现模拟量(Analog)和数字量(Digital)之间的转换,即 A/D 转换及 D/A 转换。PLC 厂家都生产配套的 A/D 和 D/A 转换模块,使可编程控制器用于模拟量控制。

3. 运动控制

PLC 可用于圆周运动或直线运动的控制。从控制机构配置来说,早期直接用于开关量 I/O 模块连接位置传感器和执行机构,现在一般使用专用的运动控制模块,如可驱动步进电机或伺服电机的单轴或多轴位置控制模块。世界上各主要 PLC 厂家的产品几乎都有运动控制功能,广泛用于各种机械、机床、机器人和电梯等场合。

4. 过程控制

过程控制是指对温度、压力、流量等模拟量的闭环控制。作为工业控制计算机,PLC 能编制各种各样的控制算法程序,完成闭环控制。PID 调节是一般闭环控制系统中用得较多的调节方法。大中型 PLC 都有 PID 模块,目前许多小型 PLC 也具有此功能模块。PID 处理一般是运行专用的 PID 子程序。过程控制在冶金、化工、热处理、锅炉控制等场合有着非常广泛的应用。

5. 数据处理

现代 PLC 具有数学运算(含矩阵运算、函数运算、逻辑运算)、数据传送、数据转换、排序、查表、位操作等功能,可以完成数据的采集、分析及处理。这些数据可以与存储在存储器中的参考值进行比较,完成一定的控制操作;也可利用通信功能传送到别的智能装置,或将它们打印制表。数据处理一般用于大型控制系统,如无人控制的柔性制造系统;也可用于过程控制系统,如造纸、冶金、食品工业中的一些大型控制系统。

6. 通信及联网

PLC 通信含 PLC 间的通信及 PLC 与其他智能设备间的通信。随着计算机控制技术的发展,工厂自动化网络发展得很快,各 PLC 厂商都十分重视 PLC 的通信功能,纷纷推出各自的网络系统。新近生产的 PLC 都具有通信接口,通信非常方便。

五、PLC 的发展趋势

随着 PLC 应用领域日益扩大,PLC 技术及产品结构都在不断改进,功能日益强大,性价比越来越高。

1. 在产品规模方面,向两极发展

一方面,大力发展速度更快、性价比更高的小型和超小型 PLC,以适应单机及小型自动控制的需要;另一方面,向高速度、大容量、技术完善的大型 PLC 方向发展。

2. 向通信网络化发展

PLC 网络控制是当前控制系统和 PLC 技术发展的潮流。PLC 与 PLC 之间的联网通信、PLC 与上位计算机的联网通信已得到广泛应用。

3. 向模块化、智能化发展

为满足工业自动化各种控制系统的需要,近年来,PLC 厂家先后开发了不少新器件和模块,如智能 I/O 模块、温度控制模块和专门用于检测 PLC 外部故障的专用智能模块等,这些模块的开发和应用不仅增强了功能、扩展了 PLC 的应用范围,还提高了系统的可靠性。

4. 编程语言和编程工具的多样化和标准化

多种编程语言的并存、互补与发展是 PLC 软件进步的一种趋势。PLC 厂家在使用硬件及编程工具换代频繁、丰富多样、功能提高的同时,日益向 MAP(制造自动化协议)靠拢,使 PLC 的基本部件,包括输入输出模块、通信协议、编程语言的编程工具等方面的技术规范化和标准化。

思考题

(1) 为何要学习可编程序控制器?
(2) 可编程序控制器的应用领域有哪些?
(3) 可编程序控制器未来发展趋势如何?

第二节　S7-200 可编程序控制器硬件构成

可编程序控制器是继电器控制系统的替代者,具有可靠性高、抗干扰能力强、体积小、重量轻、能耗低,使用和维护方便等优点,越来越广泛地应用于各种类型的生产控制系统中。本节重点介绍西门子 S7-200 可编程序控制器。

西门子 S7-200 可编程序控制器是一种叠装式结构的小型 PLC,其指令丰富、功能强大、可靠性高、适应性好、结构紧凑、便于扩展、性价比高。本书以 SIMATIC S7-200(CPU224 AC/DC/RLY)主机为例,它由机壳(上盖、底壳)、主板(CPU 板)、输入输出板和电源板四大部分叠装而成,如图 3-1 所示。

1. S7-200 可编程序控制器的外形

(1) S7-200(CPU224)主机外形

S7-200(CPU224)主机外形如图 3-2 和图 3-3 所示。

(2) 各部分的作用

① 工作模式开关:S7-200 可编程序控制器用三挡开关选择 RUN、TERM 和 STOP 三个工作状态,由状态 LED 显示工作状态,其中 SF 为系统故障指示。

② 通信接口:用于 S7-200 可编程序控制器与 PC 或手持编程器进行通信连接。

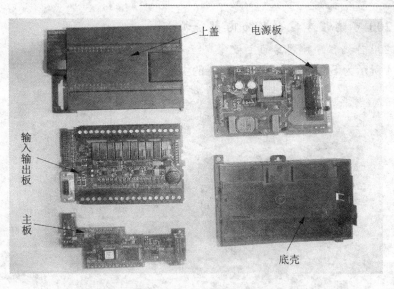

图 3-1　SIMATIC S7-200(CPU224 AC/DC/RLY)结构

③ 输入/输出接口：各输入/输出点的通断状态用输入或输出状态 LED 显示，外部接线接在可拆卸的插座型接线端子板上。

④ 模拟电位器：S7-200 可编程序控制器有两个模拟电位器 0 和 1，用小螺丝刀调节模拟电位器，可将 0～255 之间的数值分别存入特殊存储器字节 SMB28 和 SMB29 中。

⑤ 可选卡插槽：可将选购的 EEPROM 卡或电池卡插入插槽内使用。

图 3-2　S7-200 主机外形

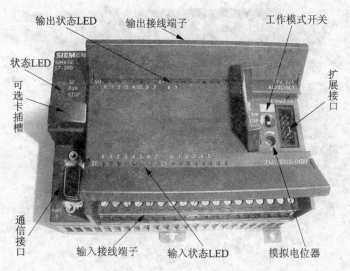

图 3-3　S7-200 主机外形

2. S7-200 可编程序控制器的内部结构

(1) S7-200 可编程序控制器的主板

如图 3-4 所示为 S7-200 可编程控制器的主板。

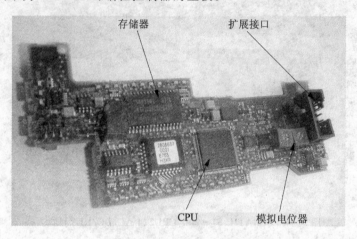

图 3-4　S7-200 主板

(2) 主要器件的作用

① CPU：CPU 的功能主要有从存储器中读取指令、执行指令、准备取下一条指令、处理中断等。

② 存储器：存储器是具有记忆功能的半导体电路，用来存放系统程序、用户程序、逻辑变量和其他一些信息。PLC 内部的存储器有两类：系统程序存储器和用户存储器，其中用户存储器有 RAM、EPROM 和 EEPROM 三种类型。

(3) S7-200 可编程序控制器的输入输出板

如图 3-5 所示为 S7-200 可编程序控制器的输入输出板。

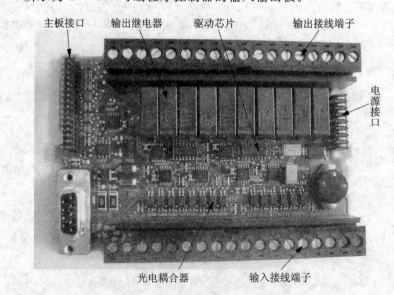

图 3-5　S7-200 输入输出板

(4) S7-200 的主要部件的作用

通过输入/输出接线端子将 PLC 与现场各种输入、输出设备连接起来。输出接口电路将中央电路处理器送出的弱电控制信号转换成现场需要的强电信号,之后通过接线端子输出,以驱动电磁阀、接触器、信号灯和小功率电动机等被控设备的执行元件。

① 输入接口电路:输入接口电路包括输入接线端子和光电耦合器等部件,PLC 的各种控制信号,如操作按钮、行程开关以及其他一些传感器输出的开关量或模拟量(要通过模数变换进入机内)等也属于输入接口的电路范畴。光电耦合器使外部输入信号与 PLC 内部电路之间无直接的电磁联系,通过这种隔离措施可以有效防止现场干扰信号串入 PLC,提高了 PLC 的抗干扰能力。

输入信号分开关量、模拟量和数字量 3 类,用户涉及最多的是开关量。

② 输出接口电路:可编程控制器的输出形式有继电器输出、晶闸管输出(SSR 型)和晶体管输出 3 种。输出接口电路包括输出接线端子、输出继电器(晶闸管或晶体管)和驱动电路。

(5) S7-200 可编程序控制器的电源板

如图 3-6 所示为 S7-200 可编程序控制器的电源板。

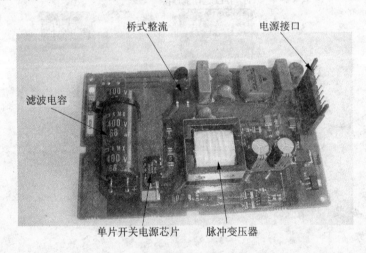

图 3-6 电源板

一般小型 PLC 的电源输出分为两部分:5 V 电源供 PLC 内部电路工作,24 V 电源用于向外提供给现场传感器等工作。

PLC 对电源的基本要求是:能有效控制、消除电网电源带来的各种干扰;不会因电源发生故障而导致其他部分产生故障;能在较宽的电压波动范围内保持输出电压稳定;电源本身的功耗应尽可能低,以降低整机的温升;内部电源及 PLC 向外提供的电源与外部电源间应完全隔离;有较强的自动保护功能。

思考题

(1) S7-200 可编程序控制器主要由哪些部分组成?

(2) 访问 http://www.ad.siemens.com.cn 来查找 S7-200 系列的性能指标。

第三节　西门子 PLC 的程序开发过程

STEP7 – Micro/WIN 西门子编程软件是基于 Windows 的应用软件,是西门子公司专门为 S7 – 200 系列可编程控制器而设计开发的,是西门子 PLC 用户不可缺少的开发工具。

一、硬件连接和软件安装

1. 硬件连接

为了实现 PLC 与计算机之间的通信,西门子公司为用户提供了两种硬件连接方式:一种是通过 PC/PPI 电缆直接连接,另一种是通过带有 MPI 电缆的通信处理器连接。

典型的单主机与 PLC 直接连接(见图 3 – 7),它不需要其他的硬件设备。方法是,把 PC/PPI 电缆的 PC 端连接到计算机的 RS – 232 通信口(一般是 COM1),把 PC/PPI 电缆的 PPI 端连接到 PLC 的 RS – 485 通信口即可。

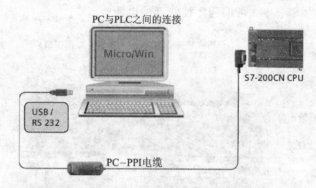

图 3 – 7　典型的单主机与 PLC 直接连接

2. 软件的安装

(1) 系统要求

STEP7 – Micro/WIN32 软件安装包是基于 Windows 的应用软件,4.0 版本的软件安装与运行需要 Windows2000/SP3 或 Windows XP 操作系统。

(2) 软件安装

STEP7 – Micro/WIN32 软件的安装很简单,将光盘插入光盘驱动器系统自动进入安装向导(或在光盘目录里双击 setup,则进入安装向导),按照安装向导完成软件的安装。软件程序安装路径可使用默认子目录,也可以使用"浏览"按钮弹出的对话框中任意选择或新建一个新子目录。

首次运行 STEP7 – Micro/WIN32 软件时,系统默认语言为英语,可根据需要修改编程语言。如将英语改为中文,其具体操作如下:运行 STEP7 – Micro/WIN32 编程软件,在主界面执行菜单 Tools→Options→General 选项,然后在对话框中选择 Chinese 即可改为中文。

二、STEP7 – Micro/WIN32 软件的窗口组件

STEP7 – Micro/WIN32 的基本功能是协助用户完成应用程序的开发,同时具有设置 PLC

参数、加密和运行监视等功能。编程软件在联机工作方式（PLC 与计算机相连）可以实现用户程序的输入、编辑、上载、下载运行，通信测试及实时监视等功能。在离线条件下，也可以实现用户程序的输入、编辑、编译等功能。

1. 主界面

启动 STEP7 - Micro/WIN32 编程软件，其主界面如图 3 - 8 所示。

主界面一般可分为 6 个区域：菜单栏（包含 8 个主菜单项）、工具栏（快捷按钮）、浏览栏（快捷操作窗口）、指令树（快捷操作窗口）、输出窗口和用户窗口（可同时或分别打开图中的 5 个用户窗口）。除菜单栏外，用户可根据需要决定其他窗口的取舍和样式的设置。

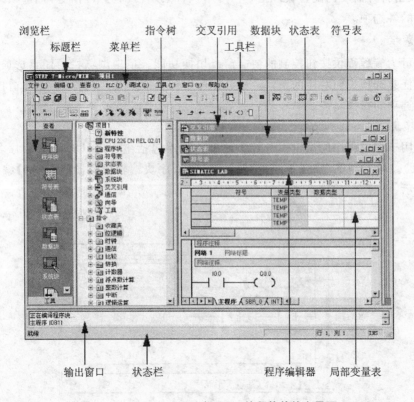

图 3 - 8 STEP7 - Micro/WIN32 编程软件的主界面

2. 菜单栏

菜单栏包括 8 个主菜单选项，菜单栏各选项，如图 3 - 9 所示。

图 3 - 9 菜单栏

3. 工具栏

工具栏提供简便的鼠标操作，它将最常用的 STEP7 - Micro/WIN32 编程软件操作以按钮形式设定到工具栏。可执行菜单【查看】→【工具栏】选项，实现显示或隐藏标准、调试、公用和指令工具栏。工具栏的选项如图 3 - 10 所示。

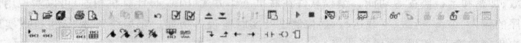

图 3-10 工具栏

4. 指令树

指令树以树形结构提供项目对象和当前编辑器的所有指令。双击指令树中的指令符,能自动在梯形图显示区光标位置插入所选的梯形图指令。项目对象的操作可以双击项目选项文件夹,然后双击打开需要的配置页。指令树可用执行菜单【查看】→【指令树】选项来选择是否打开指令树的各选项。

5. 浏览栏

浏览栏可为编程提供按钮控制的快速窗口切换功能。单击浏览栏的任意选项按钮,则主窗口切换成任意选项按钮对应的窗口。浏览栏可划分为 8 个窗口组件,下面按窗口组件介绍各窗口按钮选项的操作功能。

(1) 程序块

程序块用于完成程序的编辑以及相关注释。程序包括主程序(OB1)、子程序(SBR)和中断程序(INT)。单击浏览栏的【程序块】按钮,进入程序块编辑窗口。【程序块】编辑窗口,如图 3-11 所示。

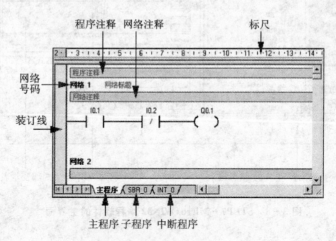

图 3-11 【程序块】编辑窗口

(2) 符号表

符号表是允许用户使用符号编址的一种工具。实际编程时,为了增加程序的可读性,可用带有实际含义的符号作为编程元件代号,而不是直接使用元件在主机中的直接地址。单击浏览栏的【符号表】按钮,进入符号表编辑窗口。【符号表】编辑窗口如图 3-12 所示。

(3) 状态表

状态表用于联机调试时监控各变量的值和状态。在 PLC 运行方式下,可以打开状态表窗口,在程序扫描执行时,能够连续、自动地更新状态表的数值和状态。单击浏览栏的【状态表】按钮,进入状态表编辑窗口。【状态表】编辑窗口如图 3-13 所示。

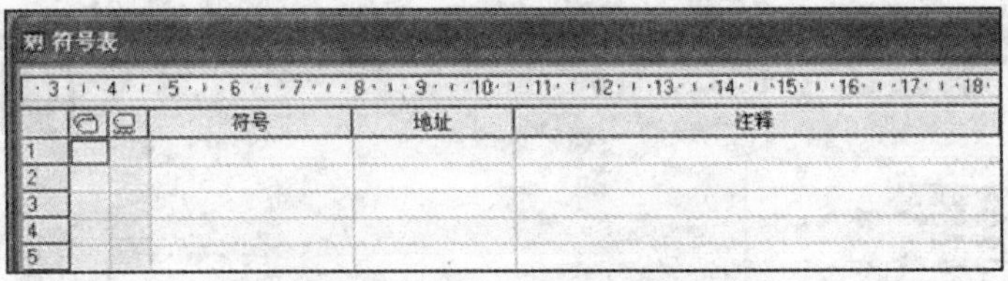

图 3-12 【符号表】编辑窗口

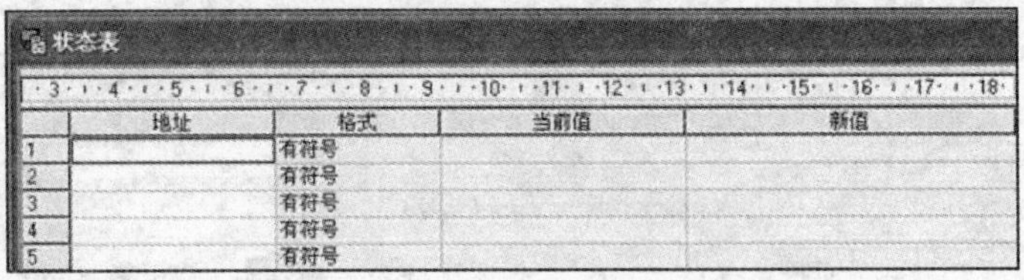

图 3-13 【状态表】编辑窗口

(4) 数据块

数据块用于设置和修改变量存储区内各种类型存储区的一个或多个变量值,并加注必要的注释说明,下载后可以使用状态表监控存储区的数据。可以使用下列之一方法访问数据块:

① 单击浏览条的【数据块】按钮。

② 执行菜单【查看】→【组件】→【数据块】。

③ 双击指令树的【数据块】,然后双击用户定义 1 图标。【数据块】编辑窗口如图 3-14 所示。

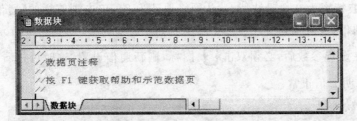

图 3-14 【数据块】编辑窗口

(5) 系统块

系统块可配置 S7-200 中 CPU 的参数,使用下列方法能够查看和编辑系统块,设置 CPU 参数。可以使用下面之一方式进入【系统块】编辑窗口,如图 3-15 所示。

(6) 交叉引用

交叉引用提供用户程序所用的 PLC 信息资源,包括 3 个方面的引用信息,即交叉引用信息、字节使用情况信息和位使用情况信息,使编程所用的 PLC 资源一目了然。交叉引用及用法信息不会下载到 PLC。单击浏览栏【交叉引用】按钮,进入交叉引用编辑窗口。【交叉引用】编辑窗口如图 3-16 所示。

(7) 通 信

网络地址是用户为网络上每台设备指定的一个独特号码。该独特的网络地址确保将数据传送至正确的设备,并从正确的设备检索数据。数据在网络中的传送速度称为波特率,S7-

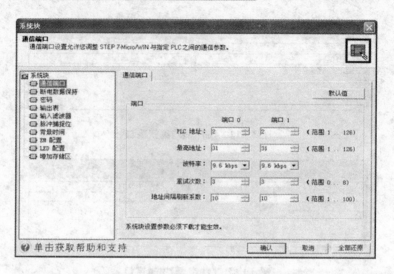

图 3-15 【系统块】编辑窗口

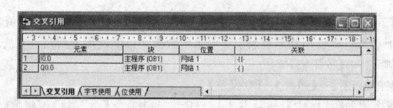

图 3-16 【交叉引用】编辑窗口

200CPU 的默认波特率为 9.6 千波特，默认网络地址为 2。单击浏览栏的【通信】按钮，进入通信设置窗口。【通信】设置窗口如图 3-17 所示。如果需要为 STEP 7 - Micro/WIN 配置波特率和网络地址，在设置参数后，必须双击 🔁 图标，刷新通信设置，这时可以看到 CPU 的型号和网络地址 2，说明通信正常。

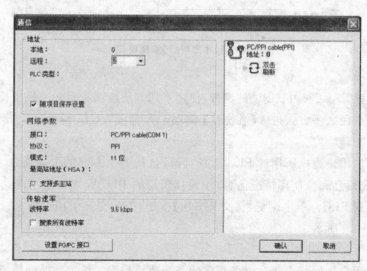

图 3-17 【通信】设置窗口

(8) 设置 PG/PC

单击浏览栏的【设置 PG/PC 接口】按钮，进入 PG/PC 接口参数设置窗口，【设置 PG/PC 接口】窗口如图 3－17 所示。单击【Properties】按钮，可以进行地址及通信速率的配置。

三、电动机自锁控制回路程序的开发

前面对 PLC 开发的软、硬件环境进行了介绍，下面介绍对电动机自锁控制回路进行 PLC 程序的实际开发。

1. 建立新项目

双击“STEP 7－Micro/WIN”快捷方式图标，或者在“开始”菜单中选择“SIMATIC”→“STEP 7－Micro/WIN”命令，启动应用程序，系统自动开打开一个新“STEP 7－Micro/WIN”项目，如图 3－18 所示。

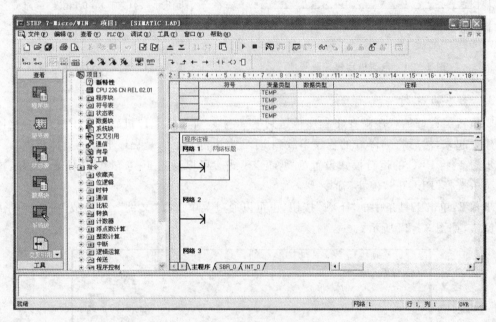

图 3－18　STEP 7－Micro/WIN 新建项目

2. 程序输入

步骤 1：根据 PLC 接线图在符号表（Symbol Table）中输入 I/O 注释，如图 3－19 所示。

			符号	地址
1			KM	Q0.0
2			关机	I0.1
3			开机	I0.0
4				
5				

图 3－19　输入 I/O 注释

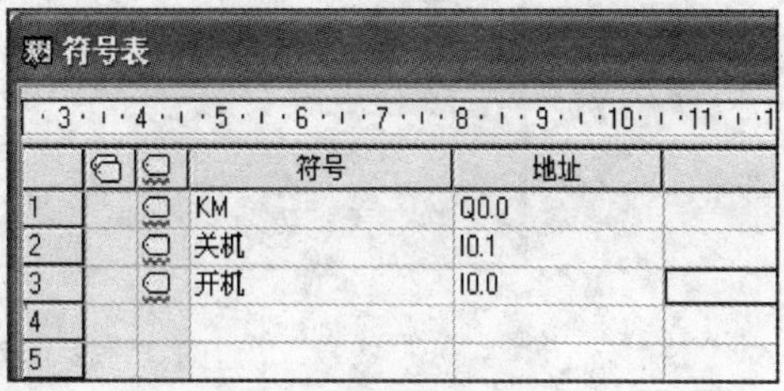

步骤 2：双击指令树中的程序块（Program Block），再双击主程序（MAIN）项，然后在右侧的状态图窗口中逐个输入本例中的控制指令，如图 3－20 所示。

该程序中，当 PLC 上电后，按下开机按钮 I0.0 导通，由于关机按钮常闭导通状态，此时输出端子 Q0.0 得电，接触器 KM1 线圈上电，电动机启动。同时，由于 Q0.0 得电，其常开触点闭合，所以开机按钮被屏蔽。也就是说，松开开机按钮后，电动机仍保持运转。当按下关机按钮时，

常闭触点 I0.1 断开,Q0.0 失电,接触器 KM1 线圈失电,电动机停止运转。同时,常开触点 Q0.0 断开,对开机按钮的屏蔽被解除。至此一个工作周期结束。

程序指令输入完成后,单击工具栏中的编译按钮编译。如果程序中有不合法的符号、错误的指令应用等情况,编译就不会通过,出错的详细信息会出现在状态栏里。可根据出错信息改正程序中的错误,重新编译。编译通过后状态栏里的信息提示如图 3-21 所示。

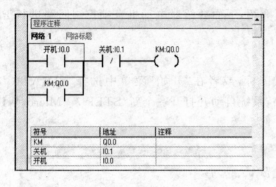

图 3-20 电动机启停控制程序

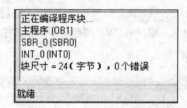

图 3-21 编译通过提示信息图

3. 程序的执行

要执行编译好的程序就要将程序传送到 PLC 中。首先将上位机软件与 PLC 主机之间的通信建立起来,然后将编译好的程序下载到 PLC 中执行。下面是程序下载的具体步骤:

步骤 1:将 PLC 的运行模式设置为"停止"模式。可以通过工具条中的"停止"按钮,或者通过菜单选择"PLC"→"停止"命令。

步骤 2:单击工具条中的"下载"按钮,也可以通过菜单选择"文件"→"下载"命令启动下载对话窗口,如图 3-22 所示。

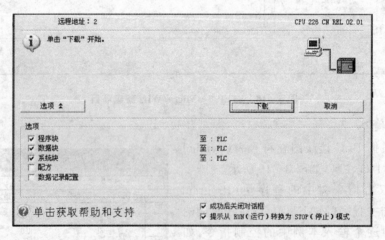

图 3-22 程序下载命令提示信息

步骤 3:根据默认值,在初次执行下载命令时,"程序块"、"数据块"和"CPU 配置"(系统块)复选框被选择。如果不需要下载某一特定块,可以清除其对应的复选框。

步骤 4:单击"确定"按钮,开始下载程序。如果下载成功,弹出一个确认框显示以下信息:下载成功。

步骤5：如果在程序开发软件 STEP 7-Micro/WIN 中设置 PLC 类型与实际的类型不匹配，则会显示以下警告信息："为项目所选的 PLC 类型与远程 PLC 类型不匹配。继续下载吗？"

步骤6：如果要更改 PLC 类型选项，选择"否"，终止程序下载。

步骤7：从菜单中选择"PLC"→"类型"命令，跳出"PLC 类型"对话框，如图 3-23 所示。在下拉菜单中选择实际 PLC 相匹配的 PLC 类型，或者单击"读取 PLC"按钮，由软件自动读取正确的数值。单击"确定"按钮，关闭对话框。

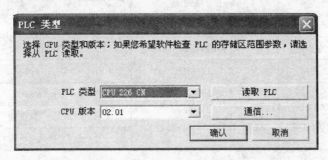

图 3-23 "PLC 类型"对话框

步骤8：重复步骤2重新下载程序。

步骤9：程序下载成功后，在运行 PLC 程序之前，将 PLC 从 STOP（停止）模式切换到 RUN（运行）模式。单击工具条中的"运行"按钮，也可以从菜单中选择"PLC"→"运行"命令，使 PLC 转换到 RUN（运行）模式。

至此，电动机启停控制程序的开发过程全部结束。本节中所涉及的 STEP 7-Micro/WIN 程序开发软件的具体应用可参考西门子 S7-200PLC 编程手册。本例所实现的功能在工业自动控制中很常见，读者可以举一反三，在实际工程中灵活应用。

第四节 S7-200 存储器的数据类型与寻址方式

一、数据类型与单位

S7-200 系列 PLC 数据类型可以是布尔型、整型和实型（浮点数）。实型数采用 32 位单精度数来表示，其数值有较大的表示范围：正数为 $+1.175495E-38 \sim +3.402823E+38$；负数为 $-1.175495E-38 \sim -3.402823E+38$。不同长度的整数所表示的数值范围如表 3-1 所列。

表 3-1 整数长度及取值范围

整数长度	无符号整数表示范围		有符号整数表示范围	
	十进制表示	十六进制表示	十进制表示	十六进制表示
字节 B（8 位）	0～255	0～FF	-128～127	80～7F
字 W（16 位）	0～65 535	0～FFFF	-32 768～32 767	8000～7FFF
双字 D（32 位）	0～4 294 967 295	0～FFFFFFFF	-2 147 483 648～2 147 483 647	80000000～7FFFFFFF

模块三 可编程控制器

常用的整数长度单位有位(1 位二进制数)、字节(8 位二进制数,用 B 表示)、字(16 位二进制数,用 W 表示)和双字(32 位二进制数,用 D 表示)等。

在编程中经常会使用常数。常数数据长度可为字节、字和双字。在机器内部的数据都以二进制形式存储,但常数的书写可以用二进制、十进制、十六进制、ASCⅡ码或浮点数(实数)等多种形式。几种常数形式分别如表 3-2 所列。

表 3-2 常数的表示方式

进 制	书写格式	举 例
十进制	进制数值	1052
十六进制	16#十六进制值	16#3F7A6
二进制	2#二进制值	2#1010-0011-1101-0001
ASCII 码	'ASCII 码文本'	'Show termimals'
浮点数(实数)	ANSI/IEEE754-1985 标准	+1.036782E-36(正数) -1.036782E-36(负数)

二、寻址方式

1. 直接寻址

(1) 编址形式

若用 A 表示元件名称(I、Q、M 等),T 表示数据类型(B、W、D,若为位寻址无此项),x 表示字节地址,y 表示字节内的位地址(只有位寻址才有此项),则编址形式有以下 3 种。

① 按位寻址的格式:Ax.y,例如:I0.0、Q0.0、M0.0、SM0.0、S0.0、V0.0 和 L0.0 等。

② 存储区内另有一些元件具有一定功能的硬件,由于元件数量很少,所以不用指出元件所在存储区域的字节,而是直接指出它的编号。其寻址格式为:Ax,如 T0、C0、HC0 和 AC0 等。

③ 数据寻址格式:ATx,如 IB0、IW0、ID0、QB0、QW0、QD0、MB0、MW0、MD0、SMB0、SMW0、SMD0、SB0、SW0、SD0、VB0、VW0、VD0、LB0、LW0、LD0、AIW0 和 AQW0 等。

S7-200 将编程元件统一归为存储器单元。存储器单元按字节进行编址,无论所寻址的是何种数据类型,通常应指出它所在存储区域和在区域内的字节地址。每个单元都有唯一的地址,地址用名称和编号两部分组成,元件名称(区域地址符号)如表 3-3 所列。

表 3-3 元件名称及直接编址格式

元件符号(名称)	所在数据区域	位寻址格式	其他寻址格式
I(输入继电器)	数字量输入映像位区	Ax.y	ATx
Q(输出继电器)	数字量输入映像位区	Ax.y	ATx
M(通用辅助继电器)	内部存储器标志位区	Ax.y	ATx
SM(特殊标志继电器)	特殊存储器标志位区	Ax.y	ATx
S(顺序控制继电器)	顺序控制继电器存储器区	Ax.y	ATx
V(变量存储器)	变量存储器区	Ax.y	ATx

续表 3-3

元件符号(名称)	所在数据区域	位寻址格式	其他寻址格式
L(局部变量存储器)	局部存储器区	Ax.y	ATx
T(定时器)	定时器存储器区	Ax	Ax(仅字)
C(计数器)	计数器存储器区	Ax	Ax(仅字)
AI(模拟量输入映像寄存器)	模拟量输入存储器区	无	Ax(仅字)
AQ(模拟量输出映像寄存器)	模拟量输出存储器区	无	Ax(仅字)
AC(累加器)	累加器区	无	Ax
HC(高速计数器)	高速计数器区	无	Ax(仅双字)

(2) 按位寻址

按位寻址的格式为 Ax.y。必须指定元件名称、字节地址和位号(见图 3-24),MSB 表示最高位,LSB 表示最低位。

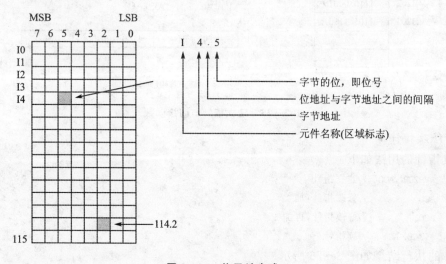

图 3-24 位寻址方式

2. 间接寻址

间接寻址方式是:数据存放在存储器或寄存器中,在指令中只出现所需数据所在单元的内存地址的地址。存储单元地址的地址又称为地址指针。这种间接寻址方式与计算机的间接寻址方式相同。间接寻址在处理内存连续地址中的数据时非常方便,而且可以缩短程序所生成的代码长度,使编程更加灵活。

用间接寻址方式存取数据的工作方式有 3 种:建立指针、间接存取和修改指针。

(1) 建立指针

建立指针必须用双字传送指令(MOVD),将存储器所要访问的单元地址装入并用来作为指针的存储器单元或寄存器,装入的是地址而不是数据本身,格式如下:

例:MOVD &VB200,VD302
　　MOVD &MB10,AC2
　　MOVD &C2,LD14

其中,"&"为地址符号,与单元编号结合使用表示所对应单元的 32 位物理地址。VB200 只是一个直接地址的编号,并非其物理地址。指令中的第二个地址数据长度必须是双字长,如 VD、LD、AC 等。

(2) 间接存取

在操作数的前面加"*"的指令表示该操作数为一个指针。下面两条指令是建立指针和间接存取的应用方法:

```
MOVD    &VB200,AC0
MOVW    * AC0, AC1
```

存储区的地址及单元中所存的数据,如图 3-25 (a)所示,执行过程如图 3-25 (b)所示。

(a) 地址与数据　　　　(b) 执行过程

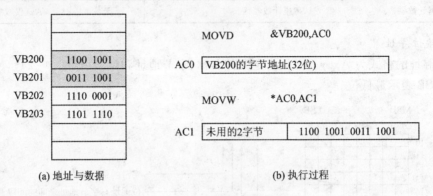

图 3-25　建立指针与间接读数

(3) 修改指针

修改指针的用法如下:

```
MOVD  &VB200, AC0    //建立指针
INCD  AC0            //修改指针,加 1
INCD  AC0            //修改指针,再加 1
MOVW  * AC0, AC1     //读指针
```

修改指针的执行结果如图 3-26 所示。

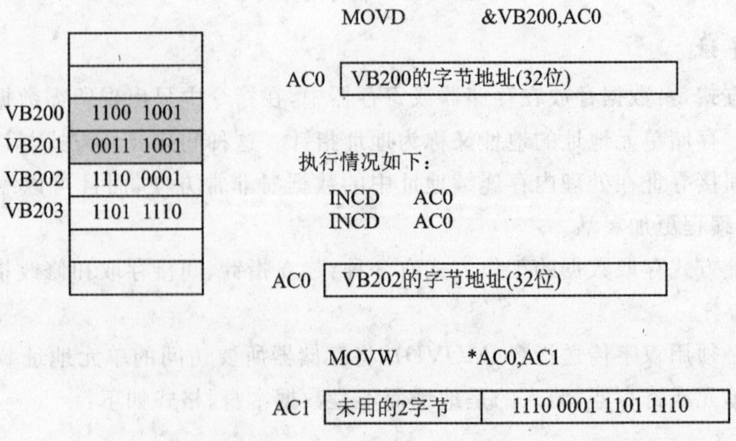

图 3-26　建立、修改、读取指针

VW0 为 16 位二进制数,是由 VB0、VB11 两个字节组成,其中 VB0 中的 8 位为高 8 位,VB1 中的 8 位为低 8 位。

VD0 是由 VB0、VB1、VB2、VB3 四个字节组成,其中 VB0 中的 8 位为高 8 位,VB3 中的 8 位为低 8 位。

若 VB0＝25,VB1＝36,则 VW0 和 V0.5 分别为何值？

把 VB0 中的 25 转化成 8 位二进制数为 0001 1001,把 VB1 中的 36 转化成 8 位二进制数为 0010 0100;VW0 由 VB0、VB1 组成,且 VB0 为高 8 位,VB1 为低 8 位,故 VW0 的 16 位二进制数为:0001 1001 0010 0100,把此数转化成十进制为 6436,所以 VW0＝6436。V0.5 表示变量存储器 V 的第 0 个字节的第 5 位的状态,即为 0。

第五节　西门子 S7－200 指令

西门子 S7－200 的指令就是用英文名称的缩写字母来表达 PLC 各种功能的助记符号。由指令构成的能完成控制任务的指令组合就是指令表。每一条指令一般由指令助记符和作用器件编号两部分组成。本节主要介绍西门子 PLC 指令,按指令的不同可分为基本指令和应用指令两类。基本指令是直接对输入和输出点进行操作的指令,例如输入、输出及逻辑"与"、"或"、"非"等操作。应用指令是进行数据传送、数据处理、数据运算、程序控制等操作的指令。

一、西门子基本指令

表 3－4 所列为 S7－200 系列的基本逻辑指令。

表 3－4　S7－200 系列的基本逻辑指令

指令名称	指令符	功　能	操作数
取	LD bit	读入逻辑行或电路块的第一个常开节点	Bit： I,Q,M,SM,T,C,V,S
取　反	LDN bit	读入逻辑行或电路块的第一个常闭节点	
与	A bit	串联一个常开节点	
与　非	AN bit	串联一个常闭节点	
或	O bit	并联一个常开节点	
或　非	ON bit	并联一个常闭节点	
电路块与	ALD	串联一个电路块	无
电路块或	OLD	并联一个电路块	
输　出	＝ bit	输出逻辑行的运算结果	Bit：Q,M,SM,T,C,V,S
置　位	S bit,N	置继电器状态为接通	Bit： Q,M,SM,V,S
复　位	R bit,N	使继电器复位为断开	

1. 基本逻辑指令的应用

基本逻辑指令的应用如图 3－27 所示。

2. 电路块并联的编程

电路块并联的编程如图 3－28 所示。

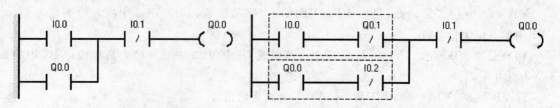

图 3-27 基本逻辑指令的应用　　　　图 3-28 电路块串联的编程

3. 电路块串联的编程

电路块串联的编程如图 3-29 所示。

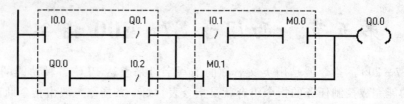

图 3-29 电路块串联的编程

4. 置位/复位指令的编程

置位/复位指令的编程如图 3-30 所示。I0.0 的上升沿指令 Q0.0 接通并保持,即使 I0.0 断开也不再影响 Q0.0 的状态。I0.1 的上升沿状态使其断开并保持断开状态。

5. 定时器指令的应用

S7-200 系列 PLC 按时基脉冲分为 1 ms、10 ms、100 ms 三种,按工作方式分为接通型延时定时器(TON)和保持型延时定时器(TONR)两大类。常用的接通型延时定时器,如图 3-31 所示。

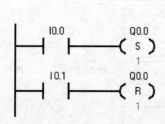
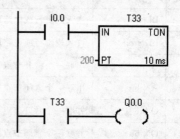

图 3-30 置位/复位指令的编程　　　图 3-31 接通延时型定时器的应用

6. 计数器指令的应用

S7-200 系列 PLC 有两种计数器:加计数器(CTU)和加/减计数器(CTUD)。

每个计数器有一个 16 位的当前值寄存器及一个状态位。CU 为加计数脉冲输入端,CD 为减计数脉冲输入端,R 为复位端,PV 为设定值,其应用如图 3-32 所示。

7. 脉冲产生指令 EU/ED 的应用

EU 指令是在 EU 指令前的逻辑运算结果从 OFF 到 ON 时产生一个宽度为一个扫描周期的脉冲,由此驱动其后面的输出线圈。其应用见图 3-33,即为当 I0.0 有上升沿时,EU 指令产生一个宽度为一个扫描周期的脉冲,驱动其后的输出线圈 Q0.0。

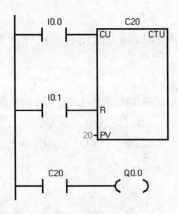

图 3-32 计数器指令的应用

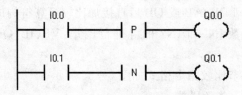

图 3-33 EU 指令的应用

而 ED 指令则在对应输入(I0.1)有下降沿时产生一宽度为一个扫描周期的脉冲,驱动其后的输出线圈(Q0.1)。

8. 逻辑堆栈的操作

LPS 为进栈操作,LPD 为读栈操作,LPP 为出栈操作。

S7-200 系列 PLC 中有一个 9 层堆栈,用于处理逻辑运算结果,称为逻辑堆栈。执行 LPS、LPD、LPP 指令时对逻辑堆栈的影响,如图 3-34 所示。图中仅用了 2 层栈,实际上因为逻辑堆栈有 9 层,所以可以多次使用 LPS,形成多层分支,使用时应注意 LPS 和 LPP 必须成对使用。

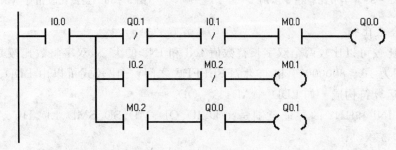

图 3-34 执行 LPS、LPD、LPP 指令时对逻辑堆栈的影响

9. NOT、NOP 和 MEND 指令

NOT、NOP 和 MEND 指令的形式及功能,如表 3-5 所列。

表 3-5 NOT、NOP 和 MEND 指令的形式及功能

STL	功 能	操作数
NOT	逻辑结果取反	—
NOP	空操作	—
MEND	无条件结束	—

NOT 为逻辑结果取反指令,在复杂逻辑结果取反时为用户提供方便。NOP 为空操作,对程序没有实质影响。MEND 为无条件结束指令,在编程结束时一定要写上该指令,否则会出现编译错误。调试程序时,在程序的适当位置插入 MEND 指令可以实现程序的分段调试。

10. 比较指令

比较指令是将两个操作数按规定的条件作比较，条件成立时，触点就闭合。比较运算符有：=、>=、<=、>、<和<>。

(1) 字节比较

字节比较可以比较两个字节型整数值 IN1 和 IN2 的大小，字节比较是无符号的。比较式可以由 LDB、AB 或 OB 后直接加比较运算符构成。如 LDB=、AB<>、OB>=等。

整数 IN1 和 IN2 的寻址范围是：VB、IB、QB、MB、SB、SMB、LB、*VD、*AC、*LD 和常数。

字节比较指令格式如图 3-35 所示。

(2) 整数比较

整数比较可以比较两个一字长整数值 IN1 和 IN2 的大小，整数比较是有符号的（整数范围为 16#8000 和 16#7FFF 之间）。比较式可以由 LDW、AW 或 OW 后直接加比较运算符构成。如 LDW=、AW<>、OW>=等。

整数 IN1 和 IN2 的寻址范围是：VW、IW、QW、MW、SW、SMW、LW、AIW、T、C、AC、*VD、*AC、*LD 和常数。

整数比较指令格式如图 3-36 所示。

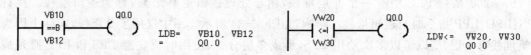

图 3-35 字节比较指令示例　　　　图 3-36 整数比较指令示例

(3) 双字整数比较

双字整数比较可以比较两个双字长整数值 IN1 和 IN2 的大小，双字整数比较是有符号的（双字整数范围为 16#80000000 和 16#7FFFFFFF 之间）。比较式可以由 LDD、AD 或 OD 后直接加比较运算符构成。如 LDD=、AD<>、OD>=等。

双字整数 IN1 和 IN2 的寻址范围是：VD、ID、QD、MD、SD、SMD、LD、HC、AC、*VD、*AC、*LD 和常数。

双字整数比较指令格式如图 3-37 所示。

(4) 实数比较

实数比较可以比较两个双字长实数值 IN1 和 IN2 的大小，实数比较是有符号的（负实数范围为 -1.175495E-38 和 -3.402823E+38，正实数范围为 +1.175495E-38 和 +3.402823E+38）。比较式可以由 LDR、AR 或 OR 后直接加比较运算符构成。如 LDR=、AR<>、OR>=等。

实数 IN1 和 IN2 的寻址范围是：VD、ID、QD、MD、SD、SMD、LD、AC、*VD、*AC、*LD 和常数。

实数比较指令格式如图 3-38 所示。

图 3-37 双字整数比较指令示例　　　　图 3-38 实数比较指令示例

二、功能指令

功能指令的丰富程度及其方便程度是衡量 PLC 性能的一个重要指标。S7-200 的功能指令丰富,包括算术与逻辑运算、传送、移位与循环移位、程序流控制、数据表处理、PID 指令、数据格式变换、高速处理、通信以及实时时钟等。

功能指令的助记符与汇编语言相似,略具计算机知识的人学习起来也不会有太大困难。但 S7-200 系列 PLC 功能指令太多,一般读者不必准确记忆其详尽用法,需要时可以查阅产品手册。本节仅对 S7-200 系列 PLC 的功能指令作列表归纳,不再一一说明。

1. 数据传送指令

如表 3-6 所列为数据传送指令的名称功能和操作数。

表 3-6 数据传送指令

名 称	指令格式	功 能	操作数
单一传送指令	MOV_B EN ENO 10-IN OUT-QB0	将 IN 的内容传送到 OUT 中,IN 和 OUT 的数据类型应相同,可分别为字、字节、双字、实数	IN,OUT:VB, IB, QB, MB, SB, SMB, LB, AC, *VD, *AC, *LD IN 还可以是常数
	MOV_W EN ENO 0-IN OUT-VW0		IN, OUT: VW, IW, QW, MW, SW, SMW, LW, T, C, AC, *VD, *AC, *LD IN 还可以是 AIW 和常数 OUT 还可以是 AQW
	MOV_DW EN ENO VD20-IN OUT-VD30		IN,OUT:VD, ID, QD, MD, SD, SMD, LD, AC, *VD, *AC, *LD IN 还可以是 HC,常数、&VB、&IB、&QB、&MB、&T、&C
	MOV_R EN ENO 10.0-IN OUT-VD30		IN,OUT:VD, ID, QD, MD, SD, SMD, LD, AC, *VD, *AC, *LD IN 还可以是常数
	MOV_BIR EN ENO IB10-IN OUT-QB0	立即读取输入 IN 的值,将结果输出到 OUT	IN:IB OUT:VB, IB, QB, MB, SB, SMB, LB, AC, *VD, *AC, *LD
	MOV_BIW EN ENO IB10-IN OUT-QB0	立即将 IN 单元的值写到 OUT 所指的物理输出区	IN: VB, IB, QB, MB, SB, SMB, LB, AC, *VD, *AC, *LD 和常数 OUT:QB

2. 移位与循环移位指令

如表 3-7 所列为移位与循环移位指令的名称功能和操作数。

表 3-7 移位与循环移位指令

名 称	指令格式(语句表)	功 能	操作数
字节移位指令	SHR_B EN ENO ????-IN OUT-???? ????-N	将字节 OUT 右移 N 位,最左边的位依次用 0 填充	IN,OUT,N:VB,IB,QB,MB,SB,SMB,LB,AC,*VD,*AC,*LD IN 和 N 还可以是常数
	SHL_B EN ENO ????-IN OUT-???? ????-N	将字节 OUT 左移 N 位,最右边的位依次用 0 填充	
	ROR_B EN ENO ????-IN OUT-???? ????-N	将字节 OUT 循环右移 N 位,从最右边移出的位送到 OUT 的最左位	
	ROL_B EN ENO ????-IN OUT-???? ????-N	将字节 OUT 循环左移 N 位,从最左边移出的位送到 OUT 的最右位	
字移位指令	SHR_W EN ENO ????-IN OUT-???? ????-N	将字 OUT 右移 N 位,最左边的位依次用 0 填充	IN,OUT:VW,IW,QW,MW,SW,SMW,LW,T,C,AC,*VD,*AC,*LD IN 还可以是 AIW 和常数 N:VB,IB,QB,MB,SB,SMB,LB,AC,*VD,*AC,*LD,常数
	SHL_W EN ENO ????-IN OUT-???? ????-N	将字 OUT 左移 N 位,最右边的位依次用 0 填充	
	ROR_W EN ENO ????-IN OUT-???? ????-N	将字 OUT 循环右移 N 位,从最右边移出的位送到 OUT 的最左位	
	ROL_W EN ENO ????-IN OUT-???? ????-N	将字 OUT 循环左移 N 位,从最左边移出的位送到 OUT 的最右位	
位移位寄存器指令	SHRB EN ENO ???.?-DATA ???.?-S_BIT ????-N	将 DATA 的值(位型)移入移位寄存器;S_BIT 指定移位寄存器的最低位,N 指定移位寄存器的长度(正向移位=N,反向移位=-N)	DATA,S_BIT:I,Q,M,SM,T,C,V,S,L N:VB,IB,QB,MB,SB,SMB,LB,AC,*VD,*AC,*LD,常数

3. 四则运算指令

如表 3-8 所列为四则运算指令的名称、功能和操作数。

表 3-8 四则运算指令

名 称	指令格式(语句表)	功 能	操作数寻址范围
加法指令	ADD_I EN ENO ????-IN1 OUT-???? ????-IN2	两个16位带符号整数相加,得到一个16位带符号整数 执行结果：IN1+OUT=OUT(在LAD和FBD中为IN1+IN2=OUT)	IN1, IN2, OUT：VW, IW, QW, MW, SW, SMW, LW, T, C, AC, *VD, *AC, *LD IN1和IN2还可以是AIW和常数
	ADD_DI EN ENO ????-IN1 OUT-???? ????-IN2	两个32位带符号整数相加,得到一个32位带符号整数 执行结果：IN1+OUT=OUT(在LAD和FBD中为IN1+IN2=OUT)	IN1,IN2,OUT：VD, ID, QD, MD, SD, SMD, LD, AC, *VD, *AC, *LD IN1和IN2还可以是HC和常数
	ADD_R EN ENO ????-IN1 OUT-???? ????-IN2	两个32位实数相加,得到一个32位实数 执行结果：IN1+OUT=OUT(在LAD和FBD中为IN1+IN2=OUT)	IN1,IN2,OUT：VD, ID, QD, MD, SD, SMD, LD, AC, *VD, *AC, *LD IN1和IN2还可以是常数
减法指令	SUB_I EN ENO ????-IN1 OUT-???? ????-IN2	两个16位带符号整数相减,得到一个16位带符号整数 执行结果：OUT-IN1=OUT(在LAD和FBD中为IN1-IN2=OUT)	IN1, IN2, OUT：VW, IW, QW, MW, SW, SMW, LW, T, C, AC, *VD, *AC, *LD IN1和IN2还可以是AIW和常数
	SUB_DI EN ENO ????-IN1 OUT-???? ????-IN2	两个32位带符号整数相减,得到一个32位带符号整数 执行结果：OUT-IN1=OUT(在LAD和FBD中为IN1-IN2=OUT)	IN1,IN2,OUT：VD, ID, QD, MD, SD, SMD, LD, AC, *VD, *AC, *LD IN1和IN2还可以是HC和常数
	SUB_R EN ENO ????-IN1 OUT-???? ????-IN2	两个32位实数相加,得到一个32位实数 执行结果：OUT-IN1=OUT(在LAD和FBD中为IN1-IN2=OUT)	IN1,IN2,OUT：VD, ID, QD, MD, SD, SMD, LD, AC, *VD, *AC, *LD IN1和IN2还可以是常数

续表 3-8

名 称	指令格式(语句表)	功 能	操作数寻址范围
乘法指令	MUL_I EN ENO ????-IN1 OUT-???? ????-IN2	两个 16 位符号整数相乘,得到一个 16 整数 执行结果:IN1 * OUT = OUT(在 LAD 和 FBD 中为 IN1 * IN2 = OUT)	IN1, IN2, OUT:VW, IW, QW, MW, SW, SMW, LW, T, C, AC, * VD, * AC, * LD IN1 和 IN2 还可以是 AIW 和常数
	MUL EN ENO ????-IN1 OUT-???? ????-IN2	两个 16 位带符号整数相乘,得到一个 32 位带符号整数 执行结果:IN1 * OUT = OUT(在 LAD 和 FBD 中为 IN1 * IN2 = OUT)	IN1, IN2:VW, IW, QW, MW, SW, SMW, LW, AIW, T, C, AC, * VD, * AC, * LD 和常数 OUT:VD, ID, QD, MD, SD, SMD, LD, AC, * VD, * AC, * LD
	MUL_DI EN ENO ????-IN1 OUT-???? ????-IN2	两个 32 位带符号整数相乘,得到一个 32 位带符号整数 执行结果:IN1 * OUT = OUT(在 LAD 和 FBD 中为 IN1 * IN2 = OUT)	IN1, IN2, OUT:VD, ID, QD, MD, SD, SMD, LD, AC, * VD, * AC, * LD IN1 和 IN2 还可以是 HC 和常数
	MUL_R EN ENO ????-IN1 OUT-???? ????-IN2	两个 32 位实数相乘,得到一个 32 位实数 执行结果:IN1 * OUT = OUT(在 LAD 和 FBD 中为 IN1 * IN2 = OUT)	IN1, IN2, OUT:VD, ID, QD, MD, SD, SMD, LD, AC, * VD, * AC, * LD IN1 和 IN2 还可以是常数
除法指令	DIV_I EN ENO ????-IN1 OUT-???? ????-IN2	两个 16 位带符号整数相除,得到一个 16 位带符号整数商,不保留余数 执行结果:OUT/IN1 = OUT(在 LAD 和 FBD 中为 IN1/IN2 = OUT)	IN1, IN2, OUT:VW, IW, QW, MW, SW, SMW, LW, T, C, AC, * VD, * AC, * LD IN1 和 IN2 还可以是 AIW 和常数
	DIV EN ENO ????-IN1 OUT-???? ????-IN2	两个 16 位带符号整数相除,得到一个 32 位结果,其中低 16 位为商,高 16 位为结果 执行结果:OUT/IN1 = OUT(在 LAD 和 FBD 中为 IN1/IN2 = OUT)	IN1, IN2:VW, IW, QW, MW, SW, SMW, LW, AIW, T, C, AC, * VD, * AC, * LD 和常数 OUT:VD, ID, QD, MD, SD, SMD, LD, AC, * VD, * AC, * LD
	DIV_DI EN ENO ????-IN1 OUT-???? ????-IN2	两个 32 位带符号整数相除,得到一个 32 位整数商,不保留余数 执行结果:OUT/IN1 = OUT(在 LAD 和 FBD 中为 IN1/IN2 = OUT)	IN1, IN2, OUT:VD, ID, QD, MD, SD, SMD, LD, AC, * VD, * AC, * LD IN1 和 IN2 还可以是 HC 和常数
	DIV_R EN ENO ????-IN1 OUT-???? ????-IN2	两个 32 位实数相除,得到一个 32 位实数商 执行结果:OUT/IN1 = OUT(在 LAD 和 FBD 中为 IN1/IN2 = OUT)	IN1, IN2, OUT:VD, ID, QD, MD, SD, SMD, LD, AC, * VD, * AC, * LD IN1 和 IN2 还可以是常数

4. 数据转换指令

如表3-9所列为数据转换指令的名称、功能和操作数。

表3-9 数据转换指令

名称	指令格式(语句表)	功能	操作数
数据类型转换指令	B_I EN ENO ????-IN OUT-????	将字节输入数据IN转换成整数类型,结果送到OUT,无符号扩展	IN: VB, IB, QB, MB, SB, SMB, LB, AC, *VD, *AC, *LD, 常数 OUT: VW, IW, QW, MW, SW, SMW, LW, T, C, AC, *VD, *AC, *LD
	I_B EN ENO ????-IN OUT-????	将整数输入数据IN转换成一个字节,结果送到OUT。输入数据超出字节范围(0～255)则产生溢出	IN: VW, IW, QW, MW, SW, SMW, LW, T, C, AIW, AC, *VD, *AC, *LD, 常数 OUT: VB, IB, QB, MB, SB, SMB, LB, AC, *VD, *AC, *LD
	DI_I EN ENO ????-IN OUT-????	将双整数输入数据IN转换成整数,结果送到OUT	IN: VD, ID, QD, MD, SD, SMD, LD, HC, AC, *VD, *AC, *LD, 常数 OUT: VW, IW, QW, MW, SW, SMW, LW, T, C, AC, *VD, *AC, *LD
	I_DI EN ENO ????-IN OUT-????	将整数输入数据IN转换成双整数(符号进行扩展),结果送到OUT	IN: VW, IW, QW, MW, SW, SMW, LW, T, C, AIW, AC, *VD, *AC, *LD, 常数 OUT: VD, ID, QD, MD, SD, SMD, LD, AC, *VD, *AC, *LD
	ROUND EN ENO ????-IN OUT-????	将实数输入数据IN转换成双整数,小数部分四舍五入,结果送到OUT	IN, OUT: VD, ID, QD, MD, SD, SMD, LD, AC, *VD, *AC, *LD IN还可以是常数,在ROUND指令中IN还可以是HC
	DI_R EN ENO ????-IN OUT-????	将双整数输入数据IN转换成实数,结果送到OUT	IN, OUT: VD, ID, QD, MD, SD, SMD, LD, AC, *VD, *AC, *LD IN还可以是HC和常数
	I_BCD EN ENO ????-IN OUT-????	将整数输入数据IN转换成BCD码,结果送到OUT。IN的范围为0～9999	IN, OUT: VW, IW, QW, MW, SW, SMW, LW, T, C, AC, *VD, *AC, *LD IN还可以是AIW和常数 AC和常数

续表 3-9

名　称	指令格式(语句表)	功　能	操作数
编码译码指令	ENCO EN　ENO ????-IN　OUT-????	将字节输入数据 IN 的最低有效位(值为 1 的位)的位号输出到 OUT 指定的字节单元的低 4 位	IN：VW, IW, QW, MW, SW, SMW, LW, T, C, AIW, AC, * VD, * AC, * LD,常数 OUT：VB, IB, QB, MB, SB, SMB, LB, AC, * VD, * AC, * LD
	DECO EN　ENO ????-IN　OUT-????	根据字节输入数据 IN 的低 4 位所表示的位号将 OUT 所指定的字单元的相应位置 1,其他位置 0	IN：VB, IB, QB, MB, SB, SMB, LB, AC, * VD, * AC, * LD,常数 IN：VW, IW, QW, MW, SW, SMW, LW, T, C, AQW, AC, * VD, * AC, * LD
段码指令	SEG EN　ENO ????-IN　OUT-????	根据字节输入数据 IN 的低 4 位有效数字产生相应的七段码,结果输出到 OUT, OUT 的最高位恒为 0	IN, OUT：VB, IB, QB, MB, SB, SMB, LB, AC, * VD, * AC, * LD IN 还可以是常数

5．特殊指令

特殊指令如表 3-10 所列。PLC 中一些实现特殊功能的硬件需要通过特殊指令来使用,可实现特定的复杂的控制目的,同时程序的编制非常简单。

表 3-10　特殊指令

名　称	指令格式(语句表)	功　能	操作数
中断指令	ATCH EN　ENO ????-INT ????-EVNT	把一个中断事件(EVNT)和一个中断程序联系起来,并允许该中断事件	INT：常数 EVNT：常数（CPU221/222：0～12, 19～23, 27～33；CPU224：0～23, 27～33；CPU226：0～33）
	DTCH EN　ENO ????-EVNT	截断一个中断事件和所有中断程序的联系,并禁止该中断事件	
	—(ENI)	全局地允许所有被连接的中断事件	
	—(DISI)	全局地关闭所有被连接的中断事件	
	—(RETI)	位于中断程序结束,是必选部分,程序编译时软件自动在程序结尾加入该指令	

续表 3-10

名　称	指令格式(语句表)	功　能	操作数
通信指令	NETR EN　ENO ????－TBL ????－PORT	初始化通信操作,通过指令端口(PORT)从远程设备上接收数据并形成表(TBL)。可以从远程站点读最多16个字节的信息	TBL:VB,MB,*VD,*AC,*LD PORT:常数
	NETW EN　ENO ????－TBL ????－PORT	初始化通信操作,通过指定端口(PORT)向远程设备写表(TBL)中的数据,可以向远程站点写最多16个字节的信息	
高速计数器指令	HDEF EN　ENO ????－HSC ????－MODE	为指定的高速计数器分配一种工作模式。每个高速计数器使用之前必须使用 HDEF 指令,且只能使用一次	HSC:常数(0~5) MODE:常数(0~11)
	HSC EN　ENO ????－N	根据高速计数器特殊存储器位的状态,按照 HDEF 指令指定的工作模式,设置和控制高速计数器。N 指定了高速计数器号	N:常数(0~5)
高速脉冲输出指令	PLS EN　ENO ????－Q0X	检测用户程序设置的特殊存储器位,激活由控制位定义的脉冲操作,从 Q0.0 或 Q0.1 输出高速脉冲 可用于激活高速脉冲串输出(PTO)或宽度可调脉冲输出(PWM)	Q:常数(0 或 1)

课题一　PLC认知实训

【任务目的】

① 了解 PLC 软硬件结构及系统组成。
② 掌握 PLC 外围直流控制、负载线路的接法及上位计算机与 PLC 通信参数的设置。

【任务引入】

生产线上的设备怎样运行才能保证它能正常生产出合格的产品,现代工业不是靠人来操作,而是由机器来制作,启动机器,就会自己运行下去。机器要实现自动化运行,就需要对生产线的动作情况进行规划。可编程序控制器的出现,满足了人们的需求,解决了传统继电-接触器不能解决的问题,故越来越受到人们的欢迎。那么,我们通过课题一,认识 PLC。

【任务分析】

该课题具体要求如下:
① 认知西门子 S7-200 系列 PLC 的硬件结构,详细记录各硬件部件的结构及作用;

② 打开编程软件,编译基本的与、或、非程序段,并下载至 PLC 中;
③ 能正确完成 PLC 端子与开关、指示灯接线端子之间的连接操作;
④ 拨动开关 K0、K1,指示灯能正确显示。

【相关知识】

一、PLC 外形图

PLC 外形如图 3-39 所示。

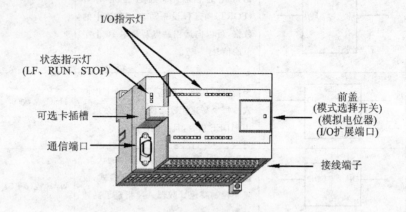

图 3-39 PLC 外形图

二、软件使用入门

1. 打开 STEP7 软件创建工程

(1) 单击"新建项目"按钮。
(2) 选择文件(File)→新建(New)菜单命令。
(3) 按 Ctrl+N 快捷键组合。在菜单"文件"下单击"新建"键,开始新建一个程序。
(4) 在程序编辑器中输入指令。
① 从指令树拖放,操作步骤如图 3-40、图 3-41、图 3-42 和图 3-43 所示。
注意:光标会自动阻止用户将指令放置到非法位置(例如放置在网络标题或另一条指令的参数上)。

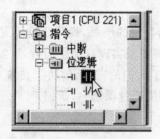

图 3-40 选择指令

图 3-41 指令拖放到所需的位置

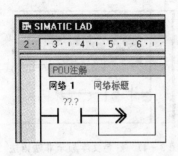

图 3-42　松开鼠标按钮将指令放置在所需的位置

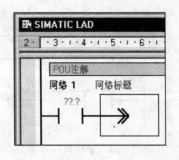

图 3-43　双击该指令,将指令放置到所需的位置

② 从指令树双击

a. 使用工具条按钮或功能键,如图 3-44 所示。

b. 在程序编辑器窗口中将光标放在所需的位置。一个选择方框在位置周围出现,如图 3-45(a)所示。

图 3-44　工具条

c. 或者单击适当的工具条按钮,或使用适当的功能键(F4=触点、F6=线圈、F9=方框)插入一个类属指令。

d. 出现一个下拉列表。滚动或键入开头的几个字母,浏览至所需的指令。双击所需的指令或使用 ENTER 键插入该指令(如果此时您不选择具体的指令类型,则可返回网络,单击类属指令的助记符区域(该区域包含???,而不是助记符),或者选择该指令并按 ENTER 键,将列表调回,如图 3-45(b)所示。

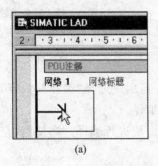
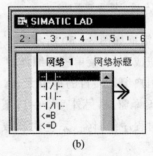

图 3-45　选择方框

(5) 输入地址

① 当用户在 LAD 中输入一条指令时,参数开始用问号表示,例如(??.?)或(????),如图 3-46 所示。问号表示参数未赋值。用户可以在输入元素时为该元素的参数指定一个常数或绝对值、符号或变量地址或者以后再赋值。如果有任何参数未赋值,程序将不能正确编译。

② 指定地址:欲指定一个常数数值(例如 100)或一个绝对地址(例如 I0.1),只需在指令地址区域中键入所需的数值(用鼠标或 ENTER 键选择键入的地址区域)。

(6) 错误指示

红色文字显示非法语法,如图 3-47 所示。

注意:当用有效数值替换非法地址值或符号时,字体自动更改为默认字体颜色(黑色,除非已定制窗口)。

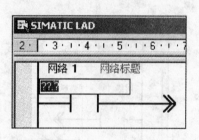
图 3-46　参数用问号表示

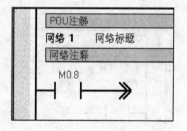
图 3-47　红色文字显示非法语法

一条红色波浪线位于数值下方,表示该数值或是超出范围或是不适用于此类指令,如图 3-48 所示。

一条绿色波浪线位于数值下方,表示正在使用的变量或符号尚未定义,如图 3-49 所示。STEP 7-Micro/WIN 允许在定义变量和符号之前写入程序,用户可随时将数值增加至局部变量表或符号表中。

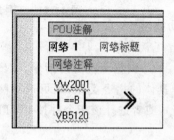
图 3-48　红色波浪线

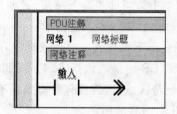
图 3-49　绿色波浪线

(7) 程序编译对话框如图 3-50 所示。

① 用工具条按钮或 PLC 菜单进行编译。

② "编译"允许用户编译项目的单个元素。当用户选择"编译"时,带有焦点的窗口(程序编辑器或数据块)是编译窗口,另外两个窗口不编译。

③ "全部编译"对程序编辑器、系统块和数据块进行编译。当使用"全部编译"命令时,哪一个窗口是焦点无关紧要。

(8) 程序保存对话框如图 3-51 所示。

图 3-50　程序编译

图 3-51　程序保存

① 使用工具条上的"保存"按钮保存用户的作业,或从"文件"菜单选择"保存"和"另存为"选项保存程序。

② "保存"允许用户在作业中快速保存所有改动(初次保存一个项目时,会被提示核实或修改当前项目名称和目录的默认选项)。

③ "另存为"允许用户修改当前项目的名称和/或目录位置。

④ 当用户首次建立项目时,STEP 7 – Micro/WIN 提供默认值名称"Project1.mwp"。可以接受或修改该名称;如果接受该名称,下一个项目的默认名称将自动递增为"Project2.mwp"。

STEP 7 – Micro/WIN 项目的默认目录位置位于"Microwin"目录中的称为"项目"的文件夹,可以不接受该默认位置。

2. 通信设置

(1) 使用 PC/PPI 连接,可以接受安装 STEP 7 – Micro/WIN 时在"设置 PG/PC 接口"对话框中提供的默认通信协议。否则,从"设置 PG/PC 接口"对话框为个人计算机选择另一个通信协议,并核实参数(站址、波特率等)。在 STEP 7 – Micro/WIN 中,单击浏览条中的"通信"图标,或从菜单选择查看>组件>通信,如图 3 – 52 所示。

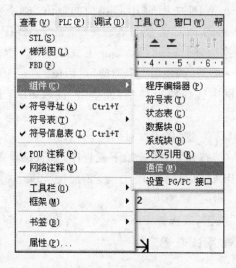

图 3 – 52 通信设置

(2) 从"通信"对话框的右侧窗格,单击显示"双击刷新"的蓝色文字,如图 3 – 53 所示。

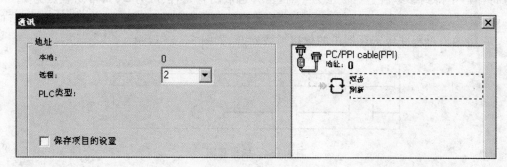

图 3 – 53 双击刷新

(3) 如果成功地在网络上的个人计算机与设备之间建立了通信,会显示一个设备列表、模型类型和站址。

(4) STEP 7 - Micro/WIN 在同一时间仅与一个 PLC 通信,由此会在 PLC 周围显示一个红色方框,说明该 PLC 目前正在与 STEP 7 - Micro/WIN 通信。用户可以双击另一个 PLC,更改为与该 PLC 通信。

(5) 程序下载

① 从个人计算机将程序块、数据块或系统块下载至 PLC 时,下载的块内容覆盖到当前的 PLC 中的块内容(如果 PLC 中有)。在用户开始下载之前,核实希望覆盖 PLC 中的块。

② 下载至 PLC 之前,必须核实 PLC 位于"停止"模式,检查 PLC 上的模式指示灯。如果 PLC 未设为"停止"模式,单击工具条中的"停止"按钮,或选择 PLC→停止。

③ 单击工具条中的"下载"按钮,或选择文件→下载,则出现"下载"对话框。

④ 根据默认值,在初次发出下载命令时,"程序代码块"、"数据块"和"CPU 配置"(系统块)复选框被选择。如果不需要下载某一特定的块,清除该复选框。

⑤ 单击"确定"开始下载程序。

⑥ 如果下载成功,一个确认框会显示以下信息:下载成功。

⑦ 如果 STEP 7 - Micro/WIN 中用的 PLC 类型的数值与实际使用的 PLC 不匹配,会显示以下警告信息:"为项目所选的 PLC 类型与远程 PLC 类型不匹配,继续下载吗?"

⑧ 若想纠正 PLC 类型选项,则选择"否",终止下载程序。

⑨ 从菜单条选择 PLC→类型,调出"PLC 类型"对话框。

⑩ 可以从下拉列表方框中选择纠正类型,或单击"读取 PLC"按钮,由 STEP 7 - Micro/WIN 自动读取正确的数值。

⑪ 单击"确定",确认 PLC 类型,并清除对话框。

⑫ 单击工具条中的"下载"按钮,重新开始下载程序,或从菜单条选择文件→下载。

⑬ 一旦下载成功,在 PLC 中运行程序之前,必须把 PLC 从 STOP(停止)模式转换回 RUN(运行)模式。

单击工具条中的"运行"按钮,或选择 PLC→运行,转换回 RUN(运行)模式。

3. 常用逻辑指令及程序流程图

(1) 常用位逻辑指令使用

① 标准触点 常开触点指令(LD、A 和 O)与常闭触点(LDN、AN、ON)从存储器或过程映像寄存器中得到参考值。当该位为 1 时,常开触点闭合;当该位为 0 时,常闭触点为 1。

② 输出 输出指令(=)将新值写入输出点的过程映像寄存器。当输出指令执行时, S7-200 将输出过程映像寄存器中的位接通或断开,如图 3-54 所示。

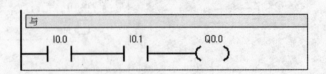

图 3-54 输出界面

③ 与逻辑 如图 3-54 所示,当 I0.0、I0.1 状态均为 1 时,Q0.0 有输出;当 I0.0、I0.1 两者有任何一个状态为 0 时,Q0.0 输出立即为 0,如图 3-55 所示。

④ 或逻辑 如图 3-55 所示,当 I0.0、I0.1 状态有任意一个为 1 时,Q0.1 即有输出;当

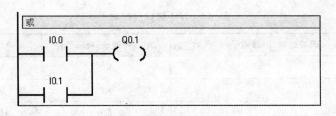

图 3-55 与逻辑界面

I0.0、I0.1 状态均为 0 时，Q0.1 输出为 0，如图 3-56 所示。

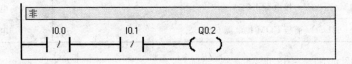

图 3-56 或逻辑界面

⑤ 与逻辑 如图 3-56 所示，当 I0.0、I0.1 状态均为 0 时，Q0.2 有输出；当 I0.0、I0.1 两者有任何一个状态为 1 时，Q0.2 输出立即为 0。

(2) 程序流程图

对话框如图 3-57 所示。

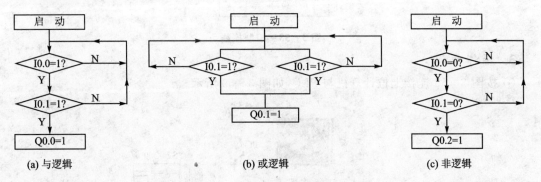

(a) 与逻辑　　　　　　　(b) 或逻辑　　　　　　　(c) 非逻辑

图 3-57 与、或、非逻辑程序流程

【任务实施】

1. 准备实训器材

如表 3-11 所列为准备实训器材清单。

表 3-11 实训器材清单

序号	名称	型号与规格	数量	备注
1	可编程控制器实训装置	THPFSM-1/2	1	
2	实训导线	3号	若干	
3	PC/PPI 通信电缆		1	西门子
4	计算机		1	自备

2. 端口分配及接线图

① I/O 端口分配功能如表 3-12 所列。

模块三 可编程控制器

表 3-12 I/O 端口分配功能

序号	PLC 地址(PLC 端子)	电气符号(面板端子)	功能说明
1	I0.0	K0	常开触点 01
2	I0.1	K1	常开触点 02
3	Q0.0	L0	"与"逻辑输出指示
4	Q0.1	L1	"或"逻辑输出指示
5	Q0.2	L2	"非"逻辑输出指示
6	主机 1M、面板 V+接电源+24 V		电源正端
7	主机 1L、2L、3L、面板 COM 接电源 GND		电源地端

② 控制接线图如图 3-58 所示。

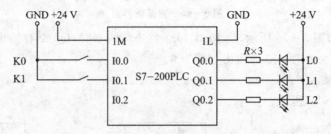

图 3-58 控制接线

3. 操作步骤

① 按图 3-59 连接上位计算机与 PLC,如图 3-59 所示。

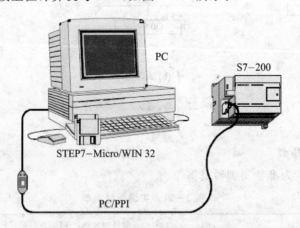

图 3-59 S7-200 与计算机的连接

② 按"控制接线图"连接 PLC 外围电路;打开软件,单击 [设置 PG/PC 接口] ,在弹出的对话框中选择 "PC/PPI 通信方式",单击 [属性(R)...] ,设置 PC/PPI 属性,如图 3-60 和图 3-61 所示。

③ 单击 [通信] ,在弹出的对话框中,双击 [双击刷新] ,搜寻 PLC,寻找到 PLC 后,选择该 PLC。至此,PLC 与上位计算机通信参数设置完成。

图3-60　RPI 属性设置

图3-61　PC 机连接端口选择

④ 编译实训程序:确认无误后,单击▼,将程序下载至 PLC 中,下载完毕后,将 PLC 模式选择开关拨至 RUN 状态。

⑤ 将 K0、K1 均拨至 OFF 状态,观察记录 L0 指示灯点亮状态。

⑥ 将 K0 拨至 ON 状态,将 K1 拨至 OFF 状态,观察记录 L1 指示灯点亮状态。

⑦ 将 K0、K1 均拨至 ON 状态,观察记录 L2 指示灯点亮状态。

【任务评价】

PLC 认识实训课题成绩评分标准见附表 3-1。

课题二　典型电动机控制实训

【任务目的】

① 掌握 PLC 外围直流控制及交流负载线路的接法及注意事项。

② 掌握用 PLC 控制电机运行状态的方法。

【任务引入】

电动机是各种机械的动力来源,如图 3-62 所示。它用途众多,应用广泛。大至重型工业,小至小型玩具都有其应用。以传统接触器控制电动机驱动为出发点,将 PLC 与其相联系,可以使初学者能较快的理解 PLC 简单程序的编写。

【任务分析】

该课题具体要求如下:

图3-62　电动机

① 点动控制　每按动启动按钮 SB1 一次,电动机作星形连接运转一次。

② 自锁控制　按启动按钮 SB1,电动机作星形连接启动,只有按下停止按钮 SB2 时电机才停止运转。

③ 联锁正反转控制　按启动按钮 SB1,电动机作星形连接启动,电机正转;按启动按钮 SB2,电动机作星形连接启动,电机反转;在电机正转时,反转按钮 SB2 被屏蔽,在电机反转时,反转按钮 SB1 被屏蔽;如需正反转切换,应首先按下停止按钮 SB3,使电机处于停止工作状态,方可对其做旋转方向切换。

④ 延时正反转控制　按启动按钮 SB1,电动机作星形连接启动,电机正转,延时 10 s 后,电机反转。按启动按钮 SB2,电动机作星形连接启动,电机反转,延时 10 s 后,电机正转。电机正转期间,反转启动按钮无效;电机反转期间,正转启动按钮无效;按停止按钮 SB3,电机停止运转。

⑤ 星形/三角形降压启动控制　按启动按钮 SB1,电动机作星形连接启动;6 s 后电机转为三角形方式运行;按下停止按钮 SB3,电机停止运行。

【相关知识】

1. 挂件介绍

如图 3-63 所示为实训挂件。

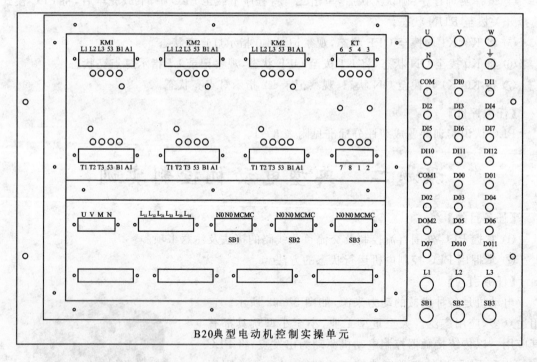

图 3-63　实训挂件

2. 定时器指令的使用

① 定时器指令使用　S7-200 CPU 提供了 256 个定时器,共分为三种类型:

TON(接通延时定时器):输入端通电后,定时器延时接通。

TONR(有记忆接通延时定时器):输入端通电时定时器计时,断开时计时停止;除非复位端接通,计时值累计。

TOF(断开延时定时器):输入端通电时输出端接通,输入端断开时定时器延时关断。

定时器对时间间隔进行计数,时间间隔又称分辨率(或时基),S7-200 CPU 提供三种定时器分辨率：1 ms、10 ms 和 100 ms，如表 3-13 所列。

表 3-13 定时器的类型、分辨率、定时值和定时器号

定时器类型	分辨率/ms	最长定时值/s	定时器号
TONR	1	32.767	T0，T64
	10	327.67	T1～T4，T65～T68
	100	3276.7	T5～T31，T69～T95
TON、TOF	1	32.767	T32，T96
	10	327.67	T33～T36，T97～T100
	100	3276.7	T37～T63，T101～T255

② 定时器基本格式，如图 3-64 所示。

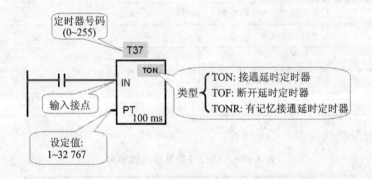

图 3-64 定时器基本格式

③ 定时器应用程序如图 3-65 所示，时序图如图 3-66 所示。

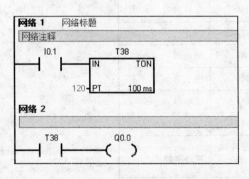

图 3-65 定时器应用程序

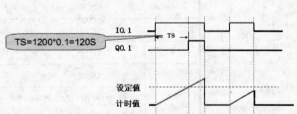

图 3-66 定时器时序

④ 定时器程序流程图如图 3-67 所示。

【任务实施】

① 准备实训设备及材料，如表 3-14 所列。

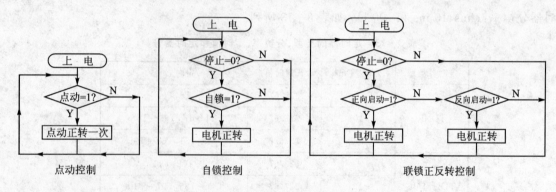

图 3-67 定时器程序流程图

表 3-14 实训设备及材料清单

序 号	名 称	型号与规格	数量	备 注
1	可编程控制器实训装置	THPFSM-1/2	1	
2	电机实操单元	B20	1	
3	实训导线	3号转4号	若干	
4	PC/PPI通信电缆		1	西门子
5	计算机		1	自备

② 端口分配及接线如表 3-15 所列。

表 3-15 端口分配及接线图明细

序 号	PLC 地址（PLC 端子）	电气符号（面板端子）	功能说明
1	I0.0	SB1	正转启动
2	I0.1	SB2	反转启动
3	I0.2	SB3	停止
4	Q0.0	KM1	继电器 01
5	Q0.1	KM2	继电器 02
6	Q0.2	KM3	继电器 03
7	Q0.3	KM4	继电器 04
8	主机输入端 1M、面板开关公共端 COM 接电源 +24 V		输入规格
9	主机输出端 1L、2L、3L、接交流电源 L		输出规格

③ 控制接线如图 3-68 和图 3-69 所示。

【操作步骤】

① 按控制接线图连接控制回路与主回路；

② 将编译无误的控制程序下载至 PLC 中，并将模式选择开关拨至 RUN 状态；

③ 分别拨动 SB1～SB3，观察并记录电机运行状态；

④ 尝试编译新的控制程序，实现不同于示例程序的控制效果。

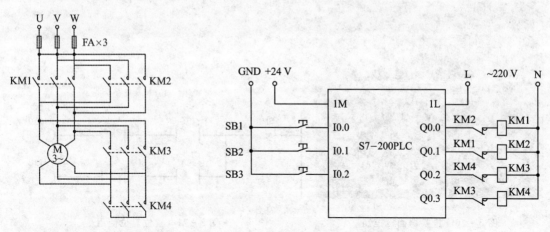

图 3-68　主电路接线　　　　　图 3-69　PLC 控制部分接线

【任务评价】

典型电动机控制课题成绩评分标准见附表 3-2。

课题三　抢答器控制

【任务目的】

① 掌握置位复位指令的使用及编程方法。

② 掌握抢答器控制系统的接线、调试和操作方法。

【任务引入】

大家都看过竞赛类的电视节目，当主持人一声令下开始的时候，选手先按下抢答按钮，回答问题，在课题中利用 PLC 设计程序控制抢答器，完成所需功能。

【任务分析】

该课题具体要求如下：

① 系统初始上电后，主控人员在总控制台上单击"开始"按键后，允许各队人员开始抢答，即各队抢答按键有效。

② 抢答过程中，1～4 队中的任何一队抢先按下各自的抢答按键（S1、S2、S3、S4）后，该队指示灯（L1、L2、L3、L4）点亮，LED 数码显示系统显示当前的队号，并且其他队的人员继续抢答无效。

③ 主控人员对抢答状态确认后，单击"复位"按键，系统又继续允许各队人员开始抢答，直至又有一队抢先按下各自的抢答按键。

【相关知识】

（1）抢答器面板控制如图 3-70 所示。

（2）相关指令及流程图

① 置位复位指令使用如图 3-71 所示。

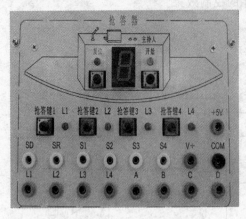

图 3-70 抢答器面板控制

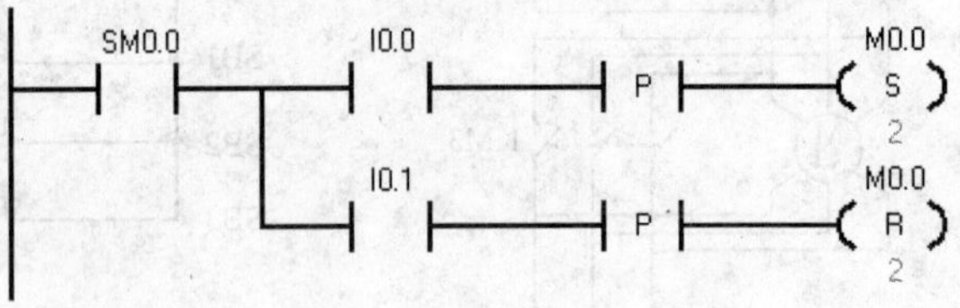

图 3-71 置位复位使用

置位(S)和复位(R)指令将从指定地址开始的 N 个点置位或复位;当 I0.0 有一个上升沿信号时,CPU 置位 M0.0、M0.1;CPU 复位 M0.0、M0.1。

② 抢答器控制程序流程如图 3-72 所示。

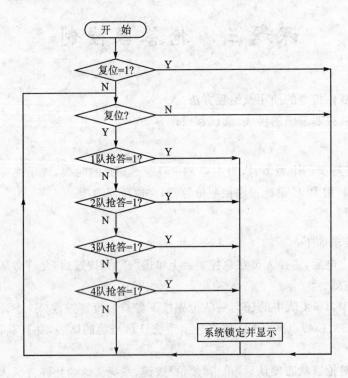

图 3-72 抢答器指令流程图

【任务实施】

(1) 准备实训设备及材料如表 3-16 所列。

(2) 端口分配及接线图

① I/O 端口分配功能如表 3-17 所列。

表 3-16　实训设备及材料明细

序 号	名 称	型号与规格	数 量	备 注
1	可编程控制器实训装置	THPFSM-1/2	1	
2	实训挂箱	A10	1	
3	实训导线	3号	若干	
4	PC/PPI 通信电缆		1	西门子
5	计算机		1	自备

表 3-17　端口分配及接线图明细

序 号	PLC 地址(PLC 端子)	电气符号(面板端子)	功能说明
1	I0.0	SD	启 动
2	I0.1	SR	复 位
3	I0.2	S1	1 队抢答
4	I0.3	S2	2 队抢答
5	I0.4	S3	3 队抢答
6	I0.5	S4	4 队抢答
7	Q0.0	1	1 队抢答显示
8	Q0.1	2	2 队抢答显示
9	Q0.2	3	3 队抢答显示
10	Q0.3	4	4 队抢答显示
11	Q0.4	A	数码控制端子 A
12	Q0.5	B	数码控制端子 B
13	Q0.6	C	数码控制端子 C
14	Q0.7	D	数码控制端子 D
15	主机输入 1M 接电源+24 V;面板 V+接电源+24 V;面板+5 V 接电源+5 V		电源正端
16	主机 1L、2L、3L、面板 GND 接电源 GND		电源地端

② 控制接线如图 3-73 所示。

【操作步骤】

① 按控制接线图连接控制回路。

② 将编译无误的控制程序下载至 PLC 中,并将模式选择开关拨至 RUN 状态。

③ 分别点动"开始"开关,允许 1~4 队抢答。分别点动 S1~S4 按钮,模拟四个队进行抢答,观察并记录系统响应情况。

④ 尝试编译新的控制程序,实现不同于示例程序的控制效果。

【任务评价】

抢答器控制课题成绩评分标准见附表 3-3。

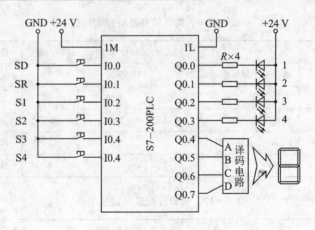

图 3-73 端口控制接线图

课题四　十字路口交通灯控制

【任务目的】

① 掌握置位字左移指令的使用及编程方法。

② 掌握十字路口交通灯控制系统的接线、调试和操作方法。

【任务引入】

城市十字路口的东南西北方向装设了红、绿、黄三色交通信号灯。为了交通安全,红、绿、黄灯必须按照一定时序轮流点亮。本任务就是学会如何设计十字路口交通信号灯的控制要求。

【任务分析】

十字路口交通信号灯的具体控制要求：

(1) 启动　当按下闭合开关时,信号灯系统开始工作。

(2) 信号灯正常时序：

① 信号灯系统开始工作时,南北红灯亮,同时东西绿灯亮。

② 南北绿灯亮维持 20 s,同时东西红灯亮并维持 20 s。

③ 20 s 后东西红灯点亮 3 s,南北绿灯闪烁 3 s。

④ 东西红灯点亮 2 s,南北黄灯点亮 2 s。

⑤ 东西绿灯点亮 20 s,南北红灯点亮 20 s。

⑥ 东西绿灯闪烁 3 s,南北红灯点亮 3 s。

⑦ 东西黄灯点亮 2 s,南北红灯点亮 2 s。

⑧ 以后周而复始地循环。

【相关知识】

1. 面板图

如图 3-74 所示为十字路口交通灯控制面板。

2. 相关指令及流程图

① 特殊存储器数据类型(SM)　SM 位用于 CPU 与用户程序之间传递信息。可以用这些

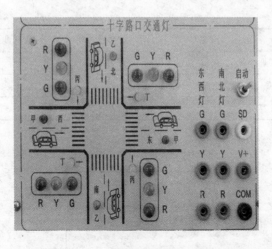

图 3-74　十字路口交通灯控制面板

位来选择和控制 S7-200CPU 的一些特殊功能,例如,首次扫描标志位,按照固定频率开关的标志位或者显示数学运算或操作指令状态的标志位等。可以按位、字节、字或双字来存取 SM 位,格式分别为:

　　位:　　　　　　　SM[字节地址].[位地址]　　　如 SM0.1
　　字节、字或双字:　　SM[长度][起始字节地址]　　如 SMB56

② 比较指令　比较指令是一种数据处理指令,用来比较两个数 IN1 和 IN2 的大小,在梯形图中,比较指令用触点的形式表示,满足比较关系式给出的条件时,触点接通。各种比较触点指令如图 3-75 所示。

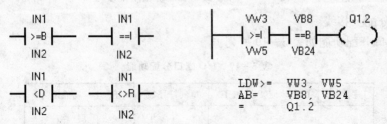

图 3-75　比较指令

触点中间的"=""<>"">"">=""<""<="分别表示等于、不等于、大于、大于等于、小于和小于等于的关系,B、I、D、R、S 分别表示字节、字、双字、实数(浮点数)和字符串比较。

③ 十字路口交通灯程序流程如图 3-76 所示。

【任务实施】

(1) 准备实训设备及材料如表 3-18 所列。

表 3-18　实训设备及材料明细

序号	名称	型号与规格	数量	备注
1	可编程控制器实训装置	THPFSM-1/2	1	
2	实训挂箱	A11	1	

续表 3-18

序 号	名 称	型号与规格	数 量	备 注
3	实训导线	3 号	若干	
4	PC/PPI 通信电缆		1	西门子
5	计算机		1	自备

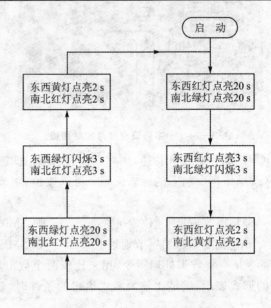

图 3-76 十字路口交通灯程序流程

(2) 端口分配及接线图

① I/O 端口分配功能如表 3-19 所列。

表 3-19 I/O 端口分配功能

序 号	PLC 地址(PLC 端子)	电气符号(面板端子)	功能说明
1	I0.0	SD	启 动
2	Q0.0	东西灯 G	
3	Q0.1	东西灯 Y	
4	Q0.2	东西灯 R	
5	Q0.3	南北灯 G	
6	Q0.4	南北灯 Y	
7	Q0.5	南北灯 R	
8	主机输入 1M 接电源+24 V		电源正端
9	主机 1L、2L、3L、面板 GND 接电源 GND		电源地端

② 控制接线如图 3-77 所示。

【操作步骤】

① 按控制接线图连接控制回路。

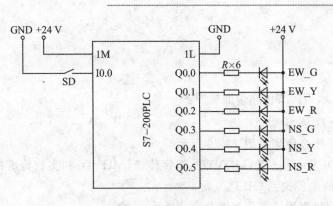

图 3-77 端口控制接线

② 将编译无误的控制程序下载至 PLC 中,并将模式选择开关拨至 RUN 状态。

③ 拨动启动开关 SD 为 ON 状态,观察并记录东西、南北方向主指示灯及各方向人行道指示灯点亮状态。

④ 尝试编译新的控制程序,实现不同于示例程序的控制效果。

【任务评价】

十字路口交通灯控制课题成绩评分标准见附表 3-4。

课题五 四节传送带控制

【任务目的】

① 掌握传送指令的使用及编程。
② 掌握四节传送带控制系统的接线、调试和操作。

【任务引入】

带式传送设备是在一定的线路上连续输送物料的物料搬运机械,又称连续输送机。输送机可进行水平、倾斜和垂直输送,也可组成空间输送线路,输送线路一般是固定的。输送机输送能力大,运距长,还可在输送过程中同时完成若干工艺操作,所以应用十分广泛。采用 PLC 控制驱动实现多条传送带的顺序控制可以解决自动化输送问题,提高企业的生产效率。

【任务分析】

该课题具体要求如下:

① 总体控制要求:如图 3-78 面板图所示,系统由传动电机 M1、M2、M3、M4 和故障设置开关 A、B、C、D 组成,完成物料的运送、故障停止等功能。

② 闭合"启动"开关,首先启动最末一条传送带(电机 M4),每经过 1 s 延时,依次启动一条传送带(电机 M3、M2、M1)。

③ 当某条传送带发生故障时,该传送带及其前面的传送带立即停止,而该传送带以后的待运完货物后方可停止。例如 M2 存在故障,则 M1、M2 立即停,经过 1 s 延时后,M3 停;再过 1 s,M4 停。

④ 排出故障,打开"启动"开关,系统重新启动。

⑤ 关闭"启动"开关,先停止最前一条传送带(电机 M1),待料运送完毕后再依次停止 M2、

模块三　可编程控制器

M3 及 M4 电机。

【相关知识】

1. 面板图

如图 3-78 所示为四节传递带面板图。

2. 相关指令及流程图

① 移位寄存器指令使用如图 3-79 所示。

字节传送(MOVB)、字传送(MOVW)、双字传送(MOVD)和实数传送指令在不改变原值的情况下将 IN 中的值传送到 OUT。

② 四节传送带控制程序流程如图 3-80 所示。

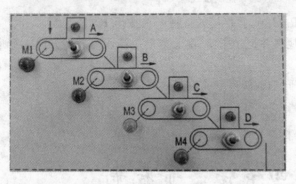

图 3-78　四节传递带面板图

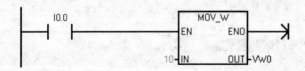

图 3-79　移位寄存器的指令

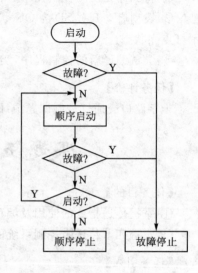

图 3-80　移位寄存器程序流程

【任务实施】

(1) 准备实训设备及材料如表 3-20 所列。

表 3-20　实训设备及材料明细

序号	名称	型号与规格	数量	备注
1	实训装置	THPFSM-1/2	1	
2	实训挂箱	A13	1	
3	导线	3 号	若干	
4	通信编程电缆	PC/PPI	1	西门子
5	实训指导书	THPFSM-1/2	1	
6	计算机(带编程软件)		1	自备

(2) 端口分配及接线图

① I/O 端口分配功能如表 3-21 所列。

表 3-21　I/O 端口功能的分配

序　号	PLC 地址（PLC 端子）	电气符号（面板端子）	功能说明
1	I0.0	SD	启动（SD）
2	I0.1	A	传送带 A 故障模拟
3	I0.2	B	传送带 B 故障模拟
4	I0.3	C	传送带 C 故障模拟
5	I0.4	D	传送带 D 故障模拟
6	Q0.0	M1	电机 M1
7	Q0.1	M2	电机 M2
8	Q0.2	M3	电机 M3
9	Q0.3	M4	电机 M4
10	主机 1M、面板 V+接电源+24 V		电源正端
11	主机 1L、2L、3L、面板 COM、接电源 GND		电源地端

② 控制接线如图 3-81 所示。

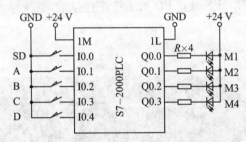

图 3-81　S7-200 PLC 控制接线图

【操作步骤】

① 检查实训设备中器材及调试程序。

② 按照 I/O 端口分配表或接线图完成 PLC 与实训模块之间的接线，认真检查，确保正确无误。

③ 打开示例程序或用户编写的控制程序进行编译，有错误时根据提示信息修改，直至无误。用 PC/PPI 通信编程电缆连接计算机串口与 PLC 通信口，打开 PLC 主机电源开关，下载程序至 PLC 中，下载完毕后将 PLC 的"RUN/STOP"开关拨至"RUN"状态。

④ 打开"启动"开关后，系统进入自动运行状态，调试四节传送带控制程序并观察四节传送带的工作状态。

⑤ 将 A、B、C、D 开关中的任意一个打开，模拟传送带发生故障，观察电动机 M1、M2、M3、M4 的工作状态。

⑥ 关闭"启动"按钮，系统停止工作。

【任务评价】

四节传送带控制课题成绩评分标准见附表 3-5。

模块三　可编程控制器

课题六　音乐喷泉控制

【任务目的】

掌握置位字右移指令的使用及编程方法。

【任务引入】

音乐喷泉是通过万千变化的喷泉造型,结合五颜六色的彩色照明,来反映音乐的内涵及音乐的主题。一座好的音乐喷泉,水形的变化应该能够充分地表现乐曲,可以达到喷泉水形、灯光及色彩变化与音乐情绪的完美结合,喷泉表演更加生动更加富有内涵。那么能否利用PLC来设计程序控制音乐喷泉,完成课题功能要求。

【任务分析】

该课题具体要求如下：

① 置位启动开关SD为ON时,LED指示灯依次循环显示1→2→3…→8→1、2、3、4→5、6→7、8→1、2、3→4、5、6→7、8→1、2、3、4→5、6、7、8→1→2…,模拟当前喷泉的"水流"状态。

② 置位启动开关SD为OFF时,LED指示灯停止显示,系统停止工作。

【相关知识】

① 音乐喷泉控制面板如图3-82所示。

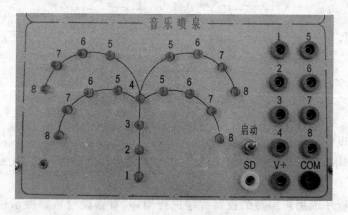

图3-82　音乐喷泉控制面板

② 字右移指令使用如图3-83所示。

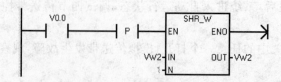

图3-83　相关指令使用

字右移指令将输入字(IN)数值向右移动N位,并将结果载入输出字(OUT)。当每有一个M0.0的上升沿信号时,那么VW2中的数据就向右移动1位,并将移位后的结果存入

VW2 中。

【任务实施】

(1) 准备实训设备及材料如表 3-22 所列。

表 3-22 实训设备及材料明细

序号	名称	型号与规格	数量	备注
1	可编程控制器实训装置	THPFSM-1/2	1	
2	实训挂箱	A10	1	
3	实训导线	3号	若干	
4	PC/PPI 通信电缆		1	西门子
5	计算机		1	自备

(2) 端口分配及接线图

① I/O 端口分配功能表如表 3-23 所列。

表 3-23 端口分配及接线图

序号	PLC 地址(PLC 端子)	电气符号(面板端子)	功能说明
1	I0.0	SD	启动
2	Q0.0	1	喷泉 1 模拟指示灯
3	Q0.1	2	喷泉 2 模拟指示灯
4	Q0.2	3	喷泉 3 模拟指示灯
5	Q0.3	4	喷泉 4 模拟指示灯
6	Q0.4	5	喷泉 5 模拟指示灯
7	Q0.5	6	喷泉 6 模拟指示灯
8	Q0.6	7	喷泉 7 模拟指示灯
9	Q0.7	8	喷泉 8 模拟指示灯
10	主机输入 1M 接电源+24 V		电源正端
11	主机 1L、2L、3L、面板 GND 接电源 GND		电源地端

② 音乐喷泉控制接线如图 3-84 所示。

【操作步骤】

① 按控制接线图连接控制回路;

② 将编译无误的控制程序下载至 PLC 中,并将模式选择开关拨至 RUN 状态;

③ 拨动启动开关 SD 为 ON 状态,观察并记录喷泉"水流"状态;

④ 尝试编译新的控制程序,实现不同于示例程序的控制效果。

【任务评价】

音乐喷泉控制课题成绩评分标准见附表 3-6。

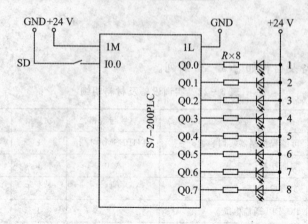

图 3-84 S7-200 PLC 控制接线图

课题七 装配流水线控制

【任务目的】

① 掌握移位寄存器指令的使用及编程。
② 掌握装配流水线控制系统的接线、调试和操作。

【任务引入】

流水线广泛应用不只体现在单独使用,还可以与一些包装设备联合使用,如产品在进行封切收缩时,当产品在分切完后需要进入热收缩机收缩,封切机与收缩机之间就可以加入一段传送带或者滚筒进行输送,这样就不需要人工的搬运,这样既省时又省力。这样的配合使用很多,流水线的用处也越来越广泛。

【任务分析】

该课题具体要求如下:

① 总体控制要求:如装配流水线控制面板图如图 3-85 所示,系统中的操作工位 A、B、C,运料工位 D、E、F、G 及仓库操作工位 H 能对工件进行循环处理。

② 闭合"启动"开关,工件经过传送工位 D 送至操作工位 A,在此工位完成加工后再由传送工位 E 送至操作工位 B…,依次传送及加工,直至工件被送至仓库操作工位 H,由该工位完成对工件的入库操作,循环处理。

③ 断开"启动"开关,系统加工完最后一个工件入库后,自动停止工作。

④ 按"复位"键,无论此时工件位于任何工位,系统均能复位至起始状态,即工件又重新开始从传送工位 D 处开始运送并加工。

⑤ 按"移位"键,无论此时工件位于任何工位,系统均能进入单步移位状态,即每按一次"移位"键,工件前进一个工位。

【相关知识】

① 装配流水线控制面板如图 3-85 所示。
② 移位寄存器指令及流程如图 3-86 所示。

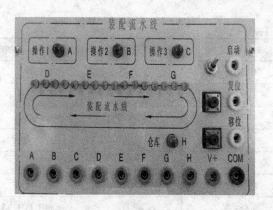

图 3-85 装配流水线控制面板

在此程序功能块的输入控制端"EN"处每输入一个脉冲信号,即把输入的"DATA"处的数值移入移位寄存器。其中,"S_BIT"指定移位寄存器的最低位,"N"指定移位寄存器的长度和移位方向(正向移位=N,反向移位=-N)。移出的每一位都被放入溢出标志位"SM1.1"中。

程序流程如图 3-87 所示。

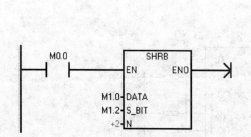

图 3-86 移位寄存器指令

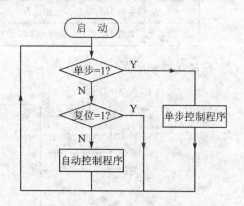

图 3-87 装配流水线控制程序流程

【任务实施】

(1) 准备实训设备及材料如表 3-24 所列。

表 3-24 实训设备及材料明细

序 号	名 称	型号与规格	数 量	备 注
1	实训装置	THPFSM-1/2	1	
2	实训挂箱	A11	1	
3	导线	3号	若干	
4	通信编程电缆	PC/PPI	1	西门子
5	计算机(带编程软件)		1	自备

(2) 端口分配及接线图

① I/O 端口分配功能如表 3-25 所列。

表 3-25　端口分配功能

序 号	PLC 地址(PLC 端子)	电气符号(面板端子)	功能说明
1	I0.0	SD	启动(SD)
2	I0.1	RS	复位(RS)
3	I0.2	ME	移位(ME)
4	Q0.0	A	工位 A 动作
5	Q0.1	B	工位 B 动作
6	Q0.2	C	工位 C 动作
7	Q0.3	D	运料工位 D 动作
8	Q0.4	E	运料工位 E 动作
9	Q0.5	F	运料工位 F 动作
10	Q0.6	G	运料工位 G 动作
11	Q0.7	H	仓库操作工位 H 动作
12	主机 1M、面板 V+接电源+24 V		电源正端
13	主机 1L、2L、3L、面板 COM 接电源 GND		电源地端

② 控制接线如图 3-88 所示。

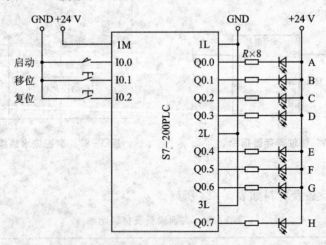

图 3-88　S7-200 PLC 控制接线

【操作步骤】

① 检查实训设备中器材及调试程序。

② 按照 I/O 端口分配表或接线图完成 PLC 与实训模块之间的接线,认真检查,确保正确无误。

③ 打开示例程序或用户编写的控制程序进行编译,有错误时根据提示信息修改,直至无误。用 PC/PPI 通信编程电缆连接计算机串口与 PLC 通信口,打开 PLC 主机电源开关,下载程序至 PLC 中,下载完毕后将 PLC 的"RUN/STOP"开关拨至"RUN"状态。

④ 打开"启动"按钮后,系统进入自动运行状态,调试装配流水线控制程序并观察自动运

行模式下的工作状态。

⑤ 按"复位"键,观察系统响应情况。

⑥ 按"移位"键,系统进入单步运行状态,连续按"移位"键,调试装配流水线控制程序并观察单步移位模式下的工作状态。

【任务评价】

装配流水线控制课题成绩评分标准见附表 3-7。

课题八　机械手控制

【任务目的】

① 掌握循环右移指令的使用及编程。

② 掌握机械手控制系统的接线、调试和操作。

【任务引入】

能模仿人手和臂的某些动作功能,用以按固定程序抓取、搬运物件或操作工具的自动操作装置。机械手是最早出现的工业机器人,也是最早出现的现代机器人,它可代替人的繁重劳动以实现生产的机械化和自动化。能在有害环境下操作以保护人身安全,因而广泛应用于机械制造、冶金、电子、轻工和原子能等部门。机械手如图 3-89 所示。

【任务分析】

该课题具体要求如下:

① 总体控制要求:机械手控制面板如图 3-90 所示,工件在 A 处被机械手抓取并放到 B 处。

② 机械手回到初始状态,SQ4=SQ2=1,SQ3=SQ1=0,

图 3-89　机械手

原位指示灯 HL 点亮,按下"SB1"启动开关,下降指示灯 YV1 点亮,机械手下降,SQ2=0,下降到 A 处后(SQ1=1)夹紧工件,夹紧指示灯 YV2 点亮。

③ 夹紧工件后,机械手上升(SQ1=0),上升指示灯 YV3 点亮,上升到位后(SQ2=1),机械手右移(SQ4=0),右移指示灯 YV4 点亮。

④ 机械手右移到位后(SQ3=1)下降指示灯 YV1 点亮,机械手下降。

⑤ 机械手下降到位后(SQ1=1)夹紧指示灯 YV2 熄灭,机械手放松。

⑥ 机械手放松后上升,上升指示灯 YV3 点亮。

⑦ 机械手上升到位(SQ2=1)后左移,左移指示灯 YV5 点亮。

⑧ 机械手回到原点后再次运行。

【相关知识】

(1) 机械手控制面板如图 3-90 所示。

(2) 顺序功能图

定义　顺序功能图(Sequential Function Chart,SFC)是专门用于工业顺序控制程序设计的一种功能说明性语言,能完整地描述控制系统的工作过程、功能和特性,是分析、设计电气控

模块三 可编程控制器

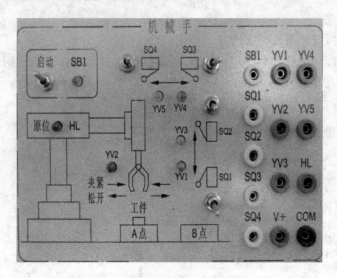

图 3-90 机械手控制面板

制系统的重要工具。

顺序功能图并不涉及所描述的控制功能的具体技术,是一种通用的技术语言。它是一种先进的设计方法,很容易被初学者接受,对于有经验的工程师,也会提高设计的效率。程序的调试、修改和阅读也很方便。

使用顺序控制设计法时,首先根据系统的工艺过程画出顺序功能图,然后根据顺序功能图画出梯形图。

(3) 基本构成元素

顺序功能图的基本构成元素是步、有向连线、转换、转换条件和动作,其基本构成如图 3-91 所示。

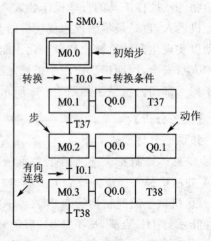

图 3-91 顺序功能图的基本构成

① 步和动作　步是控制系统中的一个相对不变的元素,它对应于一个稳定的状态,通常表示某个执行元件的状态变化。步用矩形框表示,框中的数据是该步的编号,可以是该步相对应的编程元件,如 M0.2。

初始步对应控制系统的初始状态,是系统运行的起点。一个控制系统至少有一个初始步,初始步用双线框表示。

当系统正处于某一步所在的阶段时,该步处于活动状态,称该步为活动步。步处于活动状态时,执行相应的非存储型动作;处于不活动状态时,则停止执行。

一个步表示控制过程的稳定状态,它可以对应一个或多个动作。可以在步的右侧加一个矩形框,在框中说明该步对应的动作。

② 有向连线和转换　转换是从一个步到另一个步的切换。转换条件可以是外部的输入信号,如按钮、限位开关的接通/断开等,也可以是 PLC 内部产生的信号,如定时器、计数器常开触点的接通等。转换条件还可能是若干个信号的与、或、非逻辑组合。

两个步之间用一个有向连线表示可以转换,同时指明了方向。通常向下的箭头可以省略。

两个步之间的有向连线上用一短横线表示转换条件,可以用文字、图形符号或逻辑表达式注明内容。

③ 顺序功能图的基本结构　如图3-92所示,顺序功能图的基本结构一般分为单序列、选择序列和并行序列3种类型。

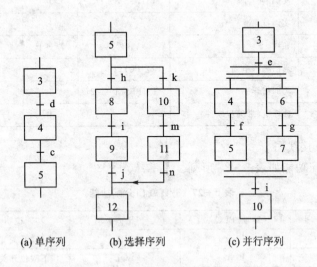

图3-92　顺序功能图的基本结构

1) 单序列。单序列由一系列相继激活的步组成,每一步的后面仅有一个转换,每一个转换的后面都有一个步。单序列的特点是没有分支与合并。

2) 选择序列。选择序列的开始称为分支。转换符号只能标在水平连线之下,一般只允许同时选择一个序列,选择序列的结束称为合并。

3) 并行序列。并行序列的开始称为分支。当转换实现后导致几个序列同时激活时,这些序列称为并行序列。并行序列用来表示系统的几个同时工作的独立部分的工作情况。

④ 根据顺序功能图设计梯形图　根据顺序功能图设计梯形图时,可以用存储器位 M 来代表步。某一步为活动步时,对应的存储器位为 ON;某一转换实现时,该转换的后续步变为活动步,同时前级步变为不活动步。

本任务只讨论单序列的顺序功能图。采用启保停电路这种通用设计方法,因启保停电路仅仅使用与触点和线圈有关的指令,任何 PLC 的指令系统都有此类指令。

设计启保停电路的关键是找出它的起始条件和停止条件。根据转换实现的基本规则,转换实现的条件是它的前级步为活动步,并且满足相应的转换条件。

以图3-91所示的步 M0.2 为例,它变为活动步的条件是它的前级步 M0.1 为活动步,并且两者之间的转换条件 T37 为 ON。在启保停电路中,则应将代表前级步的 M0.1 的常开触点和代表转换条件的 T37 的常开触点串联,作为控制 M0.2 的启动电路。当步 M0.3 变为活动步时,步 M0.2 应变为不活动步,因此,可以将 M0.3 为 ON 作为使存储器位 M0.2 变为 OFF 的条件。这样的逻辑关系可以用逻辑代数式表示为:$M0.2 = (M0.1 \cdot T37 + M0.2) \cdot \overline{M0.3}$。

模块三 可编程控制器

【任务实施】

(1) 准备实训设备及材料如表 3-26 所列。

表 3-26 实训设备及材料明细

序 号	名 称	型号与规格	数量	备 注
1	实训装置	THPFSM-1/2	1	
2	实训挂箱	A17	1	
3	导线	3号	若干	
4	通信编程电缆	PC/PPI	1	西门子
5	实训指导书	THPFSM-1/2	1	
6	计算机(带编程软件)		1	自备

(2) 端口分配及接线图

① I/O 端口分配功能如表 3-27 所列。

表 3-27 I/O 端口分配功能

序 号	PLC 地址(PLC 端子)	电气符号(面板端子)	功能说明
1	I0.0	SB1	启动开关
2	I0.1	SQ1	下限位开关
3	I0.2	SQ2	上限位开关
4	I0.3	SQ3	右限位开关
5	I0.4	SQ4	左限位开关
6	Q0.0	YV1	下降指示灯
7	Q0.1	YV2	夹紧指示灯
8	Q0.2	YV3	上升指示灯
9	Q0.3	YV4	右移指示灯
10	Q0.4	YV5	左移指示灯
11	Q0.5	HL	原位指示灯
12	主机 1M、面板 V+接电源+24 V		电源正端
13	主机 1L、2L、3L、面板 COM、接电源 GND		电源地端

② 控制接线如图 3-93 所示。

【操作步骤】

① 检查实训设备中器材及调试程序。

② 按照 I/O 端口分配表或接线图完成 PLC 与实训模块之间的接线,认真检查,确保正确无误。

③ 打开示例程序或用户编写的控制程序进行编译,有错误时根据提示信息修改,直至无误。用 PC/PPI 通信编程电缆连接计算机串口与 PLC 通信口,打开 PLC 主机电源开关,下载程序至 PLC 中,下载完毕后将 PLC 的"RUN/STOP"开关拨至"RUN"状态。

④ 将左限位开关 SQ4、右限位开关 SQ3 打向左,上限位开关 SQ2、下限位开关 SQ1 打向上,机械手回到初始状态,原位指示灯 HL 点亮。

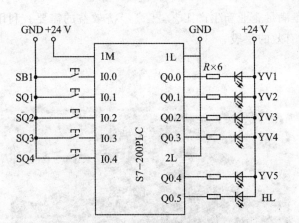

图3-93　S7-200 PLC接线

⑤ 打上"SB1"启动开关，下降指示灯 YV1 点亮，模拟机械手下降；上限位开关 SQ2 打下，下降到 A 处后下限位开关 SQ1 打下，开始夹紧工件，夹紧指示灯 YV2 点亮。

⑥ 夹紧工件后，机械手上升，上升指示灯 YV3 点亮；将下限位开关 SQ1 打上，机械手上升到位后，上限位开关 SQ2 打上。

⑦ 右移指示灯 YV4 点亮，机械手开始右移，左限位开关 SQ4 打向右。

⑧ 机械手右移到位后，右限位开关 SQ3 打向右，下降指示灯 YV1 点亮，机械手下降；上限位开关 SQ2 打下。

⑨ 机械手下降到位后，下限位开关 SQ1 打下，夹紧指示灯 YV2 熄灭，机械手放松。

⑩ 机械手放松后上升，上升指示灯 YV3 点亮，下限位开关 SQ1 打上，机械手上升到位后，上限位开关 SQ2 打上。

⑪ 机械手上升到位后左移指示灯 YV5 点亮，右限位开关 SQ3 打向左。

⑫ 机械手左移到位后，左限位开关 SQ4 打向左，机械手完成一个动作周期。

【任务评价】
机械手控制课题成绩评分标准见附表 3-8。

课题九　基于 PLC 的 C6140 普通车床电气控制

【任务目的】
① 了解传统的电气控制与 PLC 控制的相同点与不同点。
② 掌握用 PLC 改造较复杂的继电-接触式控制电路，并进行设计、安装与调试。

【任务引入】
在我国现有的机床中，其中一部分仍采用的是传统的继电器接触器控制方式，如 C6140 车床、X62W 铣床、T68 镗床等，如图 3-94 所示。这些机床采用继电器控制，触点多、线路复杂。使用多年后，故障多、维修量大、维护不便、可靠性差。出现损坏后，由于原生产厂家已不再提供旧产品的电路板或其他配件，使配件供给缺少导致机床得不到及时修复，处于停产闲置状态，严重影响了生产。对这些机床进行改造势在必行，改造既是企业资源的再利用，也是走持续发展的道路,也是满足企业新生产工艺,提高经济效益的需要。利用PLC对旧机床控制系统进行改造是一种有效的手段。

图3-94 传统机床

【任务分析】

该课题具体要求如下:

① 分析控制对象,确定控制要求。仔细阅读与分析C6140型普通车床的电路图,确定各电机及指示灯的控制要求。

② 主轴电动机控制 主电路中的M1为主轴电动机,按下启动按钮SB2,KM1得电吸合,辅助触点KM1闭合自锁,KM1主触头闭合,主轴电机M1启动,同时辅助触点KM1闭合,为冷却泵启动作好准备。

③ 冷却泵控制 主电路中的M2为冷却泵电动机。

在主轴电机启动后,KM1闭合;将开关SA2闭合,KM2吸合,冷却泵电动机启动;将SA2断开,冷却泵停止,将主轴电机停止,冷却泵也自动停止。

④ 刀架快速移动控制 刀架快速移动电机M3采用点动控制,按下SB3,KM3吸合,其主触头闭合,快速移动电机M3启动;松开SB3,KM3释放,电动机M3停止。

⑤ 照明和信号灯电路 接通电源,控制变压器输出电压,HL直接得电发光,作为电源信号灯。

EL为照明灯,将开关SA1闭合后EL亮;将SA1断开后,EL灭。

【相关知识】

电气原理如图3-95所示。

【任务实施】

(1) 准备实训设备及材料,实训器材如表3-28所列。

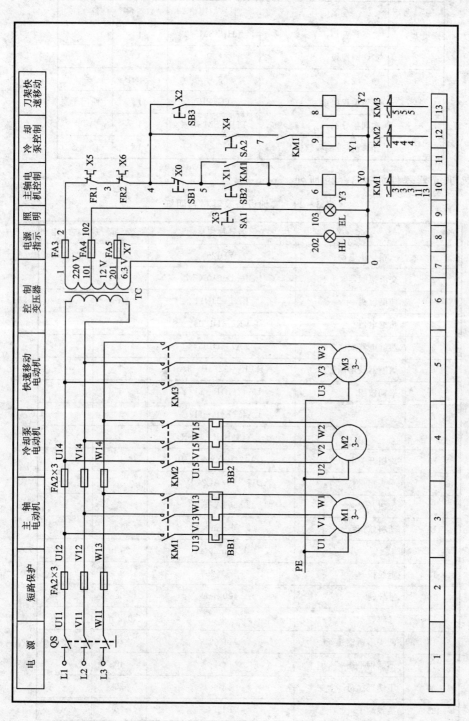

图 3-95 C6140型机床的PLC控制

模块三 可编程控制器

表 3-28 实训设备和材料明细

序号	名称	型号与规格	数量	备注
1	实训装置	THPFSM-2	1	
2	实训网控板	C21	3	
3	导线	3号	若干	
4	通信编程电缆	PC/PPI	1	西门子
5	实训指导书	THPFSM-1/2	1	
6	计算机（带编程软件）		1	自备

（2）实训元器器件如表 3-29 所列。

表 3-29 实训设备及其材料明细

序号	名称	型号与规格	数量	备注
1	三相异步电动机	WDJ26	1	
2	交流接触器	LC1-D0610N M5	3	
3	辅助触头	LA1-DN11	3	
4	热继电器	LR2-D1305	1	
5	热继电器底座	LA7-D1064	1	
6	熔断器及熔断芯	RT18-32/3P-3A	1	
7	平动按钮	LA42(B)P-11/Y	1	
8		LA42(B)P-11/G	1	
9		LA42(B)P-11/R	1	
10	旋钮开关	LA42(B)X2-11/B	2	
11	平头指示灯	AD17-16/AC220V/G	2	
12	按钮开关盒	B06501A-4T1	2	
13	塑料软铜线	0.75 mm×42	20 m	
14		0.4 mm×23	20 m	
15	走线槽	25×25	6	
16	平导轨	400 mm	3	
17	号码管	Φ3	0.2 m	
18	圆头不锈钢螺丝	M4×12	20	
19	不锈钢平垫	Φ4	40	
20	不锈钢螺母	M4	20	
21	接线端子	RBT4	20	

（3）端口分配及接线图

① I/O 端口分配功能如表 3-30 所列。

表 3-30 I/O 端口功能分配

序号	PLC 地址(PLC 端子)	电气符号	功能说明
1	I0.0	SB1	电动机 M1 停止按钮
2	I0.1	SB2	电动机 M1 启动按钮
3	I0.2	SB3	电动机 M3 点动
4	I0.3	SA1	照明开关
5	I0.4	SA2	电动机 M2 开关
6	I0.5	BB1	电动机 M1 过热保护
7	Q0.0	KM1	接触器 KM1
8	Q0.1	KM2	接触器 KM2
9	Q0.2	KM3	接触器 KM3
10	Q0.4	EL	照明指示灯 EL
11	Q0.5	HL	电源指示灯 HL
12	主机 1M、2M 接电源+24 V		电源正端
13	主机 1L、2L 接交流电源 N		交流电源零线端

② PLC 控制 I/O 分配如图 3-96 所示。

【操作步骤】

① 检查实训设备中器材及调试程序。

② 按照 I/O 端口分配表和接线图完成 PLC 与实训模块之间的接线,认真检查,确保正确无误。

③ 打开示例程序或用户编写的控制程序进行编译,有错误时根据提示信息修改,直至无误。用 PC/PPI 通信编程电缆连接计算机串口与 PLC 通信口,打开 PLC 主机电源开关,下载程序至 PLC 中,下载完毕后将 PLC 的"RUN/STOP"开关拨至"RUN"状态。

④ 操作试运行:

1) 启动总电源,电源指示灯 HL 亮。

2) 将照明开关 SA1 旋到"开"的位置,"照明"指示灯 EL 亮;将 SA1 旋到"关"的位置,照明指示灯 EL 灭。

3) 按下"主轴启动"按钮 SB2,KM1 吸合,主轴电机转;按下"主轴停止"按钮 SB1,KM1 释放,主轴电机停转。

4) 冷却泵控制:按下 SB2 将主轴启动;将冷却泵开关 SA2 旋到"开"位置,KM2 吸合冷却泵电机转动;将 SA2 旋到"关"位置,KM2 释放,冷却泵电机停转。

5) 快速移动电机控制:按下 SB3,KM3 吸合,快速移动电机转动;松开 SB3,KM3 释放,快速移动电机停止。

【任务评价】

基于 PLC 的 C6140 普通车床电气控制课题成绩评分标准见附表 3-9。

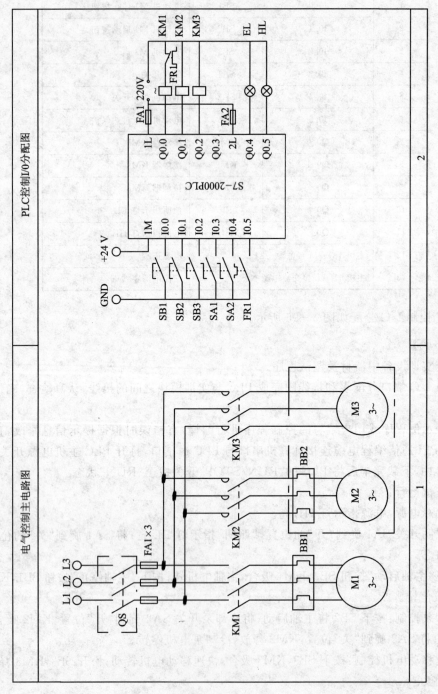

图 3-96 PLC 控制的 I/O 分配图

课题十 基于 PLC 的变频器外部端子的电机正反转控制

【任务目的】

了解 PLC 控制变频器外部端子的方法。

【任务引入】

由于电机是能源消耗大户之一,故迫切提高能源利用效率是一大难题和有待急需解决。我国电机总装机容量已达 4 亿千瓦,年耗电量达 6 000 亿千瓦·时,占工业耗电量的 80%。然而直到目前,我国各类在用电机 80% 以上还是中小型异步电动机,可见我国在电机节能领域有非常大的潜力。电机节能技术最受瞩目的就是变频调速技术。

将变频器与 PLC 结合使用,即实现了自动化控制,又保证了设备操作过程的安全性。

【任务分析】

该课题具体要求如下:

① 正确设置变频器输出的额定频率、额定电压、额定电流、额定功率和额定转速。

② 通过外部端子控制电机启动/停止、正转/反转,按下按钮"S1"电机正转启动,按下按钮"S3"电机停止,待电机停止运转,按下按钮"S2"电机反转。

③ 运用操作面板改变电机启动的点动运行频率和加减速时间。

【相关知识】

变频器外部接线如图 3-97 所示。

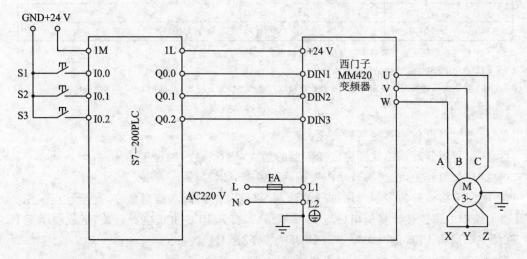

图 3-97 变频器外接图

【任务实施】

① 准备实训设备及材料如表 3-31 所列。

② 端口分配及接线图,参数功能表如表 3-32 所列。

表 3-31 实训设备及材料明细

序号	名称	型号与规格	数量	备注
1	实训装置	THPFSM-2	1	
2	实训挂箱	C10	1	
3	导线	3号/4号	若干	
4	电动机	WDJ26	1	
5	实训指导书	THPFSM-1/2	1	
6	计算机(带编程软件)		1	自备

表 3-32 I/O端口分配

序号	变频器参数	出厂值	设定值	功能说明
1	P0304	230	380	电动机的额定电压(380 V)
2	P0305	3.25	0.35	电动机的额定电流(0.35 A)
3	P0307	0.75	0.06	电动机的额定功率(60 W)
4	P0310	50.00	50.00	电动机的额定频率(50 Hz)
5	P0311	0	1430	电动机的额定转速(1 430 r/min)
6	P0700	2	2	选择命令源(由端子排输入)
7	P1000	2	1	用操作面板(BOP)控制频率的升降
8	P1080	0	0	电动机的最小频率(0 Hz)
9	P1082	50	50.00	电动机的最大频率(50 Hz)
10	P1120	10	10	斜坡上升时间(10 s)
11	P1121	10	10	斜坡下降时间(10 s)
12	P0701	1	1	ON/OFF(接通正转/停车命令 1)
13	P0702	12	12	反转
14	P0703	9	4	OFF3(停车命令 3)按斜坡函数曲线快速降速停车

注:(1) 设置参数前先将变频器参数复位为工厂的默认设定值。
(2) 设定 P0003=2 允许访问扩展参数。
(3) 设定电机参数时先设定 P0010=1(快速调试),电机参数设置完成后设定 P0010=0(准备)。

【操作步骤】

① 检查实训设备中器材是否齐全。

② 按照变频器外部接线图完成变频器的接线,认真检查,确保正确无误。

③ 打开电源开关,按照参数功能表正确设置变频器参数。

④ 使用用户编写的控制程序进行编译,有错误时根据提示信息修改,直至无误。用PC/PPI通信编程电缆连接计算机串口与PLC通信口,打开PLC主机电源开关,下载程序至PLC中,下载完毕后将PLC的"RUN/STOP"开关拨至"RUN"状态。

⑤ 按下按钮"S1",观察并记录电机的运转情况。

⑥ 按下操作面板按钮"▲",增加变频器输出频率。

⑦ 按下按钮"S3",等电机停止运转后,按下按钮"S2",电机反转。

【任务评价】

基于 PLC 的变频器外部端子的电机正反转控制课题成绩评分标准见附表 3-10。

模块四 常用电工仪器仪表的使用

课题一 用钳形电流表测量三相笼型异步电动机的空载电流

【任务引入】

用普通电流表测量电路中的电流需要先将被测电路断开,再串接电流表后才能完成电流的测量工作,这种测量方法不适用大电流场合。钳形电流表可以直接用钳口夹住被测导线进行测量,使电工测量过程变得简便快捷。

【任务分析】

利用钳形表测量运行中 7.5 kW 笼型异步电动机空载时的工作电流。根据电流大小,可以检查判断电动机工作情况是否正常,以保证电动机安全运行,延长使用寿命。通过测量各相电流可以判断电动机是否有过载现象(所测电流超过额定电流值),电动机内部或电源电压是否有问题,即三相电流不平衡是否超过 10% 的限度。

【相关知识】

一、认识钳形电流表

1. 钳形电流表分类

钳形电流表一般可分为磁电式和电磁式两类。其中用来测量工频交流电的是磁电式,如图 4-1 所示,而电磁式为交、直流两用式。除此之外还有一种数字式钳形电流表。

2. 数字式钳形电流表

它具有读数直观、准确度高,使用方便等优点,此外它还具有一般数字万用表的交、直流电压、电阻、二极管的测量功能,如图 4-2 所示。

图 4-1 磁电式钳形电流表　　　　图 4-2 数字式钳形电流表

3. 钳形电流表的工作原理

钳形电流表的工作原理是建立在电流互感器工作原理的基础上的,当握紧钳形电流表扳手时,电流互感器的铁芯可以张开,被测电流的导线进入钳口内部作为电流互感器的一次绕组。当放松扳手铁芯闭合后,根据互感器的原理而在其二次绕组上产生感应电流,电流表指针偏转,从而指示出被测电流的数值。

值得注意的是:由于其原理是利用互感器的原理,所以铁芯是否闭合紧密,是否有大量剩磁,对测量结果影响很大,当测量较小电流时,会使得测量误差增大。这时可将被测导线在铁芯上多绕几圈来改变互感器的电流比,以增大电流量程。

二、钳形电流表的使用

1. 使用方法

① 根据被测电流的种类和电压等级正确选择钳形电流表。通常钳形电流表一般应用在交流 500 V 以下的线路。测量高压线路的电流时,应选用与其电压等级相符的高压钳形电流表。

② 正确检查钳形电流表的外观情况,钳口闭合情况及表头情况等是否正常。

③ 根据被测电流大小来选择合适的钳型电流表的量程。选择的量程应稍大于被测电流数值。若不知道被测电流的大小,应先选用最大量程估测。

④ 测量时应握紧扳手,使钳口张开。将被测导线放入钳口中央,松开扳手并使钳口闭合紧密。

⑤ 读数后,将钳口张开,将被测导线退出,将挡位置于电流最高挡。

2. 使用钳形电流表时应注意的问题

① 由于钳形电流表要接触被测线路,所以测量前一定检查表的绝缘性能是否良好。即外壳无破损,手柄应清洁干燥。

② 测量时应带绝缘手套或干净的线手套。

③ 测量时应注意身体各部分与带电体保持安全距离(低压系统安全距离为 0.1～0.3 m)。

④ 钳形电流表不能测量裸导体的电流。

⑤ 严格按电压等级选用钳形电流表:低电压等级的钳形电流表只能测低压系统中的电流,不能测量高压系统中的电流。

⑥ 严禁在测量进行过程中切换钳形电流表的挡位;若需要换挡时,应先将被测导线从钳口退出再更换挡位。

【任务实施】

准备器材:三相异步电动机(7.5 kW)1 台;连接导线(BVR2.5 mm^2)10 m;电工通用工具 1 套;钳形电流表 1 块。

实施操作步骤:

① 测量前将电动机与电源连接好。

② 正确检查钳形电流表的外观绝缘是否良好,有无破损,指针是否摆动灵活,并检查指针是否处于"0"刻度处,并对其进行机械调零,钳口有无锈蚀等。

③ 测量 7.5 kW 电动机的空载电流 测量前先估计被测电流的大小,以选择合适的量

程挡进行测量;若无法估计,则先用较大量程挡测量,然后根据被测电流大小逐步换成合适量程。

④ 接通电源开关给三相异步电动机通电,使电动机正常工作。将被测电流导线置于钳口内的中心位置,若量程不对,应在导线退出钳口后转换量程开关。如果转换量程后指针仍不动,需继续减小量程直至量程合适为止。测每一相电流值,分别作记录。

⑤ 将三相导线置于钳口内的中心位置,一次测三相电流值,此时表上数字应为零,(因三相电流相量和为零)。

⑥ 利用钳形表测量任意两根相线,观察电流值。正常情况,所测量数值应为第三相的电流值。

⑦ 维护保养 测量完毕后,将仪表的量程开关置于最大量程挡,断开电源开关,操作结束。

【任务评价】
用钳形电流表测量三相笼型异步电动机的空载电流成绩详分标准见附表4-1。

课题二 利用兆欧表测量电动机绝缘电阻

【任务引入】
在电器设备的正常运行之一就是其绝缘材料的绝缘程度即绝缘电阻的数值。当受热和受潮时,绝缘材料老化,其绝缘电阻便降低,从而造成电器设备漏电或短路事故的发生。为了避免事故发生,要求经常测量各种电器设备的绝缘电阻,判断其绝缘程度是否满足设备需要。兆欧表称为绝缘电阻表。它是测量绝缘电阻最常用的仪表,测量绝缘电阻既方便又可靠。但是如果使用不当,它将给测量带来不必要的误差,因此,必须正确使用兆欧表来测量设备的绝缘电阻。

【任务分析】
利用兆欧表可采用正确合理的方法来测量三相异步电动机内部绕组对外壳绝缘电阻的大小,从而根据所测量的数值判定电动机能否正常工作。

【相关知识】

一、兆欧表简介

1. 兆欧表的外形和结构

发电机式兆欧表的主要组成部分是一个磁电式流比计和一只手摇发电机。发电机是兆欧表的电源,可以采用直流发电机,也可以采用交流发电机与整流装置配用。直流发电机的容量很小,但电压很高(100~5 000 V)。磁电式流比计是兆欧表的测量机构,由固定的永久磁铁和可在磁场中转动的两个线圈组成。发电机式兆欧表的外形和结构原理分别如图4-3和图4-4所示。

模块四 常用电工仪器仪表的使用

图 4-3 ZC11 型兆欧表

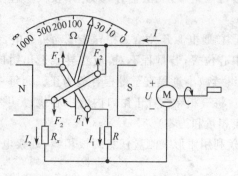

图 4-4 发电机式兆欧表结构原理图

2. 兆欧表的分类及使用场合

为了测试各种电压等级电气设备的绝缘电阻,制成了 500 V、1 000 V、2 500 V、5 000 V 等各种电压规格的兆欧表,对于 500 V 及以下的电气设备,常用 500 V 或 1 000 V 的兆欧表来测量,电压过高,可能使低压绝缘击穿。

兆欧表的用途广泛,一般常用于如下场合:

① 测量各种电线(电缆或明线)的绝缘电阻。
② 测量电动机线圈间、变压器线圈间的绝缘电阻。
③ 测量各种高压设备的绝缘电阻。

二、使用方法

1. 使用前准备

① 检查兆欧表是否能正常工作　将兆欧表水平放置,空摇兆欧表手柄,指针应该指到∞处,再慢慢摇动手柄,使 L 和 E 两接线柱输出线瞬时短接,指针应迅速指零。注意在摇动手柄时不得让 L 和 E 短接时间过长,否则将损坏兆欧表。

② 检查被测电气设备和电路,看是否已全部切断电源。绝对不允许设备和线路带电时用兆欧表去测量。

③ 测量前,应对设备和线路先行放电,以免设备或线路的电容放电危及人身安全和损坏兆欧表,这样还可以减少测量误差,同时注意将被测试点擦拭干净。

2. 正确使用注意事项

① 兆欧表必须水平放置于平稳牢固的地方,以免在摇动时因抖动和倾斜产生测量误差。

② 接线必须正确无误,兆欧表有三个接线柱,"E"(接地)、"L"(线路)和"G"(保护环或称屏蔽端子)。在测量电气设备对地绝缘电阻时,"L"用单根导线接设备的待测部位,"E"用单根导线接设备外壳。

若测电气设备内两绕组之间的绝缘电阻时,将"L"和"E"分别接两相绕组的接线端;当测量电缆的绝缘电阻时,为消除因表面漏电产生的误差,"L"接线芯,"E"接外壳,"G"接线芯与外壳之间的绝缘层。

③ "L"、"E"、"G"与被测物的连接线必须用单根线,绝缘良好,不得绞合,表面不得与被测

物体接触。

④ 摇动手柄的转速要均匀,一般规定为 120 r/min,允许有±20%的变化,最多不应超过±25%。通常都要摇动 1 min 后,待指针稳定下来再读数。如被测电路中有电容时,先持续摇动一段时间,让兆欧表对电容充电,指针稳定后再读数,测完后先拆去接线,再停止摇动。若测量中发现指针指零,应立即停止摇动手柄。

⑤ 测量完毕,应对设备充分放电,否则容易引起触电事故。

⑥ 禁止在雷电时或附近有高压导体的设备上测量绝缘电阻,只有在设备不带电又不可能受其他电源感应而带电的情况下才可测量。

⑦ 兆欧表未停止转动以前,切勿用手去触及设备的测量部分或兆欧表接线柱。拆线时也不可直接去触及引线的裸露部分。

⑧ 兆欧表应定期校验。校验方法是直接测量有确定值的标准电阻,检查其测量误差是否在允许范围以内。

【任务实施】

1. 器材准备

兆欧表 1 台;三相笼型异步电动机(型号 Y-112M-4)1 台;绝缘电线(BVR2.5 mm^2)10 m;电工通用工具 1 套。

2. 测量电动机绝缘电阻操作步骤

① 测量前切断被测电动机的电源,打开接线盒端盖,将电动机的导电部分与地接通,进行充分放电。去掉电动机接线盒内的连接片和电源进线。

② 按照工艺要求检查兆欧表是否能够正常工作。

③ 测量各相绕组对地的绝缘电阻 将兆欧表 E 接线柱接机壳,L 接线柱接到电动机 U 相的绕组接线端上,摇动手柄应由慢渐快增加到 120 r/min,手摇发电机时要保持匀速。若发现指针指零,应立即停止摇动手柄。应注意:读数应在匀速摇动手柄 1 min 以后读取。

测量电动机 V 相绕组对地的绝缘电阻:将兆欧表的 L 端改接在 V 相绕组接线端,摇动手柄 1 min 以后读取读数。用相同的方法测量电动机 W 相绕组对地的绝缘电阻。

④ 测量电动机 U、V 两相绕组之间的绝缘电阻 将兆欧表的 L 端和 E 端分别接在 U、V 两相绕组接线端。摇动手柄 1 min 以后读取读数;将兆欧表的 L 端和 E 端分别在 V、W 两相绕组接线端测量电动机 V、W 两相绕组之间的绝缘电阻;将兆欧表的 L 端和 E 端分别在 W、U 两相绕组接线端测量电动机 W、U 两相绕组之间的绝缘电阻。

⑤ 记录测量结果 将各测量结果用笔记录,根据测量结果,电动机各相绕组对地的绝缘电阻和各相绕组之间的绝缘电阻均大于 500 MΩ,完全符合技术要求。

⑥ 安装连接片,将接线盒端盖盖上,并将螺钉拧紧,操作结束。

【课题评价】

利用兆欧表测量电动机绝缘电阻成绩评分标准见附表 4-2。

模块四 常用电工仪器仪表的使用

课题三 指针式万用表的基本操作

【任务引入】

万用表是集电压表、电流表和欧姆表于一体的便携式仪表,可分为指针式和数字式两大类。万用表的功能很多,主要测量电压、电流、电阻等基本电量,通常使用者根据测量对象的不同,可以通过拨动万用表的挡位/量程选择开关来进行选择。指针式万用表是电工电子测量中应用最广泛的一种测量仪表。

【任务分析】

测量电阻、电流、电压是万用表的基本功能,本任务主要是利用 MF-30 型指针万用表熟练的测量上述电量。

【相关知识】

一、认识 MF-30 型指针式万用表

MF-30 型指针式万用表是一种高灵敏、多功能、多量程的便携式万用表,测量时水平放置。MF-30 型万用表可测量直流电压、电流;交流电流、电压和电阻,如图 4-5 所示。

在表头的中间有一个旋钮,称为机械归零旋钮,通过调节这个旋钮可使表上的指针与零线对齐,一般出厂的时候已经调好,不需要频繁地调节。

面板上标注"+、-"两个端子分别用来连接红表笔和黑表笔,红表笔表示输入表内的是正极性信号,黑表笔表示输入的是负极性信号。但是用来测电阻的时候,内部电流从黑表笔处流出,从红表笔处流入,这在测试一些有极性的元件时要特别注意。

主要技术指标:

测量直流电压范围:1~500 V,分 5 挡:1 V、5 V、25 V、100 V、500 V;

测量交流电压范围:10~500 V,分 3 挡:10 V、100 V、500 V;

测量直流电流范围:5~500 mA,分 3 挡:5 mA、50 mA、500 mA;

测量交流电流范围:50~500 μA,分 2 挡:50 μA、500 μA;

电阻测量分为 5 挡:×1、×10、×100、×1k、×10k。

二、万用表测量原理

万用表的基本原理是利用一只灵敏的磁电式直流电流表(微安表)做表头。当微小电流通过表头,就会有电流指示。但表头不能通过大电流,所以,必须在表头上并联与串联一些电阻进行分流或降压,从而测出电路中的电流、电压和电阻。下面分别介绍。

1. 测直流电流原理

如图 4-6(a)所示,在表头上并联一个适当的电阻(称为分流电阻)进行分流,就可以扩展电流量程。改变分流电阻的阻值,就能改变电流测量范围。

2. 测直流电压原理

如图 4-6(b)所示,在表头上串联一个适当的电阻(称为倍增电阻)进行降压,就可以扩展电压量程。改变倍增电阻的阻值,就能改变电压的测量范围。

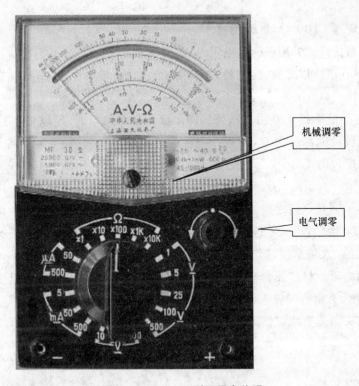

图 4-5　MF-30 型万用表外观

3. 测交流电压原理

如图 4-6(c)所示,因为表头是直流表,所以测量交流时,需加装一个并、串式半波整流电路,将交流进行整流变成直流后再通过表头,这样就可以根据直流电的大小来测量交流电压。扩展交流电压量程的方法与直流电压量程相似。

4. 测电阻原理

如图 4-6(d)所示,在表头上并联和串联适当的电阻,同时串接一节电池,使电流通过被测电阻,根据电流的大小,就可测量出电阻值。改变分流电阻的阻值,就能改变电阻的量程。

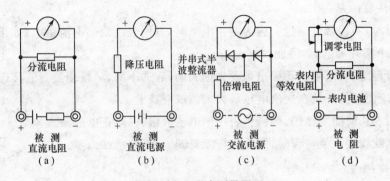

图 4-6　万用表测量原理

模块四 常用电工仪器仪表的使用

【任务实施】

1. 电阻的测量（100 Ω 电阻测量）

用 MF-30 型指针式万用表测量电阻时，应按下列方法：

① 机械调零 在使用之前，应先检查指针是否指在机械零位上，即指针在静止时是否指在电阻标度尺的"∞"刻度处。

② 选择合适的倍率挡 万用表欧姆挡的刻度线是不均匀的，所以倍率挡的选择应使指针停留在刻度线较稀的部分为宜，且指针越接近刻度尺的中间，读数越准确。一般情况下，应使指针指在刻度尺的 1/3～2/3 间。由于本次所测的电阻标称值为 100 Ω，因此选择 R×10 的挡。

③ 欧姆调零 测量电阻之前，应将红黑表笔短接，同时调节"欧姆（电气）调零旋钮"，使指针刚好指在欧姆刻度线右边的零位。如果指针不能调到零位，说明电池电压不足或仪表内部有问题。并且每换一次倍率挡，都要再次进行欧姆调零，以保证测量准确。

④ 接入所测电阻 将红黑表笔搭接在所测电阻的两端，注意不能用两只手同时捏住表笔的金属部分测电阻，否则会因将人体电阻并接于被测电阻而引起测量误差。

⑤ 读数 表头的读数乘以倍率，就是所测电阻的电阻值，如图 4-8 所示。

图 4-7 万用表调零

图 4-8 测量电阻值

在这里要注意的是：

① 测电阻时，不能带电测量。因为测量电阻时，万用表由内部电池供电，如果带电测量则相当于接入一个额外的电源，可能损坏表头。

② 选择量程时，若电阻值不确定则要先选大的，后选小的，尽量使被测值接近于量程。

③ 用毕，应使转换开关在交流电压最大挡位或空挡上。

④ 若万用表长时间不使用，则应将表中的电池取出，以防止电池漏液。

⑤ 注意在欧姆表改换量程时，需要进行欧姆调零，无须机械调零。

2. 电压的测量

用万用表测量交流 220 V 电压，应按下列方法步骤进行：

① 选择合适的倍率挡，量程的选择应尽量使指针偏转到满刻度的 2/3 左右。按照上述原

则选择量程交流电压 500 V 挡位上。如果事先不清楚被测电压的大小时,应先选择最高量程挡,然后逐渐减小到合适的量程。

② 接入负载,万用表两表笔和被测电路或负载并联即可。

③ 读数　表头的读数乘以倍率,就是所测电阻的电压值。读数时注意表盘上相应的刻度线,如图 4-9 所示。

3. 直流电压的测量

① 选择合适的倍率挡　由于测量干电池正负极两端的电压,因此将万用表的转换开关置于直流电压 5 V 挡位上。

② 接入负载,将"+"表笔(红表笔)接到电池的正极即高电位处,"-"表笔(黑表笔)接到电池的负极即低电位处。若表笔接反,表头指针会反方向偏转,容易撞弯指针。

③ 读数　根据表针的指示乘以相应的倍率,就是所测的电压值,如图 4-10 所示。

图 4-9　测量交流电压

图 4-10　测量直流电压

注意:在测量 100 V 以上的高压时,要养成单手操作的习惯,即先将黑表笔置电路零电位处,再单手持红表笔去碰触被测端,以保护人身安全。

4. 直流电流的测量

方法:将万用表的一个转换开关置于直流电流挡 50 μA 到 500 mA 的合适量程上,电流的量程选择和读数方法与电压一样。

注意:测量时必须先断开电路,然后按照电流从"+"到"-"的方向,将万用表串联到被测电路中,即电流从红表笔流入,从黑表笔流出。如果误将万用表与负载并联,则因表头的内阻很小,会造成短路烧毁仪表。在测量前若不能估计被测电流的大小,则应先用最高电流挡进行测量,然后根据指针指示情况选择合适的挡位来测试,以免指针偏转过度而损坏表头。变换挡位操作应断电进行,不得带电操作。

【任务评价】

利用指针式万用表的基本操作成绩评分标准见附表 4-3。

课题四　数字式万用表的基本操作

【任务引入】

数字式万用表与模拟式万用表相比，具有灵敏度高，准确度高，显示清晰，过载能力强，便于携带，使用简单等优点。

【任务分析】

在这一课题中将利用DT9205型数字式万用表，熟练的测量电压、电流、电阻等电量。在技能训练中注意学生对挡位选择开关的位置。

【相关知识】

认识数字万用表：数字万用表一般由单片机A/D转换器和外围电路（主要包括功能转换器、挡位/量程选择开关、LCD或LED显示器和蜂鸣器振荡电路、检测线路通断电路、低压指示电路、小数点及标志符驱动电路）组成，其外观如图4-11所示。

图4-11　数字式万用表

数字万用表的显示位数有$3\frac{1}{2}$、$3\frac{2}{3}$和$4\frac{1}{2}$等几种，表示了数字万用表的最大显示量程和精度。例如：$3\frac{1}{2}$的"3"指的是完整显示位为3位，能显示0~9共10个数字；"1"表示最高位只能显示0或1；"2"表示最大极限值为2 000。$3\frac{2}{3}$的"3"指的是完整显示位为3位，能显示0~9共10个数字；"2"表示最高位只能显示数字0、1、2；"3"表示最大极限值为3 000。

数字万用表的分辨率是指数字万用表灵敏度大小的主要参数，它与显示位数密切相关。它能够显示出被测量的最小变化值。例如最小量程为200 mV的$3\frac{1}{2}$位数字电压表显示为

199.9 mV 时,末位变一个字所需要的最小输入电压是 0.1 mV,则这台数字电压表的分辨率为 0.1 mV。

【任务实施】

1. 电阻测量

(1) 其方法步骤

① 将黑表笔插入 COM 插孔,红表笔插入 V/Ω 插孔。

② 将挡位开关置于 Ω 挡位选择合适量程。

③ 将测试表笔连接到待测电阻上,如图 4-12 所示。

(2) 注意事项

① 如果被测电阻值超出所选择量程的最大值,将显示过量程"1",应选择更高的量程,对于大于 1 MΩ 或更高的电阻,要几秒钟后读数才能稳定这是正常的。

② 当没有连接好时,例如开路情况,仪表则显示为"1"。

③ 当检查被测线路的阻抗时,要保证移开被测线路中的所有电源、电容放电。被测线路中,如有电源和储能元件会影响线路阻抗测试的正确性。

2. 二极管测试及带蜂鸣器的连续性测试

① 将黑表笔插入 COM 插孔,红表笔插入 V/Ω 插孔。

② 将挡位/量程选择开关置于"⊳⊢"挡,并将表笔连接到待测二极管,读数即为二极管正向压降的近似值,如图 4-13 所示。

③ 将表笔连接到待测线路的两点,如果两点之间电阻低于 70 Ω,内置蜂鸣器发声。

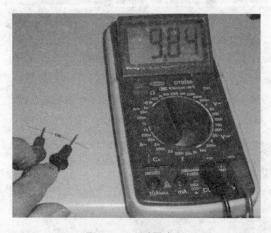

图 4-12 测量电阻

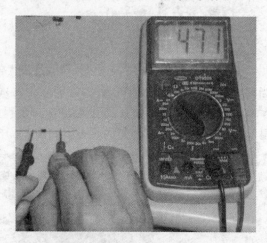

图 4-13 二极管正向压降

3. 直流 24 V 电压测量

① 将黑表笔插入 COM 插孔,红表笔插入 V/Ω 插孔。

② 将功能开关置于直流电压挡量程 200 V 的位置,并将测试表笔连接到待测电源(测开路电压)或负载上(测负载电压降),红表笔所接端的极性将同时显示于显示器上,如图 4-14 所示,此时屏幕显示 24.2 V。如果红表笔接电源负极黑表笔接电源正极此时显示器上显示"—"。

注意事项:
① 如果不知被测电压范围,可将功能开关置于最大量程并逐渐下降。
② 如果显示器只显示"1",表示过量程,功能开关应置于更高量程。
③ 当测量高电压时,要格外注意避免触电。

4. 交流380 V电压测量
① 将黑表笔插入COM插孔,红表笔插入V/Ω插孔。
② 将功能开关置于交流电压挡量程范围,并将测试笔连接到待测电源或负载上。
③ 显示器上可读出本次测量值399 V,没有极性显示,如图4-15所示。注意事项同上。

图4-14 直流电压测量　　　　图4-15 交流电压测量

5. 直流电流测量
① 将黑表笔插入COM插孔,当测量最大值为200 mA的电流时,红表笔插入mA插孔,当测量最大值为20 A的电流时,红表笔插入20 A插孔。
② 将功能开关置于直流电流挡"A-"量程,并将测试表笔串联接入到待测负载上,电流值显示的同时,将显示红表笔的极性。如图4-16所示,此时电流值是19.9 mA。

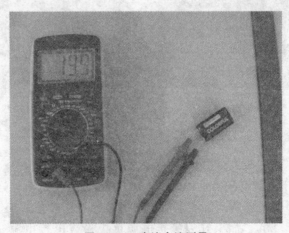

图4-16 直流电流测量

注意事项：
① 如果使用前不知道被测电流范围，将功能开关置于最大量程并逐渐下降。
② 如果显示器只显示"1"，表示过量程，功能开关应置于更高量程。
③ "mA"表示最大输入电流为 200 mA，过量的电流将烧坏保险丝，应再更换 20 A 量程，无保险丝保护，测量时不能超过 15 s。

6. 晶体管 h_{FE} 的测试

① 将挡位/量程选择开关置于 h_{FE} 挡位。
② 确定晶体管为 NPN 或 PNP 型，将基极、发射极和集电极分别插入前面板上的相应的插孔。
③ 显示器上将读出 h_{FE} 的近似值，如图 4-17 所示。

图 4-17 测量晶体管 h_{FE}

7. 电容测量

① 将挡位开关置于电容 F 挡位，选择适当的量程。
② 将电容引脚插入测量孔中。
③ 显示器上将显示出电容的容量，如图 4-18 所示。

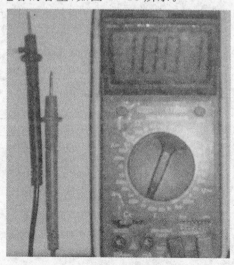

图 4-18 测量电容

注意事项：
① 仪器本身已对电容挡设置了保护，故在电容测试过程中不用考虑极性及电容充放电等问题。
② 测量电容时，将电容插入专用的电容测试座中（不要插入表笔插孔 COM、V/Ω）。
③ 测量大电容时稳定读数需要一定的时间。

【任务评价】
利用数字式万用表基本操作成绩评分标准见附表 4-4。

课题五　数字示波器测量波形的频率和峰值

【任务引入】
示波器通常是一种能够直接显示电信号波形的电子仪器。它可以定性观察电信号的动态过程，也可以定量的表征电信号的参数（幅值、频率、周期、相位和脉冲幅度等）随着数字技术和计算机技术的发展，采用计算机和液晶显示器的数字示波器也迅速发展起来，大有取代传统模拟示波器的趋势，熟练使用示波器是从事电工电子技术专业人员的基本技能。

【任务分析】
本课题要求会利用数字示波器测量波形，要想完成此任务，必须掌握 RIGOLDS1052E 系列数字示波器各旋钮的作用和数据读取方法。

【相关知识】

一、数字式示波器外观

1. 示波器前面板

DS1052E 系列数字示波器为用户提供简单而功能明晰的前面板，以进行基本的操作。面板上包括旋钮和功能按键，旋钮的功能与其他示波器类似。显示屏右侧的一列 5 个灰色按键为菜单操作键（自上而下定义为 1 号至 5 号）。通过它们，可以设置当前菜单的不同选项；其他按键为功能键，通过它们可以进入不同的功能菜单或直接获得特定的功能应用，如图 4-19 所示。

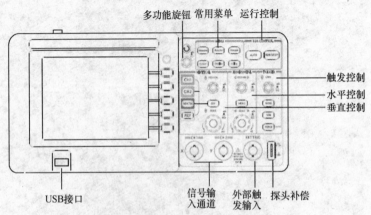

图 4-19　数字式示波器前面板

2. 屏幕界面

屏幕界面如图 4-20 所示。

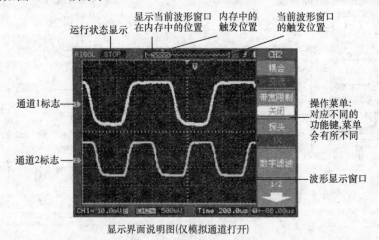

图 4-20 屏幕界面

二、初步了解垂直系统

1. 垂直显示位置

使用垂直 POSITION 旋钮控制信号的垂直显示位置,如图 4-21 所示。

转动垂直 POSITION 旋钮顺时针旋转时波形上移;逆时针旋转时波形下移,按下旋钮时波形位置回零坐标,并且指示通道地(GROUND)的标识跟随波形而上下移动。

2. 改变垂直设置,垂直幅度调整

转动 SCALE 旋钮改变"V/div(伏/格)"垂直挡位,可以发现状态栏对应通道的挡位显示发生了相应的变化。可通过按下垂直旋钮作为设置输入通道的粗调/微调状态的快捷键,调节该旋钮即可粗调/微调垂直挡位。

3. 初步了解水平系统

如图 4-22 所示,在水平控制区(HORIZONTAL)有一个按键、两个旋钮。

① 使用水平旋钮 SCALE 改变水平挡位设置,并观察因此导致的状态信息变化。转动水平 SCALE 旋钮改变"s/div(秒/格)"水平挡位,可以发现状态栏对应通道的挡位显示发生了相应的变化。水平扫描速度从 2 ns~50 s,以 1-2-5 的形式步进。水平旋钮不但可以通过转动调整"s/div(秒/格)",还可以按下此按钮切换到延迟扫描状态。

② 使用水平旋钮 POSITION 时可以调整信号在波形窗口的水平位置。当转动水平旋钮 POSITION 调节触发位移时,可以观察到波形随旋钮而水平移动。使用水平旋钮 POSITION 可以按下该键使触发位移(或延迟扫描位移)恢复到水平零点处。

③ 按 MENU 按键,显示 TIME 菜单。

在此菜单下,可以开启/关闭延迟扫描或切换 Y-T、X-Y 和 ROLL 模式,还可以将水平触发位移复位。

模块四　常用电工仪器仪表的使用

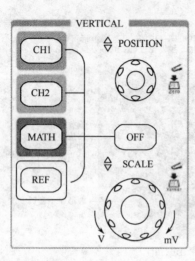

图 4-21　垂直系统

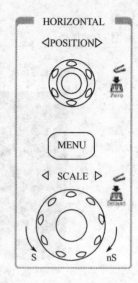

图 4-22　水平系统

4. 初步了解触发系统

如图 4-23 所示,在触发控制区(TRIGGER)有一个旋钮、三个按键。

① 使用旋钮 LEVEL 改变触发电平设置:转动旋钮,可以发现屏幕上出现一条桔红色的触发线以及触发标志,随旋钮转动而上下移动。停止转动旋钮,此触发线和触发标志会在约 5 s 后消失。在移动触发线的同时,可以观察到在屏幕上触发电平的数值发生了变化。

② 旋动垂直旋钮 LEVEL 不但可以改变触发电平值,更可以通过按下该旋钮作为设置触发电平恢复到零点的快捷键。

③ 使用 MENU 调出触发操作菜单(见图 4-24),改变触发的设置,观察由此造成的状态变化。

④ 按 50% 键,设定触发电平在触发信号幅值的垂直中点。

⑤ 按 FORCE 键:强制产生一个触发信号,主要应用于触发方式中的"普通"和"单次"模式。

5. Measure 按钮:自动测量

选择自动测量课题后,屏幕下方以文字方式显示测量结果。自动测量主要包括电压测量和时间测量。

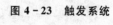

图 4-23　触发系统

① 电压测量的方法:

第一步,信源的选择,按下 Measure 按钮选择需要测量的信号 CH1 或 CH2,如图 4-25 所示。

第二步,电压测量,选择电压测量后使用多功能旋钮选择测量项目,测量项目主要包括最大值 V_{max}、最小值 V_{min}、峰峰值 $V_{(峰-峰)}$、顶端值 V_{top}、低端值 V_{bas}、幅度 V_{amp}、平均值 V_{avg}、均方根值 V_{rms}、过冲 V_{ovr} 和预冲 V_{pre} 和选择所需的测量项目后按下多功能旋钮确认选择,测量结果显示在屏幕下方,如图 4-26 所示。

模块四 常用电工仪器仪表的使用

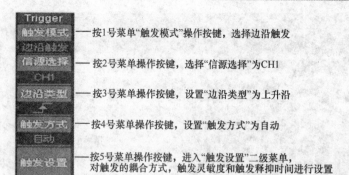

图4-24 触发操作菜单

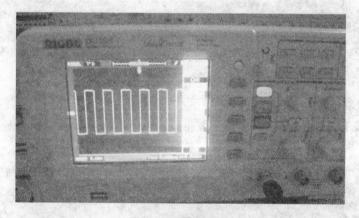

图4-25 信源选择

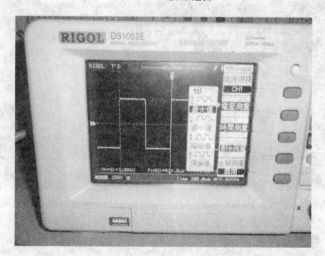

图4-26 电压测量

② 时间测量的方法：

第一步，按下时间测量选择按钮。

第二步，使用多功能旋钮选择测量项目，测量项目主要包括频率 f_{rep}、周期 T_{rd}、上升时间 t_{ise}、下降时间 t_{ail}、正脉宽 $+W_{id}$、负脉宽 $-W_{id}$、正占空比 $+D_{uty}$ 和负占空比 $-D_{uty}$。选择所需的测量项目后按下多功能旋钮确认选择，测量结果显示在屏幕下方，如图4-27所示。

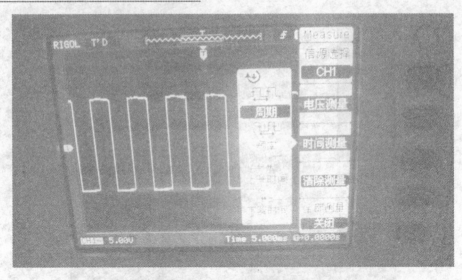

图 4-27 时间测量

③ 全部测量和清除测量的方法：

全部测量：按下全部测量按钮，屏幕下方将显示以上电压测量和时间测量的所有参数，如图 4-28 所示。

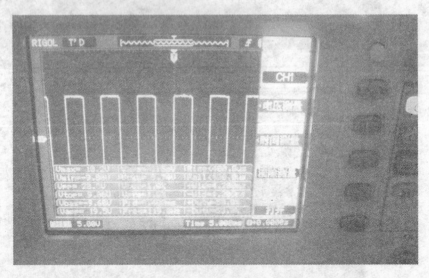

图 4-28 全部测量

清除测量：按下清除测量按钮，屏幕显示的测量数据将被清除。

【任务实施】

利用数字示波器测量简单信号，观测电路中一未知信号，迅速显示和测量信号的频率和峰值。具体操作是：

① 按下 CH1 按键，打开 CH1 设置菜单，设置探头菜单衰减系数设定为 10×，将探头上的开关设定为 10×，将通道 1 的探头连接到电路被测点，如图 4-29 所示。

② 按下 AUTO（自动设置）按钮，示波器将自动设置使波形显示达到最佳。在此基础上，

模块四 常用电工仪器仪表的使用

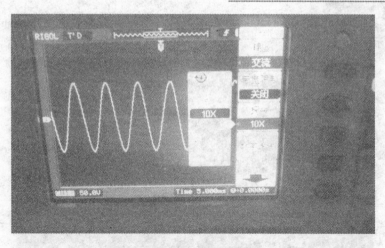

图 4-29 探头设定

可以进一步调节水平扫描挡位,直至波形的显示符合要求,如图 4-30 所示。

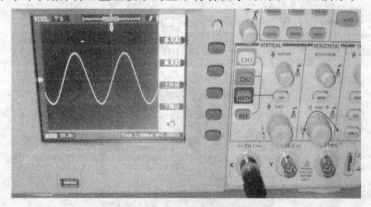

图 4-30 波形显示最佳

③ 按下 Measure(自动测量)按钮,打开自动测量菜单,按下电压测量选择按钮,选择峰-峰值,如图 4-31 所示。

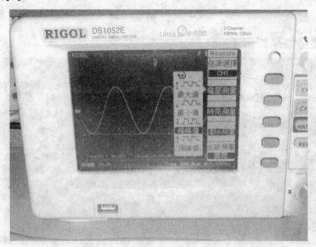

图 4-31 选择峰-峰值

模块四　常用电工仪器仪表的使用

④ 按下多功能旋钮,确认选择。屏幕左下角有自动测量结果显示时 Measure 按钮灯亮,如图 4-32 所示。

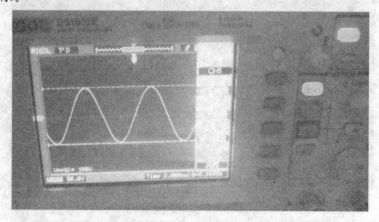

图 4-32　测量结果显示 Measure 按钮灯亮

⑤ 按下时间测量选择按钮选择频率,如图 4-33 所示。

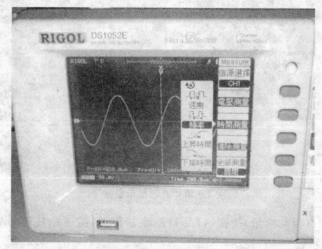

图 4-33　时间测量

屏幕下方显示测量结果如图 4-34 所示。

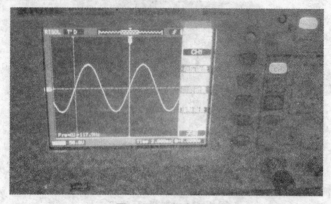

图 4-34　频率显示

⑥ 按下清除测量按键时屏幕显示的测量结果消失,如图4-35所示。

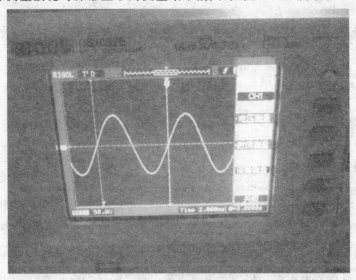

图4-35 测量结果消失

【任务评价】

利用数字式示波器测量波形的成绩评分标准见附表4-5。

模块五 电子技术基本操作

课题一 电阻器的识别与检测

【任务引入】

电阻器是电子元器件中组成电子产品的基础,电路中用得最多的电子元件,是组成电路的基本元件之一。在电路中电阻器用来稳定和调节电流、电压,以此作为分流器和分压器,并可作为消耗能量的负载电阻。了解其种类、结构、性能并能正确的识别检测是非常重要的。

【任务分析】

本课题主要通过对电阻器的识别与检测从而了解电阻器的实物外形、图形符号、主要参数和质量检测方法等,这是学好电子技术的重要基础。

【相关知识】

一、常见电阻器的分类及命名规则

1. 分 类

根据电阻器的工作特性及电路功能,可分为固定电阻器、可变电阻器。

固定电阻器:阻值固定不变,主要用于阻值固定而不需要变动的电路中,起到限流、分流、分压、降压、负载或匹配等作用,如图5-1所示。

可变电阻器:阻值可以在一定范围内变化,又称为"变阻器"或"电位器"。在电路中,主要用来调节音量、音调、电压、电流等,如图5-2所示。

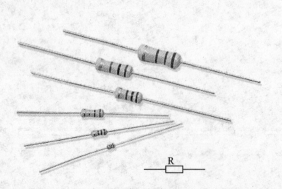

图5-1 碳膜电阻及图形符号

图5-2 电位器及图形符号

2. 命名规则

电阻器的命名规则如下图所示。

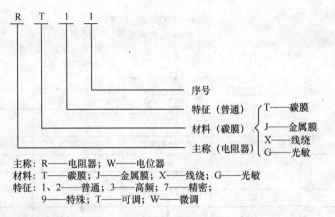

主称：R——电阻器；W——电位器
材料：T——碳膜；J——金属膜；X——线绕；G——光敏
特征：1、2——普通；3——高频；7——精密；
9——特殊；T——可调；W——微调

二、电阻的单位及参数

电阻的国际单位是欧姆（Ω），常用单位：千欧（kΩ）、兆欧（MΩ）。

电阻器的参数主要有标称阻值及允许偏差、电阻器的额定功率、极限工作电压、温度系数、高频特性、非线性和噪声电动势等。

① 标称阻值：标注在电阻器上的电阻值称为标称值。单位：Ω，kΩ，MΩ。标称值是根据国家制定的标准系列标注的，不由生产者任意标定，不是所有阻值的电阻器都存在。

② 允许误差：电阻器的实际阻值对于标称值的最大允许偏差范围称为允许误差。误差代码：F、G、J、K……。

③ 额定功率：指在规定的环境温度下，假设周围空气不流通，在长期连续工作而不损坏或基本不改变电阻器性能的情况下，电阻器上允许的消耗功率。常见的有 1/16 W、1/8 W、1/4 W、1/2 W、1 W、2 W、5 W、10 W。

三、电阻器标称阻值和偏差的标注方法

电阻器的标称阻值和偏差一般都标在电阻体上。其标志方法有直标法、文字符号和色标法。

① 直标法　将电阻器的标称阻值和允许偏差直接用数字标在电阻器表面上。例如有 6.8(1±5%)kΩ。

② 文字符号法　用阿拉伯数字和文字符号两者有规律的组合来表示标称阻值，额定功率、允许误差等级等。符号前面的数字表示整数阻值，后面的数字依次表示第一位小数阻值和第二位小数阻值，如 1R5 表示 1.5 Ω，2k7 表示 2.7 kΩ。

③ 色标法　色标法是将电阻器的类别及主要技术参数的数值用颜色（色环或色点）标注在它的外表面上。色标电阻（色环电阻）器可分为四环、五环两种标法，其含义如图5-3和图5-4所示。

四色环电阻器的色环表示标称值（二位有效数字）及精度。例如图5-5所示，色环顺序：棕、黑、黑、金，其阻值为 10 Ω，误差为 ±5%。

五色环电阻器的色环表示标称值（三位有效数字）及精度。例如图5-6所示，色环顺序：灰、红、黑、黑、金，其阻值为 820 Ω，误差为 ±5%。

模块五 电子技术基本操作

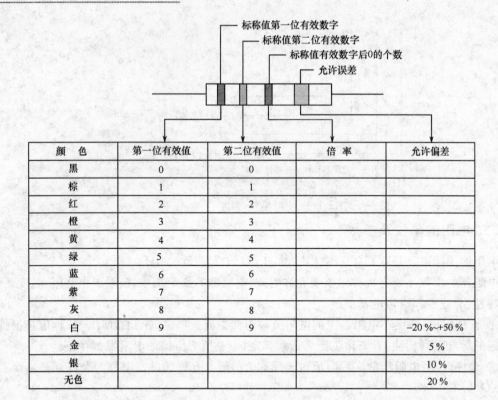

图 5-3 四环电阻的色环表示法

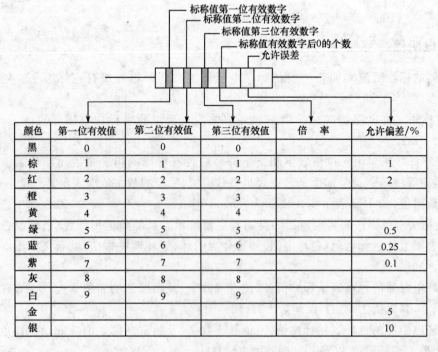

图 5-4 五环电阻的色环表示法

图 5-5　四环电阻　　　　　图 5-6　五环电阻

一般四色环和五色环电阻器表示允许误差的色环的特点是该环离其他环的距离较远。较标准的表示应是表示允许误差的色环的宽度是其他色环的(1.5~2)倍。有些色环电阻器由于厂家生产不规范,无法用上面的特征判断,这时只能借助万用表判断。

利用色标法读取电阻小窍门：

读取四环电阻：因表示误差的色环只有金色或银色,色环中的金色或银色环一定是第四环。

读取五环电阻：

① 从阻值范围判断　因为一般电阻范围是 0~10 MΩ,如果读出的阻值超过这个范围,可能是第一环选错了。

② 从误差环的颜色判断　表示误差的色环颜色有银、金、紫、蓝、绿、红、棕。如果靠近电阻器端头的色环不是误差颜色,则可确定为第一环。

四、电位器的主要技术指标

1. 额定功率

电位器的两个固定端上允许耗散的最大功率为电位器的额定功率。使用中应注意额定功率不等于中心抽头与固定端的功率。

2. 标称阻值

标在产品上的名义阻值,其系列与电阻的系列类似。

3. 允许误差等级

实测阻值与标称阻值误差范围根据不同精度等级可允许±20%、±10%、±5%、±2%、±1%的误差。精密电位器的精度可达 0.1%。

4. 阻值变化规律

指阻值随滑动片触点旋转角度(或滑动行程)之间的变化关系,这种变化关系可以是任何函数形式,常用的有直线式、对数式和反转对数式(指数式)。

在使用中,直线式电位器适合于做分压器;反转对数式(指数式)电位器适合于做收音机、录音机、电唱机、电视机中的音量控制器。维修时若找不到同类品,可用直线式代替,但不宜用对数式代替。对数式电位器只适合于做音调控制等。

【任务实施】

1. 电阻的测量

① 准备器材：万用表、普通碳膜电阻器 1/8 W(四环、五环)、可调电位器。

② 根据色环电阻器的识别方法对电阻器进行识别,并将读取结果填入表 5-1 中。

③ 利用万用表对上述电阻器进行阻值测量。将实际测量值与之前所读取的阻值进行比较。

模块五 电子技术基本操作

2. 操作指导

① 电阻器需从电路中断开,不允许带电测量。

② 不允许手接触表笔的金属部分,以免引起测量误差,如图5-7所示。

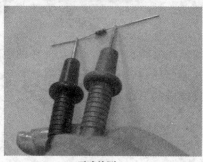 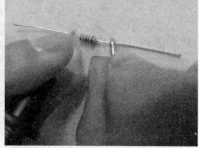

正确检测　　　　　　　　　错误检测

图 5-7　电阻器检测

表 5-1　色环电阻器测量识别结果

序号	色环	阻值	误差	实测值
1				
2				
3				
4				
5				

3. 识别与检测电位器

（1）识别方法

电位器至少有3根引脚:两个定片,一个动片。分辨这3根引脚的方法如下:

① 识别动片　大多数电位器动片在两定片之间,以此特征可方便地找出动片。也有个别电位器动片在一边。可以用旋转电位器测量阻值是否变化来确定动片。

② 接地的固定片和热端固定片的识别　接地定片在电路中是接印制电路板地线的。分辨这一引脚的方法是:将转柄面对自己,逆时针旋到头,与动片之间的阻值为零的定片是接地引脚。剩下的另一个定片在电路中往往接信号传输线热端。

③ 外壳引脚片的识别　识别时可使用万用表测量各引脚与外壳的阻值是否为零,为零的引脚便是外壳引脚。

（2）电位器的检测

① 首先看旋柄转动是否平滑,开关是否灵活,开关通断时"咯哒"声是否清脆,并听听电位器内部接触点和电阻体摩擦的声音,如有"沙沙"声,说明质量不好。

② 用万用表测试时,应根据被测电位器阻值的大小,选择合适的万用表的电阻挡位,先测其标称阻值是否正确,再测阻值变化是否正常,如为0、∞或指针跳动,说明电位器已损坏或质量不佳,检测方法如图5-8所示。

测阻值是否正确　　　测阻值是否可变

图 5-8　电位器检测

【任务评价】

电阻器的识别与检测成绩评分标准见附表5-1。

课题二　电容器的识别与检测

【任务引入】

电容器是电工与电子技术中的基本元件之一，它在电力系统中用于提高供电系统的功率因数，而在电子技术中常用来滤波、耦合、旁路、调谐、选频等。了解电容器的种类、外形及主要技术参数是非常必要的。

【任务分析】

本课题主要通过对电容器的识别与检测从而了解电容器的实物外形、图形符号、主要参数和质量检测方法，为今后学习打下良好基础。

【相关知识】

一、常见电容器

1. 电容器的形状、符号、单位与命名

① 电容器的外形及图形符号如图5-9所示。

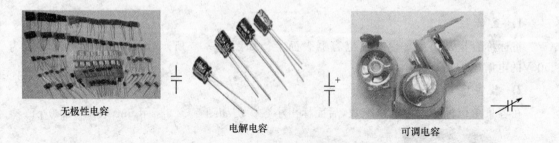

图5-9　常见电容器及图形符号

② 电容器容量的单位　国际单位是法拉(F)。常用单位：微法(μF)、微微法(pF)。换算关系：$1F=10^6 \mu F=10^{12} pF$。

③ 电容器的分类及命名规则　分类：电容器的种类繁多，以绝缘介质分：空气介质电容器、纸介质电容器、云母电容器、瓷介质电容器、涤纶电容器、聚苯乙烯电容器、金属化纸介质电容器、电解电容器等；按结构分：固定电容器和可变电容器。其中，可变电容器又分为可变和半可变两种。

命名规则：

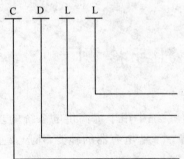

第四部分，用数字来表示产品的序号（外形和性能不同）
第三部分，用数字表示分类（1—圆形，2—管形）
第二部分，用字母表示介质材料（D—铝电解，Y—云母）
第一部分，用字母C代表电容

2. 电容器的主要参数

① 标称容量及允许偏差电容量　表示电容器在一定工作电压条件下，储存电能的本领。不同材料制造的电容器，其标称容量系列也不一样。

② 额定直流工作电压　指电容器在电路中能够长期可靠地工作而不被击穿所能承受的最高直流电压，又称"耐压"。不同的电容器有不同的耐压值，耐压的大小与电容器介质的种类和厚度有关。额定直流工作电压直接标在电容器表面上。如果电容器用在交流电路中，应注意，所加的交流电压的最大值也称"峰值"，不能超过电容的耐压值。可变电容器多数用在电压较低的高频电路中，一般都不标明耐压值。

二、电容器容量的标注方法

1. 直标法

将标称容量及偏差直接标在电容器表面上。如图 5-10 所示容量为 220 μF 且耐压为 50 V 的电解电容器。

2. 数字字母法

在容量单位标示前面标出整数，后面标出小数。例如图 5-11 所示 6n8 表示 6 800 pF。

图 5-10　直标法

图 5-11　数字字母法

3. 数码法

一般用三位整数表示电容器的标称容量，前面的两位数字表示有效数字，第三位数字表示 10 的幂指数。如图 5-12 表示容量为 6 800 pF 且耐压为 1 500 V 圆片瓷介电容器。在瓷介电容器中，第三位乘数"9"，表示 10^{-1}，单位一般为 pF。

4. 色标法

电容器的标称容量、允许偏差的色标法规则与电阻器一样。将不同颜色涂于电容器的一端或从顶端向引线排列。一般只有三种颜色，前两

图 5-12　数码法

环表示有效数字,第三环表示倍率。单位为 pF。例如:红、红、橙,表示 22 000 pF。

【任务实施】

1. 一般电容的测量

① 准备器材:MF-30 型指针式万用表、电容器 5 只。
② 根据电容器表面上的标注,读出其电容容量值。
③ 用万用表检测电容器质量好坏将检测结果填入表 5-2 中。

表 5-2 检测结果

编号	标称值	全 称	万用表挡位	充电指针偏转角度	实测漏电电阻	电容器质量	识别测量中出现的问题
1	104						
2	6n8						
3	0.22						
4	47μF						
5	220μF						

2. 检测容量大于 5 100 pF 的电容

将挡位开关用 R×10 K 挡测量(小容量电容选低挡测量,大容量电容选高挡测量)。

将万用表红黑表笔与所测电容的两个引脚搭接,在表针接通的瞬间应能看到表针有很小的摆动,若未看清表针的摆动,可将红黑表笔互换一次再测,此时,表针的幅度应略大一些。根据表针摆动情况判断电容器的质量如表 5-3 所列。

表 5-3 利用万用表进行电容器质量检测

万用表表针摆动情况	电容器质量
接通瞬间表针摆动,然后返回	良好;摆幅越大,容量越大
接通瞬间,表针不摆动	失效或断路
表针摆幅很大,且停在那里不动	已击穿(短路)或严重漏电
表针摆动正常,不能返回	有漏电现象

其测量方法如图 5-13 所示。

3. 容量在 5 100 pF 以下的电容

因电容容量小,看不到表针摆动,此时只能检测电容器是否漏电或者击穿,而不能检测是否存在开路或失效故障。为实现此类电容器的质量检测,可借助一个外加直流电压(不能超过被测电容器的耐压值),把万用表调到直流电压挡,黑表笔接在直流电源负极,红表笔串接被测电容器后接电源正极,根据表针摆动情况判别电容器质量,如表 5-3 所列。

4. 电解电容的极性识别及检测

(1) 直观识别与检测

电解电容一般正极引线长,负极引线较短。若电容器出现开裂、穿洞、烧焦、引脚松脱或锈断、外部有电解液漏出、顶部明显隆起、发热比较严重等现象时,说明电容器损坏。

模块五 电子技术基本操作

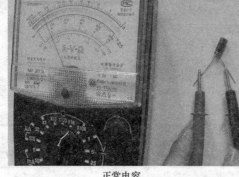
正常电容

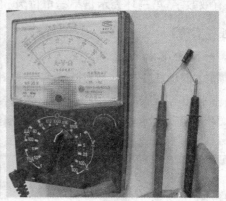
故障电容

图 5-13 电容检测

(2) 万用表检测

万用表的黑表笔接电解电容器的正极,红表笔接负极,检测其正向电阻,表针先向右做大幅度摆动,然后再慢慢回到∞的位置,再把待测电容器的两引脚短路,以便放掉电容器内残余的电荷,再将黑表笔接电解电容器的负极,红表笔接正极,检测反向电阻,表针先向右摆动,再慢慢返回,但一般是不能回到无穷大的位置。检测过程中,如与上述不符,则说明电容器已损坏。若测得的阻值很小,且表针总是停在某固定读数上,不再回摆,说明该电容器已击穿。若测量时,表针先偏转一定角度,表针未能回摆至初始位置,说明存在一定的漏电现象。常用的电解电容器的指针摆幅值见表5-4,供检测时参考。

表 5-4 利用万用表对电解电容质量检测

指针摆幅 电阻挡	容量			
	≤10	20~25	30~50	≥100
R×100	略有摆动	1/10 以下	2/10 以下	3/10 以下
R×1K	2/10 以下	3/10 以下	6/10 以下	7/10 以下

【任务评价】

电容器的识别与检测评分标准见附表 5-2。

课题三　识别与检测二极管

【任务引入】

半导体器件包括二极管、三极管、晶闸管和集成电路等。二极管是一个大家族,广泛应用于各种电子电路中,在现代电子产品中常用来整流、检波和开关、稳压等。了解二极管的外形、结构、符号、特性及其主要参数是非常必要的。

【任务分析】

在本课题中通过识别与检测二极管,从而了解二极管的实物外形、图形符号、主要参数,质量检测方法等,这是学好电子技术的重要基础。

【相关知识】

一、常见二极管

1. 常见二极管的外形及图形符号

如图 5-14 所示为常见二极管的外形及图形符号。

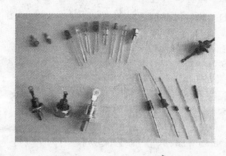

(a) 一般二极管　(b) 稳压二极管　(c) 发光二极管　(d) 光电二极管

图 5-14　常见二极管及图形符号

2. 二极管的结构分类及命名方法

(1) 二极管的结构

二极管是由半导体材料制成的,其核心是 PN 结;PN 结具有单向导电性,这也是二极管的主要特性。给 PN 结加上封装,并引出两个电极(从 P 型区引出的为正极,N 型区引出的为负极),便构成了二极管。

(2) 分　类

按用途分,有普通二极管和特殊二极管(整流二极管、稳压二极管、开关二极管、发光二极管、检波二极管、变容二极管等)两大类;按材料来分,主要有硅管和锗管两大类;按封装形式分,有塑料、玻璃和金属封装等,如图 5-15 所示;按管芯结构不同分,有点接触型、面接触型和平面型三种类型。

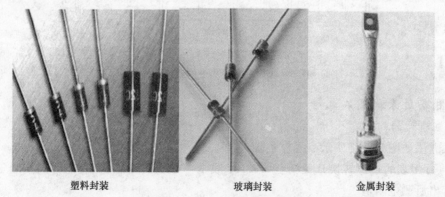

塑料封装　　　　　　玻璃封装　　　　金属封装

图 5-15　二极管常见封装

(3) 命名方法

第一部分	第二部分	第三部分	第四部分	第五部分
数字	字母	字母(汉拼)	数字	字母(汉拼)
电极数	材料和极性	器件类型	序号	规格号
2— 二极管	A—锗材料 N 型 B—锗材料 P 型 C—硅材料 N 型 D—硅材料 P 型	P—普通管 W—稳压管 Z—整流管 K—开关管 U—光电管		

二、二极管的主要参数

在实际应用中,主要考虑以下两个极限参数。

1. 最大整流电流 I_{FM}

二极管长时间工作时允许通过的最大直流电流。使用时,应注意流过二极管的正向电流不能大于这个数值,否则可能损坏二极管。

2. 最高反向工作电压 U_{RM}

二极管正常使用时所允许加的最高反向电压。使用中如果超过此值,二极管将可能有被击穿的危险。

【任务实施】

1. 一般二极管的检测与识别

① 准备万用表和二极管;二极管型号分别为 2AP9、2CW104、1N4001、1N4007。

② 识别二极管的引脚极性的方法是,二极管的正负极一般要在其外壳上标出。其标示方式有标出电路符号,有用色点或标志环表示,有的要借助二极管的外形特征来识别,如图 5-16 所示。

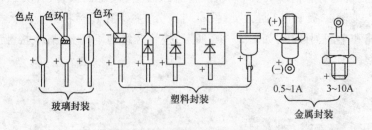

图 5-16 二极管极性的直观识别

2. 用万用表检测二极管

(1) 正负极的判别

测试方法如图 5-17 所示。操作步骤:

① 将万用表的挡位转换开关调至 R×100 或 R×1K 挡,用红、黑表笔分别接触二极管的两端并读出所测电阻值。

② 再将红黑表笔对调后重新接触二极管两端,记录所测量电阻值。

图 5-17 二极管的检测

③ 在两次测量所测阻值较小(几千欧以下)的一次中,与黑表笔相接触的一端为二极管正极,与红表笔相接的一端为二极管负极。

(2) 质量判别

用红黑表笔分别接触二极管的两端,若一次测得的电阻较小而另一次测得的电阻较大(几百千欧),说明二极管具有单向导电性,质量良好。若测得的二极管正反向电阻都很小,甚至为零,则表示其内部已短路;若测得的二极管正反向电阻都很大,则表示内部已断路。

(3) 测量结果的记录

利用万用表选择合适的量程挡位测量其管子的正反向电阻并将测量的结果填入表 5-5 之中。

表 5-5 二极管检测

编 号	型 号	正向电阻		反向电阻		管子质量
		挡位	阻值	挡位	阻值	
1	2AP9					
2	2CW104					
3	1N4001					
4	1N4007					

【任务评价】

二极管识别与检测成绩评分标准见附表 5-3。

课题四 识别与检测三极管

【任务引入】

三极管是组成电路的基本元件之一,由三极管组成的放大电路广泛应用于各种电子电路中。其主要功能是放大和作为电子开关。在电子电路的装配中,必须要能够正确的识别和检测三极管。

【任务分析】

在本课题中通过识别与检测三极管,从而了解三极管的实物外形、图形符号、主要参数和质量检测方法等,这是学好电子技术的重要基础。

【相关知识】

一、常见三极管

1. 常见三极管实物外形和图形符号

如图 5-18 所示为常见三极管实物外形及图形符号。

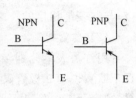

图 5-18 常见三极管外形实物图及图形符号

2. 三极管的结构和型号

(1) 三极管的结构

三极管是由两个 PN 结构成的,按两个 PN 结的组合方式不同,可分为 NPN 型和 PNP 型两类。晶体管内部结构可分为三个区:发射区、基区、集电区,由三个区分别引出一个电极,称为发射极、基极、集电极,依次用 E、B、C 表示。集电区与基区交界处的 PN 结称为集电结,发射区与基区交界处的 PN 结称为发射结,如图 5-19 所示。

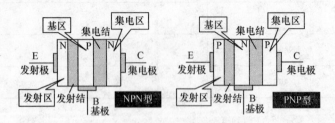

图 5-19 三极管结构示意图

(2) 三极管的型号

国产三极管的型号由五个部分组成:第一部分用数字表示电极数;第二部分用字母表示材料和管型;第三部分用字母表示类型(即用途);第四部分用数字表示序号,反映电流参数;第五部分用字母表示规格号,反映耐压参数。三极管型号的各部分符号及意义如表 5-6 所列。

表 5-6 三极管型号组成、符号及意义

第一部分		第二部分		第三部分		第四部分	第五部分
用数字表示器件的电极数		用拼音字母表示器件的材料		用拼音字母表示器件的类型		用数字表示器件的序号,反映电流参数	用拼音字母表示规格号,反映耐压参数
符号	意义	符号	意义	符号	意义		
3	三极管	A	PNP(锗)	X	低频小功率 ($f_T<3$ MHz,$P_{CM}<1$ W)		
		B	NPN(硅)	G	高频小功率 ($f_T>3$ MHz,$P_{CM}<1$ W)		
		C	PNP(锗)	D	低频大功率 ($f_T<3$ MHz。$P_{CM}\geq1$ W)		
		D	NPN(硅)	A	高频大功率 ($f_T>3$ MHz,$P_{CM}\geq1$ W)		
				U	光电器件		

二、晶体管的主要参数

1. 直流参数

① 直流电流放大系数 $\bar{\beta}$ 用于表征管子 I_C 与 I_B 的分配比例。

② 集-基反向饱和电流 I_{CBO} 表明晶体管发射极开路时,流过集电结的反向漏电流。

③ 集-射反向饱和电流 I_{CEO} 表明晶体管基极开路,集电极与发射极之间加上一定电压时的集电极电流。

2. 交流参数

① 交流电流放大倍数 β 表明晶体管对交流信号的电流放大能力。

② 共发射极特征频率 f_t 表明晶体管的 β 值下降到 1 时,所对应的信号频率称为共发射极特征频率,是表征晶体管高频特性的重要参数。

3. 极限参数

① 集电极最大允许电流 I_{CM}　晶体管的集电极允许通过的最大电流。若晶体管的工作电流超过 I_{CM},其 β 值将下降到正常值的 2/3 以下。

② 集电极最大允许耗散功率 P_{CM}　晶体管的最大允许平均功率是 I_C 和 U_{CE} 乘积允许的最大值,超过此值晶体管会过热而损坏。

③ 集-射反向击穿电压 $U_{(BR)CEO}$　基极开路时,加在集电极和发射极之间的最大允许电压。若晶体管的 U_{CE} 超过 $U_{(BR)CEO}$,会引起电击穿导致晶体管损坏。

【任务实施】

1. 准备器材

指针式万用表 MF30 型 1 块、三极管 PNP 管与 NPN 管型号分别为 3DG6A、9012、9013、3AX31、3DK4、3CG5、BD137。

2. 晶体三极管的管型识别

(1) 首先采用直观识别法

三极管的三根引脚分布是有一定规律的,根据这一规律可进行引脚的识别,如图 5-20 所示。

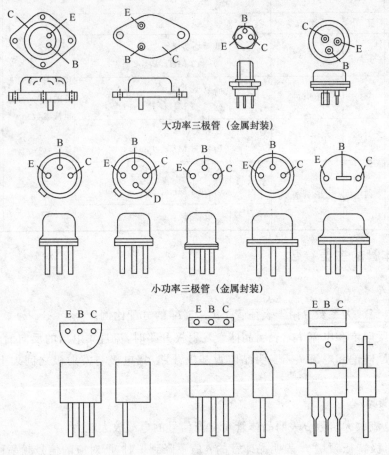

图 5-20 常用三极管引脚排列

(2) 采用万用表识别

① 将万用表置于 R×1K 或 R×100 挡。

② 其黑表笔和晶体管任一引脚相连,红表笔分别和另外两个引脚相连,测其阻值。

③ 若测得阻值一大一小,则将黑表笔所接的引脚调换重新测量,直至两个阻值接近。如果阻值都很小,则黑表笔所接的为 NPN 型晶体管的基极。若测得的阻值都很大,则黑表笔所接的是 PNP 型晶体管的基极,如图 5-21 所示。

3. 判别晶体管的集电极和发射极

① 若为 NPN 型晶体管,将黑、红表笔分别接另外两个引脚,用手指捏住黑表笔和基极(勿短接),观察表针的摆动情况。

② 再将黑、红两表笔对调,按上述方法重测。比较两次表针的摆幅,幅度较大的一次黑表笔所接的引脚为集电极,红表笔所接的引脚为发射极。若为 PNP 型晶体管,只要将红表笔和黑表笔对调后再按上述方法测设即可。根据以上方法步骤将所测量的结果数据填入表 5-7 中。

注:固定黑笔,红笔分别接另外两脚,若两次阻值均小则黑笔所接为NPN管基极。

图 5-21 判别基极

表 5-7 晶体三极管的管型识别

序 号	型 号	管 型	材 质	引脚分布
1				
2				
3				
4				
5				

4. 三极管质量好坏的判别

用万用表电阻挡测三极管各电极间PN结的正、反向电阻,如果相差较大,说明三极管基本上是好的;如果正、反向电阻都很大,说明三极管内部有断路或PN结性能不好;如果正反向电阻都很小,说明三极管极间短路或击穿了,具体方法如图5-22所示。

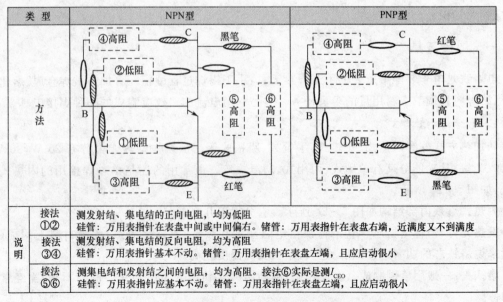

图 5-22 三极管质量好坏的判断($R \times 100$ 或 $R \times 1K$)

根据上述方法步骤将测量结果填入表 5-8 中。

表 5-8 万用表检测三极管

三极管型号	基极接红表笔		基极接黑表笔		性能好坏
	B、E 间电阻	B、C 间电阻	E、B 间电阻	C、B 间电阻	

【任务评价】

三极管识别与检测评分表见附表 5-4。

课题五 电烙铁的安装与检测

【任务引入】

由于电子产品在装配过程中,合适和高效的工具是装配质量的保证,其中焊接是极为重要的一个环节,因此对常用的手工装配工具的正确使用是非常必要的。

【任务分析】

由于电子产品在装配过程中,焊接是极为重要的一个环节,电烙铁是实施焊接的工具,因此此课题主要让同学们掌握电烙铁的使用和检测方法。

【相关知识】

一、焊接工具

电烙铁是电子装配最重要的手工焊接工具,手工锡焊过程中担任着加热被焊金属、熔化焊料、运载焊料和调节焊料用量的多重任务。它是利用电流的热效应制成的一种焊接工具。

1. 分类和结构

从加热方式分有内热式、外热式、手枪式、吸锅式等。从烙铁发热能力分有 20 W,30 W,…300 W 等;从功能分又有单用式、两用式、调温式等。最常用的还是单一焊接用的内热式电烙铁,如图 5-23 所示。

内热式烙铁内部结构如图 5-24 所示。它分以下几个部分。

发热元件:俗称烙铁芯。它是将镍铬电阻丝缠在云母、陶瓷等耐热、绝缘材料上构成的。一般来说烙铁芯的功率越大,热量越大,烙铁头的温度越高。

烙铁头:一般用紫铜制成。在使用中,因高温氧化和焊剂腐蚀会变得凹凸不平,需经常清理和修整。

手柄:一般用胶木制成,设计不良的手柄,温升过高会影响操作。

接线柱：这是发热元件同电源线的连接处。

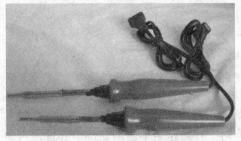

图 5-23 内热式电路铁　　　　　图 5-24 内热式电烙铁内部结构

2. 使用方法及注意事项

(1) 电烙铁的握法

电烙铁的握法分为三种：

① 反握法　此法适用于大功率电烙铁且焊接散热量大的被焊件，如图 5-25 所示。

② 正握法　此法适用于较大的电烙铁，弯形烙铁头一般也用此法，如图 5-26 所示。

③ 握笔法　此法适用于小功率电烙铁，焊接散热量小的被焊件，如焊接收音机、电视机等的印制电路板及其维修等，如图 5-27 所示。

图 5-25 反握法　　　　图 5-26 正握法　　　　图 5-27 握笔法

(2) 使用前的处理

① 使用前，应认真检查电源插头、电源线有无损坏。电烙铁插头最好使用三极插头，要使外壳妥善接地，发现问题及时排除后方可使用。

② 新烙铁使用前，应用细砂纸将烙铁头打光亮，通电烧热，蘸上松香后用烙铁头刃面接触焊锡丝，使烙铁头上均匀地镀上一层锡。这样可以便于焊接和防止烙铁头表面氧化。旧的烙铁头如严重氧化而发黑，可用钢锉锉去表层氧化物，使其露出金属光泽后，重新镀锡，才能使用。

(3) 注意事项

① 使用过程中不能任意敲击，应轻拿轻放，以免损坏电烙铁内部发热器件而影响其使用寿命。

② 电烙铁在使用一段时间后，应及时将烙铁头取出，去掉氧化物后再重新装配使用。这样可以避免烙铁芯与烙铁头卡住而不能更换烙铁头。

③ 焊接过程中，烙铁不能到处乱放。不焊时，应放在烙铁架上。注意电源线不可搭在烙铁头上，以防烫坏绝缘层而发生事故。

模块五 电子技术基本操作

④ 使用结束后,应及时切断电源,拔下电源插头。冷却后,再将电烙铁收回工具箱。

二、电子装配常用工具

1. 钳口工具

① 尖嘴钳 在电路焊接时,钳住导线和电阻等小零件。常见尖嘴钳的外形如图5-28所示。具体使用方法前面已经讲述不再赘述。

② 偏口钳 偏口钳主要用于直径小于1.5 mm的铜、铝导线和元器件引线的剪切,特别适用于钩焊、绕焊、搭焊后多余的线头或元件引线的剪切。其握法与尖嘴钳相同。常见偏口钳的外形如图5-29所示。

注意:剪线时,要使钳头朝下,在不变动方向时可用另一只手遮挡,防止剪下的线头飞出伤眼。

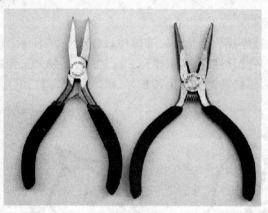

图5-28 尖嘴钳

图5-29 偏口钳

2. 螺丝刀

螺丝刀分为大型、中型、小型、微型和平口、十字口以及无把、塑把、无感型、组合式等形状。在前面课题中已经讲过,在此不再重复,常见螺丝刀的外形如图5-30所示。

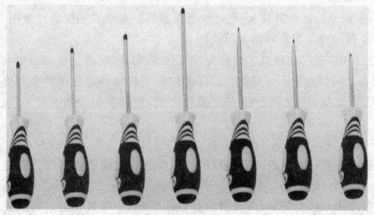

图5-30 螺丝刀

3. 镊子

镊子的主要作用是用来夹持物体。在焊接时,用镊子夹持导线或元器件,以防止移动。对镊子的要求是弹性强,合拢时尖端要对正吻合。常见镊子的外形如图 5-31 所示。

使用镊子时需要注意:

① 要常修正镊子的尖端,保持对正吻合。

② 用镊子清洗机器时,要先断电,避免因镊子导电而损坏机器。

③ 用镊子时,用力要轻,避免端头划伤手部。

4. 吸锡器

吸锡器是常用的拆焊工具,使用方便、价格适中。如图 5-32 所示的吸锡器,实际是一个小型手动空气泵,压下吸锡器的压杆,就排除了吸锡器腔内的空气;释放吸锡器压杆的锁钮,弹簧推动压杆迅速回到原位,在吸锡器腔内形成空气的负压力,就能够把熔融的焊料吸走。在电烙铁加热的帮助下,用吸锡器很容易拆焊电路板上的元件。

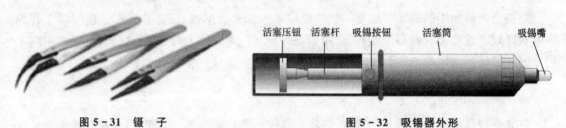

图 5-31 镊子　　　　图 5-32 吸锡器外形

【任务实施】

1. 准备器材

内热式电烙铁 20 W、电源线 1.5 m、电源插头、万用表、一字改锥、十字改锥、尖嘴钳和偏口钳等工具。

2. 内热式电烙铁的安装与检测

① 电源线加工方法　按照需要截取电源线每根 1.5 m 共三根,然后将每一根电源线去除绝缘层 5 mm,并拧股。

② 电源线与插头的连接方法　将加工后的电源线连接到电源插头上,注意要将芯线按在压线片下,并拧紧,过长的芯线要切掉,避免短路。

③ 安装烙铁芯方法　在安装时先用万用表测量烙铁芯的冷态电阻值,判定烙铁芯的好坏,20 W 电烙铁其电阻为 2.4 kΩ 左右。

④ 电源线与电烙铁接线柱、地线的连接方法　先将加工后的电源线穿过手柄,然后将地线焊牢,火线和零线接在接线柱上,过长的芯线切掉。用万用表分别测量火线与零线是否导通,地线与零线、火线有无短接,确认没有问题后再安装手柄及拧紧电源线固定螺钉。

⑤ 万用表复测方法　用万用表欧姆挡测量插头两端是否有开路或短路情况。

【任务评价】

电烙铁的拆装成绩评分标准见附表 5-5。

课题六　电子元器件在印制电路板上的插装与焊接

【任务引入】

任何电子产品，都是由基本的电子元器件和功能构建，按电路工作原理，用一定的工艺方法连接而成，在众多连接方式中，锡焊是使用最广泛的方法。

【任务分析】

此课题主要是根据工艺要求完成对元器件电阻、电容、二极管、三极管引脚的成形，并在准备好的万能板上进行插装焊接练习。

【相关知识】

一、锡焊技术基本知识

焊接是金属加工的基本方法之一。焊接技术通常分为熔焊、压焊和钎焊。锡焊属于钎焊中的软钎焊。通常把钎料称为焊料，采用铅锡焊料进行焊接称为铅锡焊，这是将铅锡焊料熔入焊件的缝隙使其连接的一种焊接方法。

焊接机理有扩散、润湿和结合层形式。

（1）扩　散

扩散是物理学中讲述的一个现象，两块金属接近到一定距离时能相互"入侵"，这称为扩散现象。

锡焊就其本质上说是焊料与焊件在其界面上的扩散。焊件表面的清洁，焊件的加热是达到其扩散的基本条件。

（2）润　湿

润湿是发生在固体表面和液体之间的一种物理现象。如果液体能在固体表面漫流开，则认为这种液体能润湿该固体表面，润湿作用是物质所固有的一种性质。锡焊过程中，熔化的铅锡焊料和焊件之间的作用，正是这种润湿现象。如果焊料能润湿焊件，则认为它们之间可以焊接。

（3）结合层

焊料润湿焊件的过程中，符合金属扩散的条件，所以焊料和焊件的界面有扩散现象发生，这种扩散的结果，使得焊料和焊件界面上形成一种新的金属合金层，这称为结合层。结合层的成分既不同于焊料又不同于焊件，而是一种既有化学作用又有冶金作用的特殊层。

综上所述，关于锡焊的理性认识是将表面清洁的焊件与焊料加热到一定温度，焊料熔化并润湿焊件表面，在其界面上发生金属扩散并形成结合层，从而实现金属的焊接。

二、常用焊接材料

焊接材料包括焊料（又称焊锡）和焊剂（又称助焊剂），它对焊接质量的保证有决定性的影响。

1. 焊　料

焊料是易熔金属，熔点应低于被焊金属。焊料溶化时，在被焊金属表面形成合金而与被焊

金属连接到一起。目前主要使用锡铅焊料,也称焊锡。锡铅焊料(锡与铅熔合成合金)具有一系列锡与铅不具备的优点:

① 熔点低,有利于焊接。锡的熔点在 232 ℃,铅的熔点在 327 ℃,但是制成合金之后,它开始熔化的温度可以降到 183 ℃。

② 提高机械强度,锡和铅都是质软、强度小的金属,如果把两者熔为合金,则机械强度就会得到很大的提高。

③ 表面张力小,粘度下降,增大了液态流动性,利于焊接时形成可靠接头。

④ 抗氧化性好,铅具有抗氧化性的优点在合金中继续保持,使焊料在溶化时减少氧化量。

⑤ 降低价格,锡是非常贵的金属,而铅很便宜,铅的成分越多,焊锡的价格也越便宜。

手工烙铁焊接常用管状焊锡丝,它是将焊锡制成管状而内部充加助焊剂。为了提高焊锡的性能,在优质松香中加入活性剂。焊料成分一般是含锡量为 60%~65% 的锡铅合金。焊锡丝直径有 0.5、0.8、0.9、1.0、1.2、1.5、2.0、2.3、2.5、3.0、4.0、5.0,单位是 mm 等。

2. 焊剂(助焊剂)

用于清除氧化膜,保证焊锡浸润的一种化学剂。

(1) 助焊剂的作用

除去氧化膜的实质是助焊剂中的氯化物、酸类同氧化物发生还原反应,以此消除氧化膜。反应后的生成物变成悬浮的渣,漂浮在焊料表面,防止再次氧化。液态的焊锡及加热的焊件金属都容易与空气中的氧接触而氧化。助焊剂在熔化后,漂浮在焊料表面,形成隔离层,因而防止焊接面的氧化,减小表面张力。增加焊锡的流动性,有助于焊锡浸润,使焊点美观。助焊剂具备控制含锡量、整理焊点形状、保持焊点表面光泽的作用。

(2) 对于助焊剂的要求

熔点应低于焊锡,加热过程中热稳定性好。浸润金属表面能力强,并应有较强的破坏金属表面氧化膜层的能力。它的各组成成分不与焊料或金属反应,无腐蚀性,呈中性,不易吸湿,易于清洗去除。

三、手工烙铁锡焊操作技能

1. 五步操作法

使用手工电烙铁焊接时,一般应按以下五个步骤进行,简称"五步操作法"。

① 准备 将被焊件、电烙铁、焊锡丝、烙铁架等准备好,并放置于便于操作的地方。焊接前要先将烙铁头放在松香或蘸水海棉上轻轻擦拭,以去除氧化物残渣。

② 加热被焊件 将烙铁头放置在被焊件的焊接点上,使焊接点升温。若烙铁头上带有少量焊料,可使烙铁头的热量较快传到焊点上。

③ 熔化焊料 将焊接点加热到一定温度后,用焊锡丝触到焊接件处,熔化适量的焊料。焊锡丝应从烙铁头的对称侧加入,而不是直接加在烙铁头上。

④ 移开焊锡丝 焊锡丝适量熔化后,迅速移开焊锡丝。

⑤ 移开烙铁 当焊接点上的焊料流散接近饱满,助焊剂尚未完全挥发,也就是焊接点上的温度最适当、焊锡最光亮、流动性最强的时刻,迅速拿开烙铁头。移开烙铁头的时机、方向和速度,决定焊接点的焊接质量。正确的方法是先慢后快,烙铁头沿 45°角方向移动,并在将要离开焊接点时快速往回一带,然后迅速离开焊接点,如图 5-33 所示。

模块五　电子技术基本操作

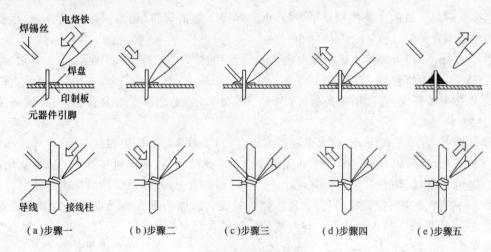

图 5-33　五步操作法

2. 手工锡焊要点

以下几个要点是由锡焊机理引出并被实际经验证明具有普遍适用性。

① 掌握好加热时间　在保证焊料润湿焊件的前提下时间越短越好。

② 保持合适的温度　保持烙铁头在合理的温度范围。一般经验是烙铁头温度比焊料熔化温度高 50 ℃较为适宜。

③ 用烙铁头对焊点施力是有害的　烙铁头把热量传给焊点主要靠增加接触面积,用烙铁对焊点加力对加热是无用的。如在很多情况下会造成被焊件的损伤,像电位器、开关、接插件的焊接点往往都是固定在塑料构件上,加力的结果容易造成元件失效。

四、典型焊点的形成及其外观

在单面和双面(多层)印制电路板上,焊点的形成是有区别的,如图 5-34 所示。

在单面板上,焊点仅形成在焊接面的焊盘上方;但在双面板或多层板上,熔融的焊料不仅浸润焊盘上方,还由于毛细孔的作用,渗透到金属化孔内,焊点形成的区域包括焊接面的焊盘上方、金属化孔内和元件面上的部分焊盘。

参见图 5-35,从外表直观看典型焊点,其要求是:

① 形状为近似圆锥而表面稍微凹陷,呈漫坡状,以焊接导线为中心,对称成裙形展开。虚焊点的表面往往向外凸出,可以鉴别出来。

② 焊点上,焊料的连接面呈凹形自然过渡,焊锡和焊件的交界处平滑,接触角尽可能小。

③ 表面平滑,有金属光泽。

④ 无裂纹、针孔和夹渣。

五、印制电路板中元器件的插装形式

元器件的插装方法可分为手工插装和自动插装。不论采用哪种插装方法,其插装形式都可分为立式插装、卧式插装、倒立插装、横向插装和嵌入插装。

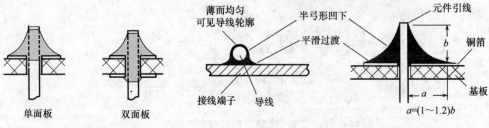

图 5-34 焊点的形成　　　　图 5-35 典型焊点的外观

1. 卧式插装法

卧式插装法是将元器件紧贴印制电路板的板面水平放置,元器件与印制电路板之间的距离可视具体要求而定,如图 5-36 所示。

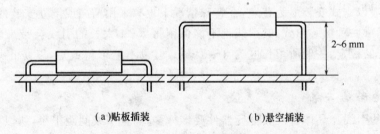

(a) 贴板插装　　　　(b) 悬空插装

图 5-36 卧式插装法

卧式插装法的优点是稳定性好,比较牢固,受震动时不易脱落。卧式插装法分为贴板与悬空插装。贴板插装稳定性好,插装简单,但不利于散热,且对某些安装位置不适应,如图 5-36(a)所示。悬空插装适应范围广,有利于散热,但插装较复杂,需控制一定高度以保持美观一致(见图 5-36(b)),悬空高度一般取 2~6 mm。插装时应首先保证图纸中安装工艺要求,其次按实际安装位置确定。无特殊要求时,只要位置允许,采用贴板安装较为常用。

2. 立式插装法

立式插装是将元器件垂直插入印制电路板,如图 5-37 所示。立式插装的优点是插装密度大,占用印制电路板的面积小,插装与拆卸都比较方便。电容、三极管多数采用这种方法。

元器件的安装方法与印制电路板的设计有关,应视具体要求分别采用卧式或立式。安装时应注意元器件字符标记方向一致,容易读出,如图 5-38 所示。

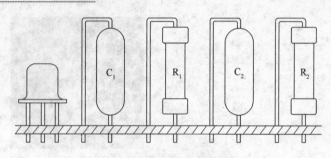

图 5-37 立式插装法

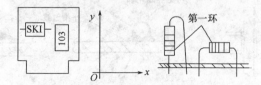

图 5-38 安装方向符合阅读习惯

六、晶体管和集成电路在印制电路板的安装

1. 晶体管的安装

晶体管在安装前一定要识别引脚,弄清楚哪个是集电极、哪个是基极、哪个是发射极。晶体管的安装一般以立式安装最为普遍,在特殊情况下也有采用横向或倒立安装的。如图 5-39 所示,不论采用哪一种插装形式,其引线都不能保留得太长,太长的引线会带来较大的分布参数,降低晶体管的稳定,一般所留长度为 3~5 mm,但也不能留得太短,以防止焊接时过热而损坏晶体管。

2. 集成电路的安装

集成电路的引线比晶体管及其他元器件要多得多,而且引线间距很小,所以安装和焊接的难度要比晶体管大。集成电路在装入电路板前,首先要弄清引脚的排列与孔位是否能对准,否则不是装错就是装不进去。插装集成电路引脚时,用力不能过猛,以防止弄断和弄偏引脚。

集成电路的封装形式有晶体管式封装、单列直插式封装、双列直插式封装和扁平式封装。在使用时,一定要弄清引脚的排列顺序及第一引脚是哪一个,然后再插入印制电路板,不能插错。

元件插装时应遵循的原则:

① 先小后大,先轻后重,先低后高,先里后外的原则进行插装。

② 插装的元件要保持标记向正视面,这易查看,方向一致。

③ 对于以色环来区别标称值类的元件,插装时应注意其读值方向,均按照从上向下读值规律进行插装。

④ 在插装时必须安插到位,除有特殊要求外,立式元件应插装直立紧贴于电路板上。

七、元器件的引脚成形处理

1. 元器件引线的成形

在组装印制电路板时,为提高焊接质量、避免浮焊,使元器件排列整齐、美观,对元器件引

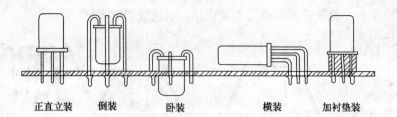

(a)小功率晶体三极管安装方法

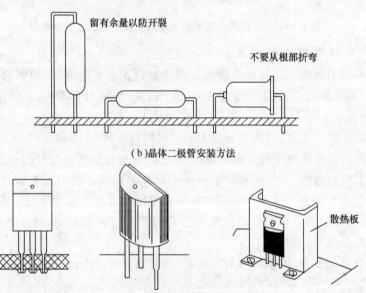

(b)晶体二极管安装方法

(c)塑料封装管的安装方法

图5-39 晶体管的安装

线的加工就成为不可缺少的一个步骤。元器件引线成形在工厂多采用模具,也可以用尖嘴钳和镊子加工。元器件引线的折弯成形,应根据元器件本身的封装外形和印制电路板上焊点间距,做成需要的形状,图5-40所示为引线折弯的各种形状。图5-40(a)、(b)、(c)所示为卧式形状,图5-40(d)、(e)所示为立式形状。图5-40(a)可直接贴到印制电路板上;图5-40(b)、(d)则要求与印制电路板有2~6 mm的距离,用于双面印制电路板或发热元器件;图5-40(c)、(e)引线较长,多用于焊接时怕热的元器件。

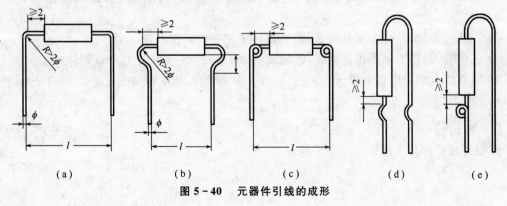

图5-40 元器件引线的成形

图 5-41 所示为三极管和圆形外壳集成电路的引线成形要求。

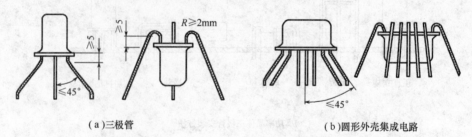

(a)三极管　　　　　　　　　(b)圆形外壳集成电路

图 5-41　三极管和圆形外壳集成电路的引线成形要求

2. 元器件引线成形的技术要求

① 所有元器件引线均不得从根部弯曲。因为制造工艺上的原因，根部容易折断，一般应留 2 mm 以上。引线成形后，元器件本体不应产生破裂，表面封装不应损坏，引线弯曲部分不允许出现模印裂纹。

② 弯曲一般不要成死角，圆弧半径应大于一引线直径的 1~2 倍。

③ 引线成形后其标称值应处于查看方便的位置，一般应位于元器件的上表面或外表面。

④ 元器件引线的搪锡：因长期暴露于空气中存放的元器件的引线表面有氧化层，为提高其可焊性，必须作搪锡处理。元器件引线在搪锡前可用刮刀或砂纸去除元器件引线的氧化层。注意不要划伤和折断引线。但对扁平封装的集成电路，则不能用刮刀，而只能用绘图橡皮轻擦清除氧化层，并应先成形，后搪锡。

注意：如果是新元器件，其引脚没有氧化层，也可以直接成形，不需搪锡处理。

【任务实施】

1. 器材准备及引脚处理

常用的电子装配工具及电阻、电容、晶体管和印制电路板等。根据元器件引线的成形工艺要求，分别对电阻、电容、晶体管的引脚进行处理。

2. 装配图的相关练习

按照图 5-42 所示的装配图的具体装配要求：

① R_1~R_5 卧式插装，高度要求为元件体离开板面 5 mm，色环标志顺序方向一致。

② R_6~R_{10} 立式插装，色环标志顺序方向一致。

③ 电容 C_1~C_5 立式插装在图上所标注的位置，高度要求元件底部离万能电路板距 8 mm。

④ 二极管采用 D_1~D_4 采用卧式插装，高度要求管体离板面 5 mm。

⑤ 三极管 V1、V2 采用正直立装，管底离板面 8 mm。

⑥ 所有焊点均采用直角焊，焊接完成后剪去多余引脚，留头在焊面以上 0.5~1 mm，且不能损伤焊接面。

【任务评价】

元器件插装焊接成绩评分标准见附表 5-6。

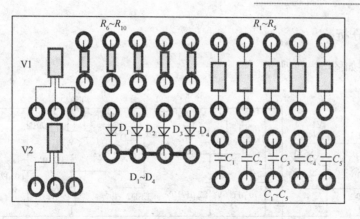

图 5-42 装配图

课题七 多用充电器的制作

【任务引入】

组装技术是将电子零部件按设计要求装成整机的多种技术的综合，是电子产品生产构成中极其重要的环节。调试则是按照产品设计要求实现产品功能和优化的过程。掌握安装技术工艺知识和调试技术对电子产品的设计、制造、使用和维修都是不可缺少的。本课题以多用充电器为载体训练同学们装配与调试电子产品的能力。

【任务分析】

该任务要求根据所提供的该产品的电路原理图、印制板装配焊接图以及整机装配图，学生独立完成产品的组装调试。任务主要包括产品所提供的元器件进行检查识别，并根据所提供接线图对元器件进行合理正确的插装并进行焊接，最后进行整机的装配和调试。

【相关知识】

一、产品简介

本产品可将 220 V 的交流电压转换成 3～6 V 直流稳压电源，可作为收音机等小型电器的外接电源，并可对 1～5 节镍铬或镍氢电池进行恒流充电，性能优于市场一般直流电源及充电器，具有较高的性价比和可靠性，如图 5-43 所示。

主要性能指标如下：

① 输入电压　交流 220 V，输出电压：分三挡（即 3 V、4.5 V、6 V），各挡误差为 ±10%。

② 输出直流电流　额定值 150 mA，最大 300 mA。

③ 过载、短路保护，故障消除后自动恢复。

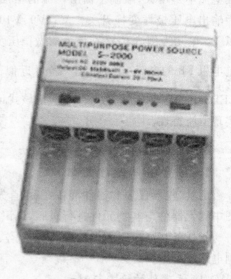

图 5-43 产品外观

④ 充电稳定电流　$60(1\pm10\%)$ mA 可对 1～5 节 5 号镍铬电池充电，充电时间 10～12 h。

二、电路分析

电路原理图如图 5-44 所示。

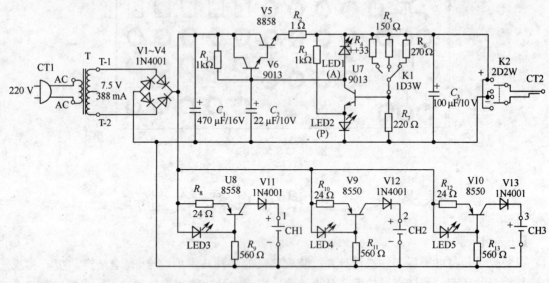

图 5-44 电路原理图

由图 5-44 可见，变压器 T 及二极管 V1~V4，电容 C_1 构成典型全波整流电容滤波电路，后面电路若去掉 R_1 及 LED1，则是典型的串联稳压电路。其中 LED2 兼做电源指示及稳压管作用，当流经该发光二极管的电流变化不大时其正向压降较为稳定（约为 1.9 V 左右），因此可作为低电压稳压管来使用。R_2 及 LED1 组成简单过载及短路保护电路，LED1 兼做过载指示。输出电流增大时 R_2 上压降增大，当增大到一定数值后 LED1 导通，使调整管 V5、V6 的基极电流不再增大，限制了输出电流的增加，起到限流保护作用。K1 为输出电压选择开关，K2 为输出电压极性变换开关。V8、V9、V10 及其相应元器件组成三路完全相同的恒流源电路，以 V8 单元为例，LED3 在该处兼做稳压及充电指示双重作用，V11 可防止电池极性接错。通过电阻 R8 的电流（即输出整流）可近似的表示为：$I_0 = \dfrac{U_z - U_{be}}{R_8}$，其中 I_0 为输出电流，U_z 为 LED3 上的正向压降，取 1.9 V。由该式可以看出 I_0 主要取决于 U_z 的稳定性，而与负载无关，实现恒流特性。

【任务实施】

1. 结合图纸进行装配

工具、仪器仪表和器件准备好后，首先对照电路原理图，看懂印制电路板电路图。将电路图中的元器件与实物元件进行对照，认识实物元件，并对元件进行检测。

此任务在高级工教学阶段，可让同学们自己通过绘图软件设计印制电路板，并动手制作印制电路板。

（1）元器件的检查与测试

① 逐一检查测试电阻的阻值是否合格；

② 判断电解电容是否漏电并判别引脚极性；

③ 利用万用表检测二极管的正反向电阻极性标志是否正确;
④ 利用万用表检测发光二极管的极性和好坏;
⑤ 检测变压器绕组有无断、短路情况,电压是否正确;
⑥ 检测判别三极管的极性和类别及质量好坏;
⑦ 检测开关通断是否可靠。

(2) 印制板 A 的安装

按图 5-45 所示的位置,将元器件全部卧式焊接(见图 5-46),注意元器件的引脚的处理成形以及二极管、三极管、电解电容的极性。

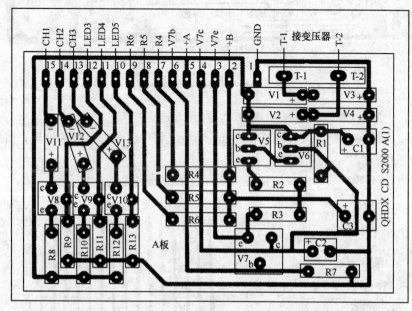

图 5-45 印制板 A 的安装图

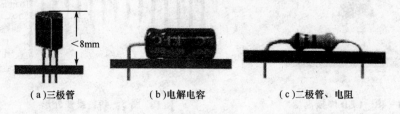

(a)三极管　　　(b)电解电容　　　(c)二极管、电阻

图 5-46 元器件卧式焊接

(3) 印制板 B 的安装

① 按图 5-47 所示的位置,将 K1、K2 从元件面插入,并且必须装到底。

② LED1~LED5 的焊接高度如图 5-48 所示,要求发光管顶部距离印制板高度为 13.5 mm。让 5 个发光管露出机壳 1.5 mm 左右,且排列整齐。注意颜色和极性。

③ 排线的焊接:本排线为 15 根线组成,制作步骤如下:

· 在排线两端用剪刀将 15 根线分开,A 端分开的深度为 25 mm,B 端分开的深度为 10 mm。

· 将 A 端左右各 4 根线(即第 2~5 根和 11~14 根)分别依次剪短,剪短的形状如

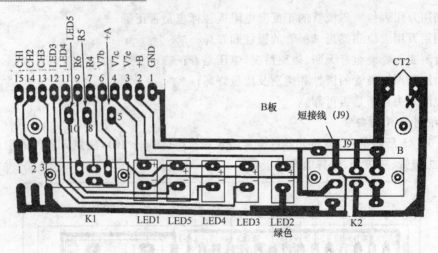

图 5-47　印制板 B 的安装图

图 5-49 所示,中间 5 根线(即第 6~10 根)均剪短 15 mm。

- 将 15 根线的两头剥去线皮约 3~4 mm,然后把每个线头的多股线绞合,并镀锡。注意不能有毛刺。
- 将 15 线排线 B 端与印制板 B 的 1~15 焊盘依次顺序焊接。

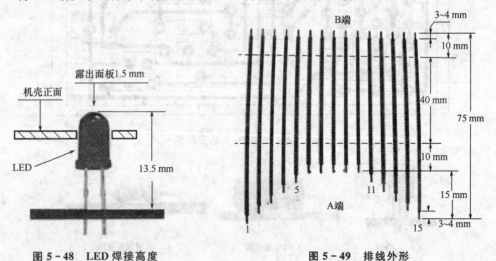

图 5-48　LED 焊接高度　　　　图 5-49　排线外形

- 焊接十字插头线 CT2,注意插头的正负极性。
- 焊接开关 K2 旁边的短接线 J9。
- 以上焊接完成后,按图检查正确无误后,待整机装接。

(4) 整机装配工艺

1) 装接电池架正极片和负极弹簧

① 将正极片凸面向下,将 J1、J2、J3、J4、J5 五根导线分别焊在正极片凹面焊接点上,如图 5-50 所示。

② 安装负极弹簧,在距弹簧第一圈起始点 5 mm 处镀锡分别将 J6、J7、J8 三根导线与弹簧焊接,如图 5-51 所示。

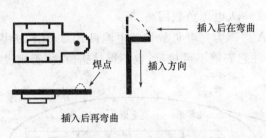
图5-50 正极片安装

图5-51 负极片安装

2) 电源线连接

把电源线 CT1 焊接至变压器交流 220 V 输入端,两接点用热缩套管绝缘。具体步骤如图 5-52 所示。

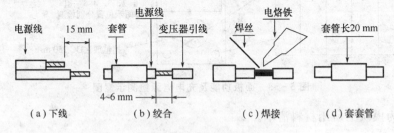
图5-52 电源线连接方法

3) 焊接 A 板与 B 板以及变压器的所有连线

① 变压器副边引出线焊至 A 板 T-1、T-2。

② B 板与 A 板用 15 线排线对号按顺序焊接。

4) 焊接印制板 B 与电池片间的连线

将 J1、J2、J3、J6、J7、J8 分别焊接在 B 板的相应点上。

5) 装入机壳

在完成上述工作后,检查安装的正确性和可靠性,然后按下面步骤装入机壳。

① 将焊好的正极片先插入机壳的正极片插槽内,然后将其弯曲 90°。

② 按装配图所示位置将弹簧插入槽内,焊点在上面。在插左右两个弹簧前应先将 J4、J5 两根线焊接在弹簧上后再插入相应的槽内。

③ 将变压器副边引出线朝上,放入机壳的固定槽内。

2. 检测调试

(1) 自 检

装配完毕后,按原理图及工艺要求检查整机安装情况,着重检查电源线,变压器连线,输出连接线,及 A、B 两块印制板的连线是否正确、可靠,连线与印制板相邻导线及焊点有无短路及其他缺陷。

(2) 通电检查

① 电压可调 在十字头输出端测输出电压(注意电压表极性),所测电压值应与面板指示相对应。拨动开关 K1,输出电压相应变化,并记录该值。

② 极性转换 按面板所示开关 K2 位置,检查电源输出电压极性能否转换,应与面板所示位置相吻合。

模块五 电子技术基本操作

③ 过载保护 将万用表 DC 500 mA 串入电源负载回路。

④ 充电检测 将万用表 DC 500 mA 挡作为充电负载代替电池;LED3～LED5 应按面板指示位置相应点亮,电流值应为 60 mA;注意表笔不可接反,也不得接错位置,否则没有电流,如图 5-53 所示。

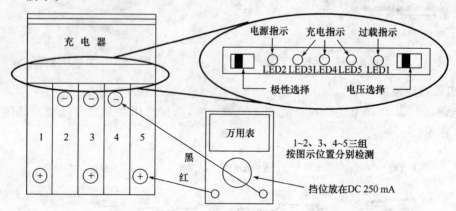

图 5-53 面板功能及充电电源检测示意图

表 5-9 为模块七所用材料清单。

表 5-9 材料清单

序号	代号	名称	规格及型号	数量	备注	检查
1	V_1～V_4 V_{11}～V_{13}	二极管	1N4001(1A/50V)	7	A	
2	V_5	三极管	8050(NPN)	1	A	
3	V_6,V_7	三极管	9013(NPN)	2	A	
4	V_8,V_9,V_{10}	三极管	8550(PNP)	3	A	
5	$LED_{1,3,4,5}$	发光二极管	φ3 红色	4	B	
6	LED_2	发光二极管	φ3 绿色	1	B	
7	C_1	电解电容	470 μF/16V	1	A	
8	C_2	电解电容	22 μF/10V	1	A	
9	C_3	电解电容	100 μF/10V	1	A	
10	R_1,R_3	电阻	1 kΩ(1/8 W)	2	A	
11	R_2	电阻	1 Ω(1/8 W)	1	A	
12	R_4	电阻	33 Ω(1/8 W)	1	A	
13	R_5	电阻	150 Ω(1/8 W)	1	A	
14	R_6	电阻	270 Ω(1/8 W)	1	A	
15	R_7	电阻	220 Ω(1/8 W)	1	A	
16	R_8,R_{10},R_{12}	电阻	24 Ω(1/8 W)	3	A	
17	R_9,R_{11},R_{13}	电阻	560 Ω(1/8 W)	3	A	
18	K1	拨动开关	1D3W	1	B	
19	K2	拨动开关	2D2W	1	B	
20	CT_2	十字插头线		1	B	

续表 5-9

序号	代号	名 称	规格及型号	数量	备 注	检 查
21	CT₁	电源插头线	2A,220 A	1	接变压器 AC-AC 端	
22	T	电源变压器	3W 7.5 V	1	JK	
23	A	印制线路板(A)	大 板	1	JK	
24	B	印制线路板(B)	小 板	1	JK	
25		机壳 后盖 上盖	套	1	JK	
26	TH	弹簧(塔簧)		5	JK	
27	ZJ	正极片		5	JK	
28		自攻螺钉	M2.5	2	固定印制线路板小板(B)	
29		自攻螺钉	M3	3	固定机壳后盖	
30	PX	排线(15P)	75 mm	1	(A)板与(B)板间的连接线	
31	JX 接线	J₁ J₂ J₃,J₄,J₅ J₆ J₇	160 mm 125 mm 80 mm 35 mm 55 mm	1 1 3 1 1	注:J₉(印制板 B 上面的开关 K₂ 旁边的短接线)可采用硬裸线或元器件腿	

注:备注栏中的"A"表示该元件应安装在大板(A)上,"B"表示该元件应安装在小板(B)上,"JK"表示该零件应安装到机壳中。检查栏用于同学自检记录。

【任务评价】

制作多用充电器成绩评分标准见附表 5-7。

课题八 光控音乐电路

【任务引入】

在实际应用的电子产品中,经常需要电信号和其他信号之间的转换。例如恒温室的温度也需要根据温度的变化控制电信号,对温度进行调节。本课题是制作一个光控音乐电路,通过光信号和电信号之间的相互转换实现对音乐的控制。根据原理图,训练学生对各部分电路进行焊接和调试。

【任务分析】

本任务就是根据原理图,利用仪器设备对元件进行检测及处理,并对电路进行合理的总体布局组装调试,使学生能够独立完成整个任务。

【相关知识】

一、光敏三极管

1. 光敏三极管结构及符号

光敏三极管和普通三极管相似,也有电流放大作用,只是它的集电极电流不只是受基极电路和电流的控制,同时也受光辐射的控制。通常基极已在管内连接,不引出,只有集电极和发射极两根引出线。但一些光敏三极管的基极有引出,用于温度补偿和附加控制等作用,其结构如图 5-54 所示。

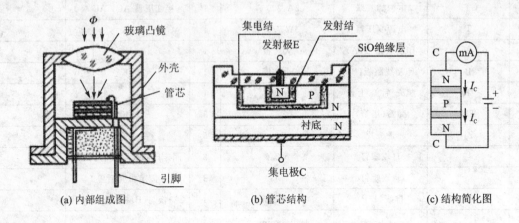

图 5-54 光敏三极管结构组成图

为适应光电转换要求,它的基区面积做得较大,发射区面积做得较小,入射光被基区吸收。

工作时,NPN 光敏三极管的集电极接正电位,发射极接负电位,符号如图 5-55 所示。

图 5-55 光敏三极管符号图

2. 光敏三极管特性曲线

图 5-56 为照度特性曲线,图 5-57 为波长特性曲线。

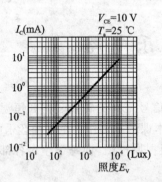

图 5-56 照度特性曲线

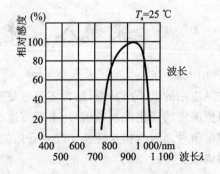

图 5-57 波长特性曲线

二、电路分析

光控音乐电路原理图如图 5-58 所示。

图 5-58 中,光敏三极管 V1、三极管 V2 和电阻器组成光电转换电路;三极管 V3 和 V4、二极管 VD1、发光二极管 VD2 及直流继电器 K 组成开关电路。电路接上电源后,对光敏三极管 V1 进行光照,此时光敏三极管产生光电流,在 R_1 上产生电压降,使 V2 的基极电位上升并饱和导通,在 R_2 上输出高电压,促使 V3、V4 饱和导通,继电器 K 线圈得电,常开触点闭合,为音乐电路接通电源。放出的音乐通过 V6 控制发光二极管 VD3、VD4 的亮暗程度,声音越大,

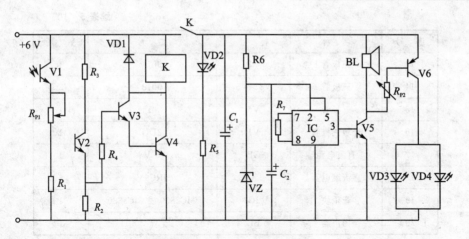

图 5-58 光控音乐电路原理图

V6 三极管压降越小,发光二极管越亮。

光敏三极管失去光照时,只有很小的暗电流,V2 截止,R_2 上输出电压为 0,V3、V4 截止,继电器不工作,常开触点断开,发光二极管 VD2 不亮。音乐集成块 IC 没有电源供电,电路停止工作。

【任务实施】

1. 结合原理图装接电路

工具、仪器仪表和元器件准备好之后,对照原理图,将电路图中的元器件与实物元件进行对照并逐个检测。

(1) 元器件的检查与测试

表 5-10 为光控音乐电路所用元件明细表。

表 5-10 光控音乐电路元件明细表

序号	名称	标号	型号	数量
1	电阻器	R_1	0.25 W 3.3 kΩ	1
2	电阻器	R_2、R_3	0.25 W 5 kΩ	2
3	电阻器	R_4	0.25 W 10 kΩ	1
4	电阻器	R_5、R_6	0.25 W 1.2 kΩ	2
5	电阻器	R_7	0.25 W 68 kΩ	1
6	电位器	R_{P1}	0.25 W~0.5 W 1 kΩ	1
7	电位器	R_{P2}	0.25 W~0.5 W 10 kΩ	1
8	电容器	C_1	10 V 47 μF	1
9	电容器	C_2	10 V 33 μF	1
10	二极管	VD1	IN4148	1
11	发光二极管	VD2~VD4	FW314001	3
12	稳压二极管	VZ	2CW51	1

续表 5-10

序号	名称	标号	型号	数量
13	三极管	V2	9011	1
14	三极管	V3～V5	9013	3
15	三极管	V6	9014	1
16	光敏三极管	V1	3DU	1
17	直流电源	GB	6 V	1
18	直流继电器	K	JRC6V	1
19	音乐块	IC	CIC2850 或 CIC3830	1
20	扬声器	BL	0.25 W 8 Ω	1

① 正确检测本电路使用的电阻、电容及二极管,查清和确认参数并做好标记。
② 通电检测直流继电器和发光二极管是否能够正常工作。
③ 正确检测光敏三极管能够正常工作。

用万用表欧姆挡测量,将红表笔固定在光敏三极管的任意一极,黑表笔接另一电极,用光照射光敏三极管的受光端,如果电阻变小,则黑表笔所接触的电极为集电极,红表笔所接触的电极为发射极,证明三极管是好的。去除光照后,电阻会变大。

④ 对要使用的元件进行清污、镀锡和成形处理。

(2) 元件布局走线及焊接

电路进行安装前,要考虑主要元件的位置,摆放方向要有利于走线和周围器件的排列,要考虑整体布局和整体美观。

元件引脚之间不要相互碰连,布线要求横平竖直,可以使用镀锡裸线或绝缘细线,焊接前要拉紧。焊接面的焊点要均匀一致,表面光亮,无虚焊和假焊,提高焊接速度和质量。

2. 检测与调试

(1) 转换电路调试

接通电路电源,用灯光或明亮的阳光照射光电三极管透光处,用万用表测量电压,调整 R_{P1},使 R_1 上的电压升到 3.5 V 左右,测量 V2 管的 U_{CE} 电压,使 V2 导通。V2 管饱和导通后,R_2 上的电压为 3 V 左右,可适当更换 V2,调整 R_2 的大小,以提高或降低灵敏度。

(2) 开关控制电路调试

开关控制电路的调整主要是使直流继电器可靠地吸合和断电。在三极管 V2 正向导通情况下,主要是调整 R_4 的大小,使 V3、V4 复合管工作在截止和饱和状态。由于直流继电器有一定的电压工作范围,当 V3、V4 没有工作在截止、饱和状态时,直流继电器吸合和释放;当容易出现工作不稳定的情况,调试时应当注意。如果工作状态不敏感,可调整 R_{P1},或更换放大倍数大的三极管 V2。

(3) 音乐播放电路的调试

音乐播放电路的工作是靠继电器触点通、断电控制的,当电路不工作时,应首先检查音乐集成块的外围电路和元件,确认外围元件正常后,再检查集成块是否损坏或接触不良。音乐集成块音乐响起时,其声音信号经 R_{P2} 传给 V6 三极管进行放大,驱动 VD3、VD4 使二极管发光,并随音乐的声调而闪烁;若发光二极管过亮或过暗,则可调整R_{P2}或三极管。

【任务评价】

制作光控音乐电路成绩评分标准见附表 5-8。

课题九　温控电路制作

【任务引入】

能根据环境温度变化,自动开启加热或冷却设备,保持温度符合要求的电路,称为温度控制电路。在日常用的微波炉、电冰箱等电器中都需要对温度进行控制,但这些设备都不能自动感知温度的变化。若要使电器自动工作,温控电路可以解决这个问题。这可使这些设备能够根据温度的变化自动调整设备,为生活、生产服务。

【任务分析】

本任务通过仪器设备对温控电路所需元件进行检测及处理,并对电路进行合理的总体布局及焊接,正确分析电路原理图,运用设备对电路中的光敏电阻参数进行测试,测试合格后,对整个电路进行调试,达到电路正常工作的目的。希望学生能够独立完成整个任务。

【相关知识】

一、热敏电阻

1. 热敏电阻的分类和符号

热敏电阻是一种对温度特别敏感的元件,电阻值随温度的变化而发生变化。一般分为负电阻温度系数热敏电阻器(NTC)和正电阻温度系数热敏电阻器(PTC)。

正电阻温度系数热敏电阻器(PTC):在工作温度范围内,热敏电阻的阻值随温度升高而急剧增大。

负电阻温度系数热敏电阻器(NTC):在工作温度范围内,热敏电阻的阻值随温度升高而急剧减小。

典型情况下,热敏电阻具有较高的灵敏度(约 200 Ω/℃),这使得它对温度的变化非常灵敏。虽然热敏电阻具有极高的响应速率,但它的使用限于最高为 300 ℃ 的温度范围。该特性及其高标称阻抗,有助于在较低温度的应用中提供精确的测量结果。

常见的热敏电阻如图 5-59(a)、(b)所示。热敏电阻符号如图 5-60 所示。

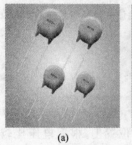

(a)

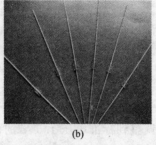

(b)

图 5-59　常见的热敏电阻

图 5-60　热敏电阻符号

2. 热敏电阻特性曲线

电阻-温度特性：在规定电压下，PTC 热敏电阻器的零功率电阻值与电阻本体温度之间的关系如图 5-61 所示。

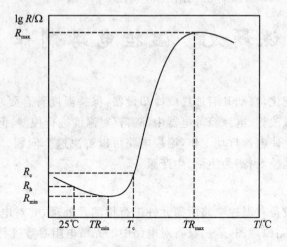

图 5-61 电阻-温度特性曲线

电压-电流特性曲线：在 25 ℃ 的静止空气中，加在热敏电阻器引出端的电压与达到热平衡的稳态条件下的电流之间的关系如图 5-62 所示。

电流-时间特性：指热敏电阻器在施加电压过程中，电流随时间的变化特性如图 5-63 所示。

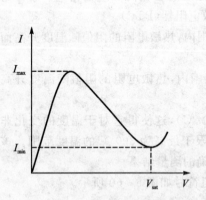

图 5-62 电压—电流特性曲线

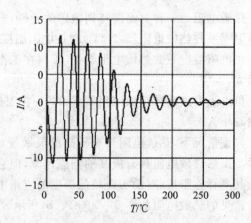

图 5-63 电流—时间特性曲线

二、电路分析

电路原理图如图 5-64 所示。

如图 5-64 所示，在气温 25℃，热敏电阻阻值为 390 Ω 情况下，电压比较器 LM393 的反相输入端应为 3.14 V。假设电位器 R_P 调整到标准电压 1.5 V 的位置上，根据电压比较器的特性，比较器输出低电平，三极管 VT 导通，继电器 K 常开触点吸合，电热丝 EH 通电，进行加热，热敏电阻温度升高，两端电阻下降，电压也开始下降，电压比较器反相输入端电压也下降。

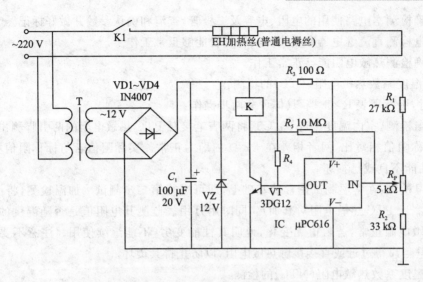

图 5-64 温控电路原理图

当热敏电阻两端电压降低到 1.5 V 时,电压比较器输出高电压,三极管截止,继电器常开触点分段,电热丝断电,停止加热,热敏电阻温度降低,两端电阻增大,电压上升,比较器反相输入端电压上升,当电压超过 1.5 V 时,比较器输出低电平,三极管导通,继电器常开触点吸合,电热丝通电,进行加热,如此循环,就实现了恒温控制。

【任务实施】

1. 结合原理图装接电路

工具、仪器仪表和元器件准备好之后,对照原理图,将电路图中的元器件与实物元件进行对照并逐个检测。

(1) 元器件的检查与测试

表 5-11 所列为温控电路所用元件明细。

表 5-11 温控电路元件明细表

序 号	名 称	标 号	型 号	数 量
1	电阻器	R_1	0.25 W 27 kΩ	1
2	电阻器	R_2	0.25 W 33 kΩ	1
3	电阻器	R_3、R_4	0.25 W 100 Ω	2
4	电阻器	R_5	0.25 W 10 MΩ	1
5	电位器	R_{P1}	0.25 W~0.5 W 5 kΩ	1
6	电容器	C_1	20 V 100 μF	1
7	二极管	VD1~VD4	IN4007	4
8	三极管	VT	3DG12	1
9	稳压二极管	VS	IN4742	1
10	电压比较器		LM393	1
11	开关	K1		1
12	加热丝	EH		1

1) 正确检测本电路使用的电阻、电容及二极管,查清和确认参数并做好标记。

2) 通电检测直流继电器和发光二极管是否能够正常工作。

3) 正确检测热敏电阻能够正常工作。

A. 正温度系数热敏电阻(PTC)的检测:

检测时,用万用表 R×1 挡,具体可分两步操作:

ⓐ 常温检测(室内温度接近 25 ℃):将两表笔接触 PTC 热敏电阻的两引脚测出其实际阻值,并与标称阻值相对比,两者相差在 ±2 Ω 内即为正常。实际阻值若与标称阻值相差过大,则说明其性能不良或已损坏。

ⓑ 加温检测:在常温测试正常的基础上,即可进行第二步测试—加温检测,将一热源(例如电烙铁)靠近 PTC 热敏电阻对其加热,同时用万用表监测其电阻值是否随温度的升高而增大,说明热敏电阻正常,若阻值无变化,说明其性能变劣,不能继续使用。注意不要使热源与 PTC 热敏电阻靠得过近或直接接触热敏电阻,以防止将其烫坏。

B. 负温度系数热敏电阻(NTC)的检测:

ⓐ 测量标称电阻值 R_t:用万用表测量 NTC 热敏电阻的方法与测量普通固定电阻的方法相同,即根据 NTC 热敏电阻的标称阻值选择合适的电阻挡可直接测出 R_t 的实际值。但因 NTC 热敏电阻对温度很敏感,故测试时应注意以下几点:

① R_t 是生产厂家在环境温度为 25℃时所测得的,所以用万用表测量 R_t 时,亦应在环境温度接近 25℃时进行,以保证测试的可信度。

② 测量功率不得超过规定值,以免电流热效应引起测量误差。

③ 注意正确操作。测试时,不要用手捏住热敏电阻体,以防止人体温度对测试产生影响。

ⓑ 估测温度系数 α_t:先在室温 t_1 下测得电阻值 R_{t_1},再用电烙铁作热源,靠近热敏电阻 R_t,测出电阻值 R_{t_2},同时用温度计测出此时热敏电阻 R_t 表面的平均温度 t_2 再进行计算。

4) 对要使用的元件进行清污、镀锡和成形处理。

(2) 元件布局走线及焊接

电路进行安装前,要考虑主要元件的位置,摆放位置要有利于走线和周围器件的排列,要考虑整体布局和整体美观。

元件引脚之间不要相互碰连,布线要求横平竖直,可以使用镀锡裸线或绝缘细线,焊接前要拉紧。焊接面的焊点应均匀一致,表面光亮,无虚焊和假焊,提高焊接速度和质量。

2. 检测与调试

(1) 温度控制实验

取 12 V 直流电送入温度控制电路,220 V 交流电不接入,这时继电器应该吸合。如果继电器不吸合,则调整温度控制电位器向高温一端;如果经调整后,继电器能够吸合,那么温度控制电路工作正常,证明电路没有问题。

(2) 温控电路调试

1) 用万用表测量电压比较器芯片的正负极之间的电压。

2) 用万用表测量电压比较器同相输入端、反相输入端及输出端的电压,根据温控电路工作原理特点,判定电路是否能达到自动恒温的功能。

【任务评价】
制作温控电路成绩评分标准见附表 5-9。

课题十　水满告知箱电路制作

【任务引入】
太阳能热水器以其节能、安全、无污染等优点，深受众多家庭的青睐，但其水箱一般都安装在室外平房（或楼房）顶上，水的溢出是一个问题。水的溢出是通过溢水管有水流出来判断的，这不仅多用了一根溢水管，而且容易造成水的浪费。针对这个特点，设计水满告知器电路，通过声响告知水箱加水已满，省掉了溢水管，方便且实用。

【任务分析】
本任务利用仪器设备对水满告知箱电路元件检测及处理，并对电路进行合理的总体布局及焊接。正确分析电路原理图，运用设备对电路中的 KD9300 参数进行测试，测试合格后，对整个电路进行调试，达到电路正常工作的目的，学生能够独立完成整个任务。

【相关知识】

1. KD-9300 芯片的基本知识

KD-9300 型"叮咚"门铃是专用模拟声集成电路芯片。该集成电路用黑膏封装在一块 24 mm×12 mm 的小印制板上，并给有插焊外围元器件的孔眼，安装使用很方便。如果手头没有 KD-9300 型（见图 5-65）模拟声集成电路芯片，也可用芯片外观和引脚功能完全相同的 KD-153H 系列或 HFC1500 系列音乐集成电路芯片来代替。

2. 主要参数

图 5-65　KD-9300 外形图

KD-9300 的主要参数：工作电压范围 1.3～5 V，触发电流 ≤40 μA。当工作电压为 1.5 V 时，实测输出电流 ≥2 mA、静态总电流 <0.5 μA；工作温度范围 −10℃～60℃。

一、振荡基本知识

1. 振荡器
不需外加输入信号，便能自行产生输出信号的电路。

2. 振荡条件
① 振幅平衡条件是反馈电压幅值等于输入电压幅值。根据振幅平衡条件，可以确定振荡幅度的大小并研究振幅的稳定。
② 相位平衡条件是反馈电压与输入电压同相，即正反馈。根据相位平衡条件可以确定振荡器的工作频率和频率的稳定。

3. 分　类
下图是振荡电路的分类图。

模块五 电子技术基本操作

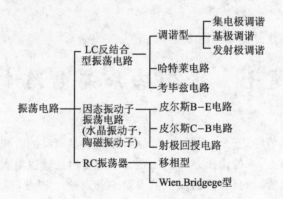

二、反馈基本知识

1. 反馈

在放大电路中,从输出端取出已被放大的部分或全部信号再回送到输入端,这称为反馈。

2. 基本类型

正反馈——输入量不变时,引入反馈后使净输入量增加,放大倍数增加。

负反馈——输入量不变时,引入反馈后使净输入量减小,放大倍数减小。

3. 判别方法

瞬时极性法。在输入端输入信号,若加强净输入信号为正反馈,否则为负反馈。

三、电路分析

太阳能热水器水满告知器的电路如图 5-66 所示。

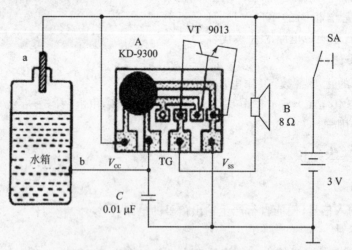

图 5-66 水满告知器电路原理图

水箱的金属外壳 b 和水位电极 a 构成了水满探测电路;模拟声集成电路 A、晶体三极管 VT 和扬声器 B 等构成了音响发生电路。

加水时,闭合电源开关 SA,由于 a、b 间呈开路状态,A 的触发端 TG 脚无高电平信号输入,所以 A 的内部电路不工作,扬声器 B 无声。当注入水箱的水达到限定容量时,水面与电极

a 接触，A 的 TG 脚通过水箱外壳 b、水的电阻（约几千欧姆）和电极 a，从电池 G 的正端获得高电平触发信号，于是 A 工作，所输出模拟声电信号经晶体三极管 VT 进行功率放大后，推动扬声器 B 反复发出清脆响亮的"叮—咚—"声来，告诉主人：水已满，关闭进水阀。

【任务实施】

1. 结合原理图装接电路

工具、仪器仪表和元器件准备好之后，对照原理图，将电路图中的元器件与实物元件进行对照并逐个检测。

（1）元器件的检查与测试

表 5-12 所列为水满告知箱电路所用元件明细。

表 5-12 水满告知箱电路元件明细表

序号	名称	标号	型号	数量
1	电容器	C	0.01 μF	1
2	集成电路芯片		KD-9300	1
3	三极管	VT	9013	1
4	带自锁的轻触开关	SA		1
5	扬声器	B	8 Ω	1
6	直流电源		3 V	1

① 正确检测本电路使用的三极管，查清和确认参数并做好标记。
② 通电检测电路是否能够正常工作。
③ 对要使用的元件进行清污、镀锡和成形处理。

（2）元件布局走线及焊接

电路进行安装前，要考虑主要元件的位置，摆放方向要有利于走线和周围器件的排列，要考虑整体布局和整体美观。

元件引脚之间不要相互碰连，布线要求横平竖直，可以使用镀锡裸线或绝缘细线，焊接前要拉紧。焊接时应特别注意：电烙铁外壳一定要良好接地，以免交流感应电压击穿 A 内部 CMOS 集成电路；盒面板开孔以固定电源开关 SA，并为扬声器 B 开出放音孔。将电极 a 用一段粗漆包线或塑皮硬导线，从水箱溢水口伸入水箱，注意既要固定牢靠，又要与水箱内壁保持绝缘，要求水满后水面正好与其端头相接触。电极 a、水箱外壳 b 通过双股软塑导线与安放在加水阀附近的告知器小盒相连即成。

焊接面的焊点要均匀一致，表面光亮，无虚焊和假焊，提高焊接速度和质量。

2. 检测与调试

（1）通电测试实验

用一个容器来模拟太阳能热水器的水箱，将一条导线放入容器底部，另一条放在顶部，按下开关，扬声器不响，向容器中倒水，当水面碰到容器顶部的导线时，扬声器发出警报声。如果扬声器不响，则说明电路有问题。

（2）水满告知器电路调试

① 接通电源，用万用表测量三极管两端工作电压并记录。

② 用示波器调试时，当警报声响测量扬声器两端的波形并记录。

【任务评价】

制作水满告知电路成绩评分标准见附表 5-10。

课题十一　十进制全加器译码显示电路制作

【任务引入】

随着微电子技术的快速发展，数字电子技术在电子设备中所占的比例也越来越大，其应用的范围涉及各个领域。特别是计算机的应用和发展，将数字电子技术推向新的高峰，对人们的生产、生活产生了重要的影响。数字电子技术的发展水平和应用的规模，已经成为衡量一个国家技术进步和工业发展水平的重要标志。数字集成电路的特点是：体积小、质量轻、工作稳定、功耗小、使用寿命长等。

【任务分析】

在信息技术高速发展的今天，计算机的应用更是越来越广泛，其内部硬件主要是数字集成电路，所处理的数据一般为二进制数，数据运算的结果需通过译码和显示集成电路转变为人们熟悉的十进制数。本任务就是装接一个十进制全加器及译码显示电路，通过数码开关输入 4 位二—十进制数，经过集成电路的全加运算、译码及数码显示，实现译码和显示。利用仪器设备，对拨码开关、全加器电路、译码器及显示电路进行调试，达到电路正常工作的目的，使学生能够独立完成整个任务。

【相关知识】

一、全加器 CD14560

CD14560 是一块十进制全加器集成电路，为 16 引脚双列直插封装结构，可以完成一位十进制数的全加运算。输入、输出都是 BCD 码中的自然数，称为 NBCD 全加器。封装图如图 5-67 所示。

1. 引脚功能

各引脚功能如图 5-68 所示。

图 5-67　CD14560 引脚封装图　　　　图 5-68　CD14560 引脚功能图

2. 全加器 CD14560 功能表

功能表如表 5-13 所列。

表 5-13　全加器 CD14560 功能表

输入								输出			
A4	A3	A2	A1	B4	B3	B2	B1	C0	FC4	F4	F3	F2	F1
0	0	0	0	0	0	0	0	0	0	0	0	0	0
0	0	0	0	0	0	0	1	0	0	0	0	0	1
0	1	0	0	0	0	0	1	0	0	0	1	0	1
0	1	0	0	0	0	1	1	0	0	0	1	1	1
0	1	0	1	0	0	1	1	0	0	1	0	0	0
⋮				⋮					⋮				
0	1	1	1	0	1	0	0	0	1	0	0	0	1
0	1	1	1	0	1	0	0	1	1	0	0	1	0
1	0	0	0	0	1	0	0	0	1	0	0	1	0
0	1	1	0	1	0	0	0	0	1	0	1	0	0
1	0	0	1	0	1	0	1	0	1	1	0	0	1

当和数大于 9（1001）时，将做加 6（0110）修正。例如：7+8=15，运算过程为：

```
      0111    (7)
  +   1000    (8)
      ————————
      1111    (15)9
  +   0110    (6)
      ————————
  (1) 0101    (5)     向高位进一位，和为 5
```

二、编码器 CD4511

编码器 CD4511 为 BCD 七段锁存译码、液晶显示驱动集成电路块，其功能是：从 D、C、B、A 端输入四位二—十进制 BCD 码，经过译码和锁存后，可输出 a、b、c、d、e、f、g 七位电平，驱动发光二极管数码显示电路。其封装为 16 脚双列直插式，如图 5-69 所示。

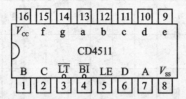

图 5-69　CD4511 封装图

1. 引脚功能

各引脚功能如图 5-70 所示。

① BCD 码输入端：⑥ ② ① ⑦
　　　　　　　↓ ↓ ↓ ↓
　　　　　　　D C B A
② 译码驱动输出端：⑬ ⑫ ⑪ ⑩ ⑨ ⑮ ⑭
　　　　　　　　　↓ ↓ ↓ ↓ ↓ ↓ ↓
　　　　　　　　　a b c d e f g
③ 功能端：③—LT测灯输入端，低电平有效；
　　　　　④—$\overline{BI}$灭灯输入端，低电平有效。
④ 使能端：⑤—LE，LE=1时，输出锁存；LE=0时，译码输出；
⑤ 电源端：⑯—电源正极；⑧—电源负极。

图 5-70　CD4511 引脚功能图

2. 编码器 CD4511 功能表

功能表如表 5-14 所列。

表 5-14　编码器 CD4511 功能表

输入							输出							显示
使能 LE	灭灯 $\overline{BI}$	测灯 $\overline{LT}$	D	C	B	A	a	b	c	d	e	f	g	
×	×	0	×	×	×	×	1	1	1	1	1	1	1	EI
×	0	1	×	×	×	×	0	0	0	0	0	0	0	消隐
0	1	1	0	0	0	0								
0	1	1	0	0	0	0	1	1	1	1	1	1	0	0
0	1	1	0	0	0	1	0	1	1	0	0	0	0	1
0	1	1	0	0	1	0	1	1	0	1	1	0	1	2
0	1	1	0	0	1	1	1	1	1	1	0	0	1	3
0	1	1	0	1	0	0	0	1	1	0	0	1	1	4
0	1	1	0	1	0	1	1	0	1	1	0	1	1	5
0	1	1	0	1	1	0	1	0	1	1	1	1	1	6
0	1	1	0	1	1	1	1	1	1	0	0	0	0	7
0	1	1	1	0	0	0	1	1	1	1	1	1	1	8
0	1	1	1	0	0	1	1	1	1	1	0	1	1	9
0	1	1	1	0	1	0	0	0	0	0	0	0	0	消隐
1	1	1	×	×	×	×	当 LE 从 0→1 时，由 BCD 码决定							锁存

三、发光二极管显示器

发光二极管显示器称为 LLD 数码显示器。它是利用发光二极管在正向电压作用下,通过一定的电流就发光的特点,把 7 个发光二极管分段封装在一起构成的。用数码管显示的发光二极管,多数为红色和绿色,分为一位和多位两种;按其连接的方式不同,又分为共阳极和共阴极两类,共阳极和共阴极指的是七段发光二极管 a~g 的公共电极是阳极还是阴极。受控极分别从 a~g 引出,其中 d、p 引脚代表小数点显示。外形图如图 5-71 所示。

LED 数码显示器根据译码结果的不同组合,驱动不同的发光二极管,从而显示不同的数字。7 个发光二极管制成条形,分别用 a,b,c,d,e,f,g 表示,代表数码的笔画,有选择地使有关段发光,从而完成数字 0~9 的显示,即发光代表小数点显示。LED 数码显示方式如表 5-15 所列。

图 5-71　发光二极管显示器外形

表 5-15　LED 数码显示方式

七段表示法	显示方式									
	0	1	2	3	4	5	6	7	8	9
	0	1	2	3	4	5	6	7	8	9

四、电路分析

电路原理图如图 5-72 所示。

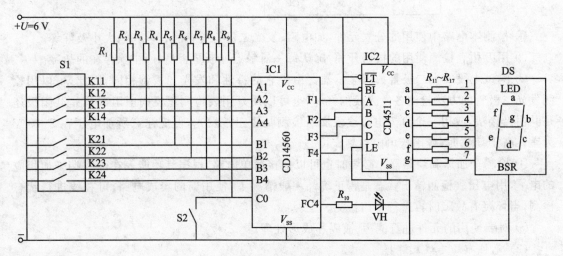

图 5-72　十进制全加器译码显示电路原理图

如图 5-72 所示工作时,用数码开关 S1 输入两个二—十进制加数,每位开关合上为 0,打开为 1,也可用 S2 输入一个进位,通过 CD14560 对两个数进行相加后,输出 4 位二—十进制数之和，当和大于 9（1001）时，会向高位进位 1，从 FC4 输出，并点亮发光二极管 VH，说明有进位输出。本位的和数送给译码器 CD4511 进行译码，译码输出送给七段发光显示器，显示出本位相加之和的相应数字。

【任务实施】

1. 结合原理图装接电路

工具、仪器仪表和元器件准备好之后，对照原理图，将电路图中的元器件与实物元件进行对照并逐个检测。

（1）元器件的检查与测试

表 5-16 为十进制全加器译码显示电路所用元件明细。

表 5-16 十进制全加器译码显示电路元件明细表

序号	元件名称	标号	规格型号	数量
1	电阻器	$R_1 \sim R_9$	0.25 W 10 kΩ	9
2	电阻器	R_{10}	0.25 W 8 kΩ	1
3	电阻器	$R_{11} \sim R_{17}$	0.25 W 510 Ω	7
4	发光二极管	VH	φ5～8 mm	1
5	拨码开关	S1	DIP-8	1
6	拨动开关	S2	KBX	1
7	集成电路	IC1	CD14560	1
8	集成电路	IC2	CD4511	1
9	数码管	DS	BS205	1
10	集成电路座		双列 16 脚	2
11	直流电源	GB	6 V	1

① 检测本电路中使用的分立元件，如电阻、发光二极管等，确认其功率、大小及好坏。

② 用万用表检测使用的拨码开关，确认每一对触点通断是否良好，排除存在的故障。

③ 测试七段发光二极管数码显示器。由于它的特性和发光二极管相同，因此，可以用检测发光二极管的方法检测各发光段的好坏，也可以用万用表检测正反向电阻确认是共阳极还是共阴极接法，或用一个直流电源逐段加压检测是否正常发光，但应注意所加电压在 2～3 V 为宜。高于 5 V 时，应串接电阻检测。

④ 检测全加器和编码器。必要时也可以搭接简单电路，根据其功能表在输入端施加相应的电平，用电压表检测输出状态是否正确。一般情况下，使用新的集成电路，可在线进行状态检测，当怀疑有故障时再进行专门检测。

⑤ 对要使用的元件进行清污、镀锡和成形处理。

（2）元件布局走线及焊接

电路进行安装前，要考虑主要元件的位置，摆放方向要有利于走线和周围器件的排列，要考虑整体布局和整体美观。

元件引脚之间不要相互碰连，布线要求横平竖直，可以使用镀锡裸线或绝缘细线，焊接前要拉紧。焊接面的焊点要均匀一致,表面光亮,无虚焊和假焊,提高焊接速度和质量。

2. 检测与调试

(1) 测试数码开关

用万用表直流 10 V 挡逐一测量 S1 和 S2 的输出端,当每个开关都合上时为低电位,约为 0 V,断开开关时输出高电位,约为 5.5～6 V,以保证正确的数码组合。

(2) 加法器 CD14560 的检测

① 单独从 K11～K14、K21～K24 或 S2 输入,当输入的数据小于 9 时,CD14560 的输出数码组合 F1～F4 和输入数码相同,大于 9 时,输出等于输入数码加 6,且 VH 发光二极管点亮。

② 当两个数输入时,输出为两个输入数之和,大于 9 时,VH 点亮。对应关系参照 CD14560 的功能表。

(3) 译码器及显示电路的检测

当加法器正常工作后,可用输入的一组开关输入 0～9,分别用万用表测量 a～g 的输出,对应 CD4511 的逻辑功能表,确认有无错码和乱码现象,以确认 CD4511 有无接触不良或损坏。同时观察数码管的显示是否符合要求。若译码正常,数码管显示不对,应检查数码管电路,否则应检查前级电路。

【任务评价】

制作十进制全加器译码显示电路成绩评分标准见附表 5-11。

课题十二 555 集成块门铃电路

【任务引入】

555 定时器是一种应用极为广泛的中规模集成电路。该电路使用灵活、方便,只需外接少量的阻容元件就可以构成单稳、多谐和施密特触发器。因而广泛用于信号的产生、变换、控制与检测。

【任务分析】

本任务利用仪器设备对由 555 集成块构成的门铃电路中,元件检测及处理并对电路进行合理的总体布局及焊接,利用仪器设备,对 555 集成块门铃电路进行调试,达到电路正常工作的目的,使学生能够独立完成整个任务。

【相关知识】

一、扬声器工作原理

当交流音频电流通过扬声器的线圈(在扬声器中称为音圈)时,音圈中就产生了相应的磁场。这个磁场与扬声器上自带的永磁体产生的磁场产生相互作用力。于是,这个力就使音圈在扬声器的自带永磁体的磁场中随着音频电流振动起来,而扬声器的振膜和音圈是连在一起的,所以振膜也振动起来,由此振动就产生了与原音频信号波形相同的声音。

永磁体通过轭铁在磁路的环形气隙中产生一个磁场,和扬声器纸盆相连的音圈插入环形气隙中,永磁体被外部的轭铁所包围,从而可以免遭外界杂散磁场的干扰,反过来也可以减小永磁体磁场对外界的影响。当声音以电流的形式通过磁场时线圈便会因电流强弱的变化产生不同频率的震动，进而带动纸盆发出不同频率和强弱的声音。

如果输入的是直流电压，扬声器就不响。因为扬声器线圈在直流电压情况下，不会产生振动，因此不会发声。

输入交流电压的频率越高，扬声器振动得越快，发出声音越尖，并不是扬声器就越响，输入扬声器的功率越大扬声器才越响。但人耳可听见的频率约是 20～20 000 Hz，超出此范围人也听不见。

二、电容原理

电容用在直流电路当中，基本都是短接在正负极之间的。如果串联在电路中，那就相当于开路，短接在正负极之间的电容有两个作用：

一是滤波。在整流桥整流以后 容易出现交流干扰，通过电容把交流干扰给短路掉；

另外一个作用是降低脉动。因为整流桥整流出来的直流电 如果用示波器测量与直流电源的电压是不同的，虽然是直流，电流是由正极流向负极，但是电压是周期性的不断起伏变化的，加电容以后，当电压处于波峰的上升沿的时候电容充电，让电压降低一些；当电压处于下降沿的时候低于电容的电压以后电容放电，所以在示波器的效果上看，电容的作用是不断的削平波峰，填充波谷，这样就使直流电的脉动性变小，进过多级滤波电容以后，曲线已经基本接近纯直流电源的一条直线了。

三、555 集成块工作原理

555 集成块是一种模拟和数字功能相结合的中规模集成器件。555 集成块成本低，性能可靠，只需要外接几个电阻、电容，就可以实现多谐振荡器、单稳态触发器及施密特触发器等脉冲产生与变换电路。它也常作为定时器广泛应用于仪器仪表、家用电器、电子测量及自动控制等方面。555 集成块的内部电路框图和外引脚排列图分别如图 5-73 所示。内部包括两个电压比较器 C_1 和 C_2，三个等值串联电阻 5 kΩ，一个 RS 触发器，一个放电管 T 及功率输出级。它提供两个基准电压 $\frac{1}{3}V_{CC}$ 和 $\frac{2}{3}V_{CC}$。

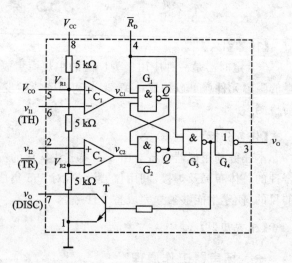

图 5-73 555 集成块内部结构图

555 定时器的功能主要由两个比较器决定。两个比较器的输出电压控制 RS 触发器和放电管的状态。在电源与地之间加上电压，当 5 脚悬空时，则电压比较器 C_1 的同相输入端的电压为 $\frac{2}{3}V_{CC}$，C_2 的反相输入端的电压为 $\frac{1}{3}V_{CC}$。若触发输入端 TR 的电压小于 $\frac{1}{3}V_{CC}$，则比较器 C_2 的输出为 0，可使 RS 触发器置 1，使输出端 $U_0=1$。如果阈值输入端 TH 的电压大于 $\frac{2}{3}V_{CC}$，同时 TR 端的电压大于 $\frac{1}{3}V_{CC}$，则 C_1 的输出为 0,C_2 的输出为 1,可将 RS 触发器置 0,使输出为 0 电平。

四、电路分析

电路原理图如图 5-74 所示。

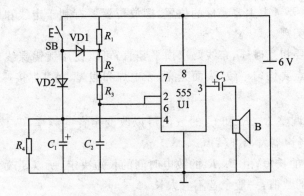

图 5-74　555 集成块门铃电路原理图

本电路是用 NE555 集成电路组成的多谐振荡器。当按下 SB,电源经过 VD2 对 C_1 充电,当集成电路 U1 的 4 脚(复位端)电压大于 1 V 时,电路振荡,扬声器中发出"叮"声。松开按钮 SB,C_1 电容储存的电能经 R_4 电阻放电,但集成电路 4 脚继续维持高电平而保持振荡,这是因 R_1 电阻接入振荡电路,振荡频率变低,使扬声器发出"咚"声。当 C_1 电容器上的电能释放一定时间后,集成电路 4 脚电压低于 1 V,此时电路将停止振荡。再按一次按钮,电路将重复上述过程。

【任务实施】

1. 结合原理图装接电路

工具、仪器仪表和元器件准备好之后,对照原理图,将电路图中的元器件与实物元件进行对照并逐个检测。

（1）元器件的检查与测试

表 5-17 为 555 集成块门铃电路所用元件明细表。

表 5-17　555 集成块门铃电路元件明细表

序号	名称	标号	型号	数量
1	电阻器	R_1	30 kΩ	1
2	电阻器	R_2、R_3	22 kΩ	2
3	电阻器	R_4	47 kΩ	1
4	电容器	C_2	0.05 μF	1
5	电解电容	C_1	47 μF	1
6	电解电容	C_3	50 μF	1
7	二极管	VD1、VD2	2AP10	2
8	按钮	SB		1
9	扬声器	B	8Ω	1
10	直流电源		6V	1

① 检测本电路中使用的分立元件,如电阻、二极管等,确认其功率、大小及好坏。
② 用万用表检测使用的 555 集成块,确认每一引脚是否良好,排除存在的故障。
③ 对要使用的元件进行清污、镀锡和成形处理。

（2）元件布局走线及焊接

电路进行安装前,要考虑主要元件的位置,摆放位置要有利于走线和周围器件的排列,要考虑整体布局和整体美观。

元件引脚之间不要相互碰连,布线要求横平竖直,可以使用镀锡裸线或绝缘细线,焊接前要拉紧。焊接面的焊点要均匀一致,表面光亮,无虚焊和假焊,提高焊接速度和质量。

2. 检测与调试

① 按下 SB 并且调整 R_2、R_3 和 C_3 的数值可以改变声音的频率,C_2 越小频率越高。放开 SB,调整 R_1 的阻值,扬声器发出"咚"声。

② 变声门铃余音的长短,由 C_1、R_4 的放电时间的长短决定,所以要改变断开 S2 后余音的长短可以调整 C_1、R_4 的数值,一般余音不宜太长。

③ 本机整机电流,等待电流约为 3.5 mA,电流约为 35 mA。

④ 此电路装配无误即可发出声音,如果发出声音后不能停止,则应该检查集成电路 NE555 的 4 脚电压值。因为 4 脚的电压大于 1V,电路才振荡。如果用电压表测量 4 脚的电压时,振荡器过一段时间会停止振荡,而不接入电压表振荡器不停振,多数原因是 R_4 电阻开路引起的。

⑤ 集成电路 NE555 的引脚电压参考值,如表 5-18 所列。

表 5-18 NE555 的引脚电压参考值

单位:V

项 目	1	2	3	4	5	6	7	8
鸣叫时	0	3.4	3.9	大于1	3.8	3.4	3.6	6
不鸣叫时	0	0	0	0	0	0	0	6

【任务评价】

制作 555 集成块门铃电路成绩评分标准见附表 5-12。

模块六　电子 CAD

第一节　DXP 软件简介

一、初识 Protel

新技术、新材料的出现,电子工业技术的蓬勃发展,大规模甚至超大规模的集成电路不断出现并越来越复杂,促进了计算机辅助设计和绘图的发展。

Protel 正是在这样的环境和背景下产生的。它由始建于 1985 年的 Protel 公司设计推出,历经 Protel for Dos、Protel 98、Protel 99 和 Protel 99SE 等版本,2002 年该公司更名为 Altium 公司,并最终推出 Protel 的最新版本 Protel DXP。Protel DXP 以其界面的友好,直观和用户操作的便利,成为世界范围内应用于电子线路设计与印刷电路板设计方面最流行的软件。

二、Protel DXP 的应用领域

Protel DXP 主要应用于电子电路设计与仿真、印刷电路板(PCB)设计及大规模可编程逻辑器件的设计,它是第一个将所有设计工具集成于一身,完成电路原理图到最终印刷电路板设计全过程的应用型软件。

三、Protel DXP 界面简介

图 6-1 所示为 Protel DXP 界面简介。

1. 菜单栏

由于还没有开启任何文件,所以 Protel 2004 的菜单栏只有五个:DXP、File、View 、Project 和 Help。

在菜单栏左边的 DXP 就是 DXP 系统菜单,按动这个图标后,出现 DXP 系统菜单,如图 6-2 所示。DXP 菜单是 Protel 窗口特有的,其中各项命令供用户管理系统程序、定义环境、设置密码等。

2. 工具栏

菜单栏下面是工具栏,没有打开任何编辑器时,程序只提供一个简易的工具栏。工具栏中的每个按钮都对应了一个相关命令。如果不能确定按钮与命令的对应关系,可以将鼠标指针移动到按钮上,屏幕上就会显示出当前按钮所能实现的功能了,如图 6-3 所示。

模块六 电子CAD

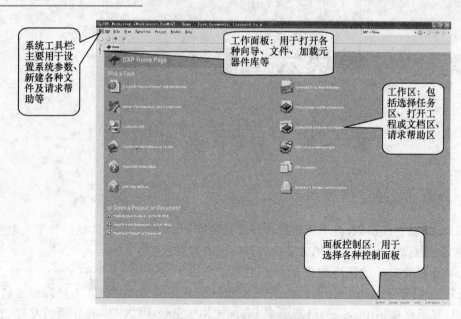

图 6-1 Protel DXP 界面简介

图 6-2 DXP 系统菜单

图 6-3 PCB 板编辑器工具条

四、Protel 2004 的菜单

1. File 菜单

File 菜单用来实现文件的新建、打开、存储及关闭等功能，File 菜单如图 6-4 所示。下面分别介绍 File 菜单内各个命令及其功能。

① New，新建一个文件，如
- Schematic：原理图文件；
- VHDL Document：VHDL 文件；
- PCB：PCB 文件；
- Project Library：PCB 元件库文件；
- PCB Project：PCB 工程文件；

- Text Document：文本文件。

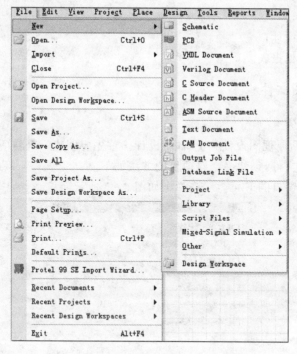

图 6-4　File 菜单

② Open：打开一个 Protel 2004 可以识别的文件。
③ Open Project：打开一个工程文件。
④ Save Project：保存当前编辑的工程。
⑤ Save Project As：当前编辑的工程另存为。
⑥ Save All：保存当前打开的所有文件。

2. View 菜单

View 菜单内的功能主要是控制工作窗口的外观、显示或隐藏。

3. Favorites 菜单

在这个菜单中，可以添加最常用的文件。

4. Project 菜单

Project 菜单中的命令是关于工程的一些操作。

5. Windows 菜单

Windows 菜单内的命令主要用来管理窗口。

第二节　电路原理图设计基础

一、电路板设计的一般步骤

电路板的基本设计过程可分为以下四个步骤：

模块六 电子CAD

① 电路原理图的设计;
② 生成网络报表;
③ 印刷电路板的设计;
④ 生成印刷电路板报表。

二、创建原理图文件

1. 创建一个新项目

电路设计主要包括原理图设计和 PCB 图设计。首先要创建一个新项目,然后在项目中添加原理图文件和 PCB 文件,创建一个新项目的方法如下。

① 单击设计管理窗口的 Files 页签,弹出如图 6-5 所示面板。

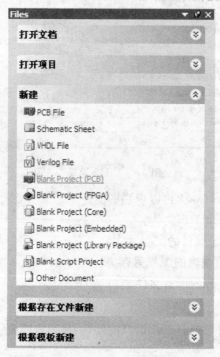

图 6-5 Files 页签

② 在 New 子面板中选中 Blank Project(PCB)选项,弹出 Select PCB TyPe 对话框。选择 Protel PCB 单选框,将弹出 Projects 工作面板。

③ 建立一个新的项目后,选择 File/Save Project As…菜单命令,将新项目重命名为"myProjectl.PrjPCB",保存该项目到合适位置。

图 6-6 和图 6-7 分别为 Projects 工作面板中显示的默认的项目名称和更改后的项目名称。

图 6-6 默认项目名称

图 6-7 更改后项目名称

2. 创建一张新的原理图图纸

建立了新的项目文档后，选择 File/ New /Schematic 菜单命令创建原理图，系统将创建一个新的原理图文件，如图 6-8 所示。默认的原理图文件名为"Sheet1. SchDoc"，原理图文件夹会自动添加到项目中。

图 6-8 选择 File New Schematic 命令

选择 File/Save As...，菜单命令系统将会弹出保存原理图文件对话框，可以将新原理图文件保存在指定的位置，同时也可以改变原理图文件名称，按保存按钮完成操作。

三、Wiring(原理图连线工具)工具栏

原理图工具栏如图 6-9 所示。其中的按钮的功能如下：

- ≋：绘制导线；
- ↑：绘制总线；
- ↖：绘制总线分支；
- Net：绘制网络标号；
- ≡：绘制电源；
- Ucc：绘制电源；
- ▷：放置元器件；
- ▩：制作电路端口；
- ✕：设置忽略电气法则测试；

图 6-9 连线工具栏

模块六 电子CAD

- ▣：制作方块电路；
- ▣：制作方块电路端口。

四、特殊功能工具栏

除了 Wiring（原理图）工具栏外，Protel DXP 还提供了许多功能强大的特殊功能工具栏，如 Drawing（图形）工具栏，提供各种非电气特性的图形的绘制工具，如绘制直线、矩形等图形，如图 6－10 所示；Digital Objects（数字元器件）工具栏，如图 6－11 SimulationSources（仿真电源）工具栏等，如图 6－12 所示。

图 6－10 Drawing 工具栏

图 6－11 gital Objects 工具栏

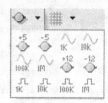
图 6－12 Simulation Sources 工具栏

五、元件库

原理图管理器的元件库管理窗口习惯上称为元件库管理器。选择 Design/Browse Library…菜单命令，系统将弹出如图 6－13 所示的元件库管理窗口。用户可以在该窗口内进行查找元件、放置元件和加载新的元件库操作。

1. 查找元件

在元件库管理栏中，单击 search 按钮，或者选择 Tools/Find Component…菜单命令，通过设置查找对象和查找范围等选项，可以查找包含在"*.IntLib"文件中的元件。

下面介绍查找元件库对话框的使用方法。

① 空白文本框　用于输入需要查询的元件或封装名称。例如输入"*Rpot SM*"，用来查询包含 Rpot SM 字符串的元件名称。

② Options　用于设置需要查找的对象类型。Search type 下拉列表可以选择 Components（元件）、Protel Footprints（封装）、3D Models（3D 模型）。选中 Clear existing query 复选框表示清除当前存在的查询。

③ Scope　用于设置查找的范围。选中 Available libraries 单选框，表示在已经装载的元件库中查找；选中 Libraries on path 单选框，表示在指定的目录中查找；选中 Refine last search 单选框，表示在上一次的查找结果中进一步查找。

④ Path　用于设置查找对象的路径。此操作框只在选中 Libraries on path 单选框时才有效。在 Path 文本框中设置要查找的目录，选中 Include Subcfirectories 复选框，表示在指定目录的子目录中也进行搜索。单击 Path 文本框后面的按钮，系统会弹

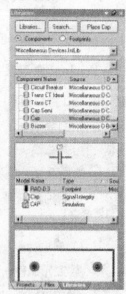
图 6－13 元件库管理窗口

出浏览文件夹。File Mask 用来设置查找对象的文件匹配域,"*"表示匹配任何字符串。

设置完成后单击 Search 按钮,元件库管理器将进行搜索。此时,查找元件库对话框隐藏,元件库管理器上的 Search 按钮变成 Stop 按钮。单击 Stop 按钮可停止搜索。找到元件后,系统会将结果显示在元件库管理器中,如图 6-13 所示。结果包括此元件所在的元件库名、图形符号、元件模式和引脚的封装形状。

2. 放置元件

在查找到所需要的元件后,可以将此元件所在的元件库直接加载到元件库管理器中。在元件库管理器中选中需要放置的元件,单击元件库管理器右上角的 Place 按钮,或者双击需要绘制的元件,就可以将元件绘制到原理图上,如图 6-14 所示。

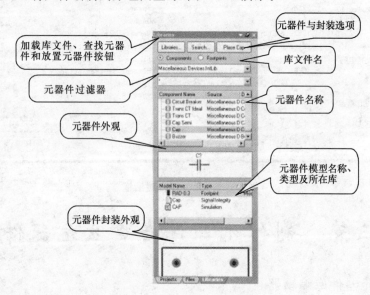

图 6-14 元件库管理器

3. 加载元件库

单击元件库管理器上方的 Libraries 按钮或者选择 Design/Add/Remove Libraries…菜单命令,系统将弹出加载/卸载元件库对话框,如图 6-15 所示。

下面介绍加载/卸载元件库的操作方法。

① 单击 Move Up 或 Move Down 按钮,可以将在列表中选中的元件库上移或下移。

② 想要添加一个新的元件库,可以单击 Intall 按钮,用户可以选取需要加载的元件库。选好元件库后,单击打开按钮即完成加载元件库。

③ 想要卸载列表中的元件库,先选中此元件库,再单击 Remove 按钮即可。

④ 单击加载/卸载元件库对话框右下角的 Close 按钮,完成加载或卸载元件库的操作,被加载的元件库的详细列表会显示在元件库管理器中。

常用元件库包括 Miscellaneous Devices,IntLib(杂元件库)包含电阻、电容、开关、按钮等;Miscellaneous Connectors. IntLib(基本端口库)包含插孔、插针等;National Semiconductor(美国国家半导体公司元件库);Simulation(仿真元件库)。

模块六 电子CAD

图 6-15 元件属性对话框

第三节 制作元器件与建立元器件库

一、加载元器件库编辑器

在进行元器件编辑前首先要加载元器件编辑器,执行如图 6-16(a)所示的 File/Library/Schematic Library 菜单命令,弹出元器件库编辑器,如图 6-16(b)所示。然后执行 File/Save 命令,在弹出的对话框中可以更改元件库的名称并进行保存。

二、元器件库编辑器界面介绍

打开元器件库编辑器后,将出现如图 6-17(a)所示的界面。元件库编辑器界面与原理图编辑器界面相似,主要有主工具栏、菜单栏、常用工具栏、工作区等。不同之处在于元件库编辑器工作区有一个十字坐标轴,它将工作区划分为四个象限,通常在第四象限进行元器件的编辑工作。除了主工具栏之外,元件库编辑器还提供了一个元器件管理器和两个重要的工具栏,分别为绘图工具栏和 IEEE 符号工具栏,如图 6-17(b)和图(c)所示。

三、一般绘图工具

元器件库编辑器提供了一个绘图工具栏,如图 6-18 所示。下面简要介绍绘图栏中各个工具的功能如表 6-1 所列。

模块六 电子CAD

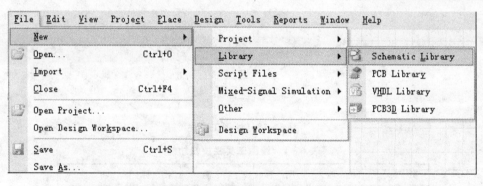

(a)执行元器件库编辑器菜单命令

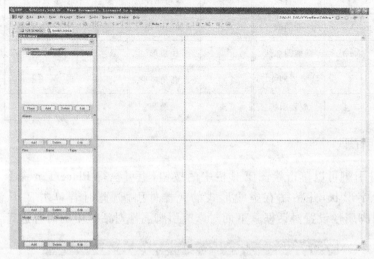

(b)元器件库编辑器窗口界面

图6-16 菜单命令及窗口界面

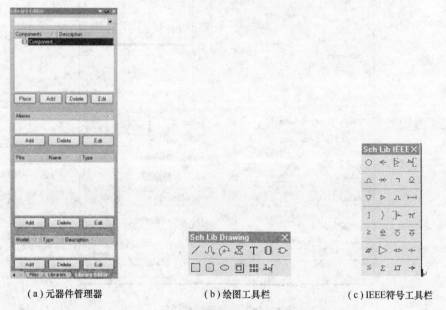

(a)元器件管理器　　　　(b)绘图工具栏　　　　(c)IEEE符号工具栏

图6-17 元器件管理器及两个重要的工具栏

模块六 电子CAD

图6-18 绘图工具栏

表6-1 绘图工具栏按钮功能

图标	功能	图标	功能	图标	功能
/	画直线		新建元件		放置图片
∿	画曲线		增加功能单元		阵列式粘贴
	画椭圆弧线		画矩形		画多边形
T	放置说明文字		画圆角矩形		
	放置引脚		画椭圆		

四、绘制引脚

绘制元器件引脚可以单击绘图工具栏中的按钮,也可执行Place/Pin命令。执行该命令后,光标变成十字形状,并粘贴有虚线形式的元器件引脚,此时若单击Tab键则将显示如图6-19所示引脚属性设置对话框。下面对修改引脚属性对话框中的内容进行简要介绍。

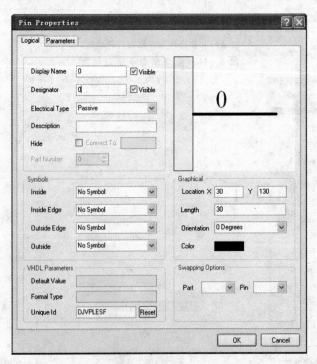

图6-19 引脚属性对话框

第四节 PCB板设计

一、PCB板设计流程

① 开始时启动 Protel DXP 设计工作窗口;
② 设计并绘制原理图;
③ PCB 板的系统设计;
④ 由原理图生成 PCB 图;
⑤ 修改封装和布局;
⑥ 设置 PCB 板布线规则;
⑦ 自动布线及手工调整布线。

二、PCB板概述

1. PCB板类型

一般来说,PCB 板根据铜箔层数的不同分为单面板、双面板和多层板 3 种。

① 单面板　单面板是一种一面敷铜、另一面不敷铜的电路板,因此它只能够在敷铜的一面进行布线并绘制元件。由于单面板只允许在敷铜的一面上进行布线并且不允许导线交叉,因此单面板的布线难度较大。

② 双面板　双面板是一种两面都有敷铜,两面都可以布线的电路板。双面板包括顶层和底层两个层面,其中顶层一般为元件层,底层为焊锡层。由于双层板两面都可以布线并且可以通过过孔来进行顶层和底层之间的电气连接,因此双面层是目前应用最为广泛的一种印刷电路板。

③ 多层板　多层板是指包含了多个工作层面的印刷电路板,除了顶层和底层之外,它还包括信号层、中间层等。随着电子技术的高速发展,电路板越来越复杂,多层电路板的应用也越来越广泛。

2. 焊盘

在印刷电路板中,焊盘的主要作用是用来绘制焊锡、连接导线和元件引脚。通常焊盘的形状分为 3 种,它们分别是圆形、矩形和八角形,如图 6-20 所示。焊盘的主要参数有两个,分别是焊盘尺寸和孔径尺寸,如图 6-21 所示。

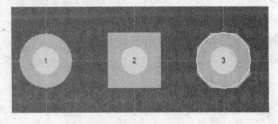

图 6-20　焊盘形状

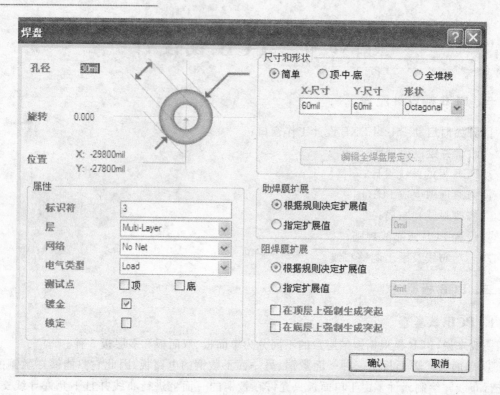

图 6-21 焊盘属性

3. 过 孔

在印刷电路板中,过孔的主要作用是用来连接不同板层间的导线。通常,过孔有3种类型,它们分别是从顶层到底层的穿透式过孔、从顶层到内层或从内层到底层的盲过孔、内层间的深埋过孔。过孔的主要参数有两个,分别是过孔尺寸和孔径尺寸。这里需要注意的是过孔的形状只有圆形形状,而没有矩形和八角形状。

三、PCB 板的板层类型

Protel DXP 2004 提供了若干个不同类型的工作层面,包括信号层、内部电源层/接地层、机械层等。

1. 信号层

信号层有 32 个,用于布线,通过堆栈层管理器来管理这些信号层,主要包括以下各层:
Top Layer(元件面信号层) 用来绘制元件和布线。
Bottom Layer(焊接面信号层) 用来绘制元件和布线。
Middle Layers(中间信号层 MidLayer1~MidLayer30) 主要用于布置信号线。

2. 内部电源层

内部电源层有 16 个。该层又称为电气层,主要用于布置电源线和地线。

3. 机械层

Protel DXP 2004 提供了 16 个机械层,该层主要用于绘制 PCB 板的边框和绘制标注尺寸,通常只需要一个机械层。

四、PCB 文件的建立

1. 利用向导生成 PCB 文件

启动 Protel DXP 2004 软件，单击屏幕右下方的 System 按钮，然后选择 Files 项，如图 6-22 所示。

打开 Files 面板，选择根据模板新建，弹出 PCB 向导欢迎对话框。单击下一步，进入如图 6-23 所示的 PCB 单位设置对话框。

单击下一步进入如图 6-24 所示选择印刷电路板标准的对话框。

单击下一步进入如图 6-25 所示，进入自定义设置对话框。

单击下一步进入如图 6-26 所示，进入电路板层数设置对话框。

图 6-22　System 下拉菜单

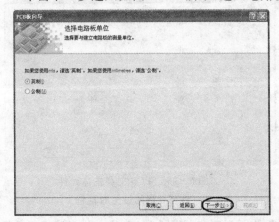

图 6-23　PCB 向导单位设置对话框图

图 6-24　印刷电路板标准的对话框

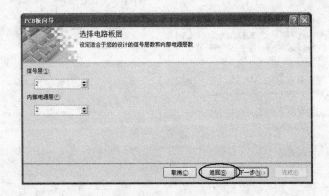

图 6-25　自定义设置对话框

单击下一步进入如图 6-27 所示，进入过孔类型设置对话框。

单击下一步进入如图 6-28 所示，进入向导主体元件封装类型的设置对话框。

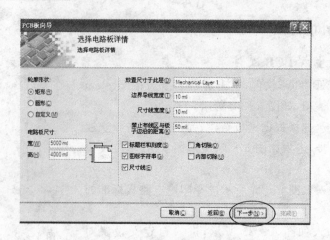

图 6-26　PCB 向导层数设置对话框

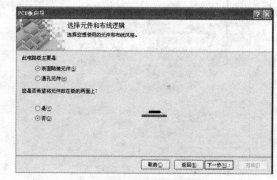

图 6-27　PCB 向导孔类型
设置对话框

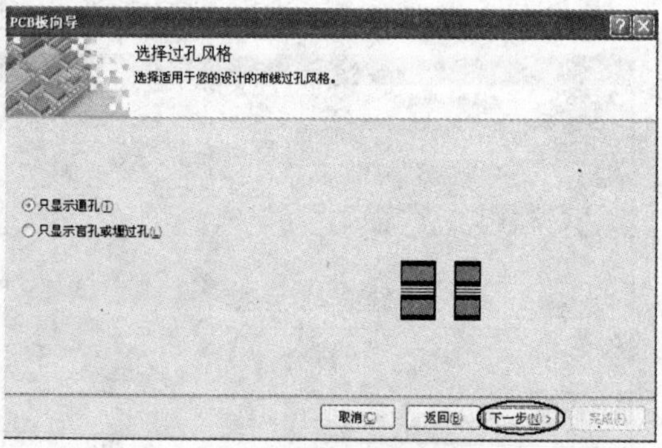

图 6-28　PCB 向导主体元件
封装类型的设置对话框

单击下一步进入如图 6-29 所示,在对话框中可以对走线最小线宽,最小过孔宽度最小孔径大小,最小的走线间距等进行设置。

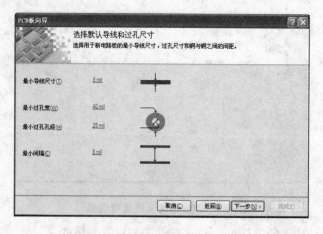

图 6-29　设置最小尺寸对话框

单击下一步进入如图 6-30 所示,单击完成即可完成 PCB 文件的建立。

图 6-30 生成的 PCB 图形

2. 利用网络表实现元件封装的导入

在原理图中,单击菜单栏设计按钮,选择 Update PCB Document PCB.PcbDoc,实现网络和元件的装入和更新,如图 6-31 所示。

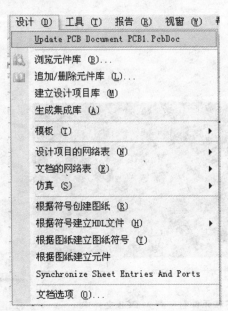

图 6-31 在 PCB 板编辑器内利用网络表导入

如果用户已经确认所有元件封装和网络都正确,可以在设计工程网络变化对话框(见图 6-32)中单击"变化生效"按钮,使网络和元件封装装载入 PCB 中;单击关闭按钮对话框,相应的网络和元件封装已经载入到 PCB 文件中,如图 6-33 所示。

3. 电路板的自动布线

选择自动布线菜单命令,如图 6-34 所示。选择全部对象进行自动布线。

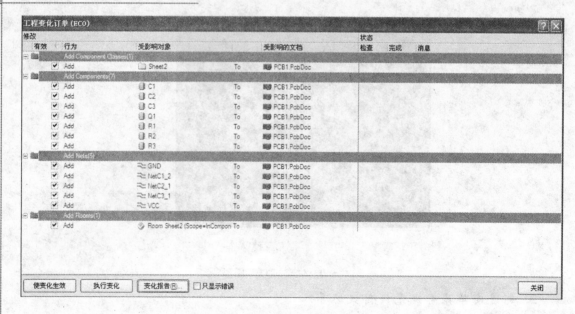

图6-32 设计工程网络变化对话框

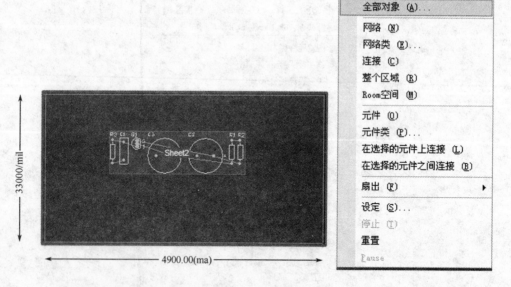

图6-33 网络和元件封装载入PCB文件中　　图6-34 自动布线菜单

课题一 利用DXP软件自制元器件并绘制原理图

【任务引入】

20世纪80年代以来,我国电子工业取得了长足的进步,现已进入一个新的发展时期。EDA的技术含量正以惊人的速度上升。DXP软件作为常用的绘图软件,可以进行原理图的绘制和印制电路板的设计等工作。

【任务分析】

在本课题中,首先要绘制电路原理图,在绘制过程中需要利用 DXP 软件自制元器件并进行相应的封装。原理图绘制完毕后可进行 PCB 板的设计与制作。

【课题实施】

① 创建一个项目文件和原理图文件,分别命名为"PCBSJ.PrjPCB"和"YLT.SchDoc"。

② 原理图图纸采用 A4 图纸,将绘图者姓名和"电路原理图"放在标题栏中相应位置。

③ 建立一个原理图库文件,命名为"YLT.SchLib",并在项目文件中将其设置为自由文档。

④ 在原理图库文件中制作一个元件 UA741,如图 6-35 所示,并将其放在原理图中。

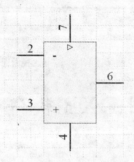

图 6-35 自制原理图元件 UA741
Visible=10

⑤ 在原理图文件中完成如图 6-36 所示电路,并进行项目编译。原理图相关信息如表 6-2 所列。

⑥ 创建材料清单并用 Excel 表格形式保存在专用文件夹中,命名为"SCHBG..xls"。

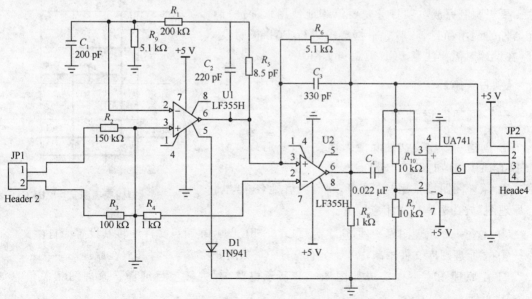

图 6-36 电路原理图

模块六 电子CAD

表 6-2 原理图相关信息

Designator	Footprint	Library	备注
$C_1 \sim C_4$	RAD-0.3	Miscellaneous Devices.IntLibMiscellaneous Connectors.IntLibMotorola Amplifier Operational Amplifier.IntLib	其余相关参数见原理图
$R_1 \sim R_{10}$	AXIAL-0.4		
D1	AXIAL-0.4		
JP1	HDR1X2		
JP2	HDR1X4		
U1,U2	CX88(自制)		
UA741(自制)	DIP-8		

【任务评价】

利用 DXP 软件自制元器件并绘制原理图成绩评分标准见附表 6-1。

课题二 应用DXP软件设计PCB板

【任务引入】

利用 EDA 工具,电子设计师可以从概念、算法、协议等开始设计电子系统,大量工作可以通过计算机完成,并可以将电子产品从电路设计、性能分析、器件制作到设计印制电路板的整个过程在计算机上自动处理完成。

【任务分析】

在本课题中,通过利用 DXP 软件进行原理图绘制和 PCB 板设计,掌握 DXP 软件使用方法。要想顺利完成本项目首先要熟练地使用软件进行元器件的调用和封装,然后根据要求进行 PCB 板的设计,在设计时需要注意 PCB 美观和实用。

【项目实施】

一、原理图设计部分

① 创建一个项目文件和原理图文件,分别命名为 PCBSJ.PrjPCB 和 YLT.SchDoc。

② 原理图图纸采用 A4 图纸,将绘图者姓名和"电路原理图"放在标题栏中相应位置。

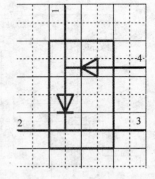

图 6-37 自制原理图元件 ZHKG Visible=10

③ 建立一个原理图库文件,命名为 YLT.SchLib,并在项目文件中将其设置为自由文档。

④ 在原理图库文件中制作一个元件 ZHKG(见图 6-37),并将其放在原理图中。

⑤ 在原理图文件中完成如图 6-38 所示电路,并进行项目编译。原理图相关信息如表 6-3 所列。

⑥ 创建材料清单并用 Excel 表格形式保存在专用文件夹中,命名为 SCHBG.xls。

表6-3 原理图相关信息

Designator	Footprint	Library	备 注
$C_1 \sim C_3$	RAD-0.3	Miscellaneous Devices.IntLib Miscellaneous Connectors.IntLib Analog Devices\AD Operational Amplifier.IntLib	其余相关参数参见原理图
$R_1 \sim R_{11}$	AXIAL-0.3		
JP1	HDR1X2		
$D1 \sim D2$	AXIAL-0.4		
D3(自制)	HDR1X4		
$U1 \sim U3$	CRY-8(自制)		

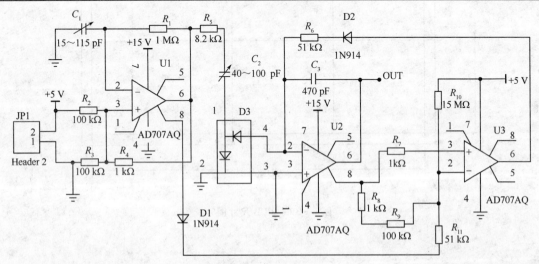

图6-38 电路原理图

二、PCB设计

① 建立一个PCB文件,命名为PCBSJ.PcbDoc。

② 印刷板尺寸为3500 mil×3000 mil,采用双面电路板,采用插针式元件,将机械3层为尺寸标注线,布线边界与板边界距离为100 mil,如图6-39所示。

③ 建立一个PCB库文件,制作一个封装元件,命名为CRY-8;如图6-40所示,系统参数中的Visible Grid2=100 mil。

④ 建立一个PCB库文件,制作一个封装元件,命名为CX88,如图6-41所示,系统参数中的Visible Grid2=100 mil。

注意:步骤③和步骤④可以选其中任意一种封装方式。

⑤ 电路中的+15V线宽设置为30 mil,放在顶层;GND线宽设置为30 mil,放在底层。

⑥ 要求PCB元件布局合理,符合PCB设计规则,除特别说明外,系统参数均采用默认参数进行自动布线,完成PCB设计。

【任务评价】

利用DXP软件设计PCB板成绩评分标准见附表6-2。

表6-4为Protel DXP中常用的快捷键。

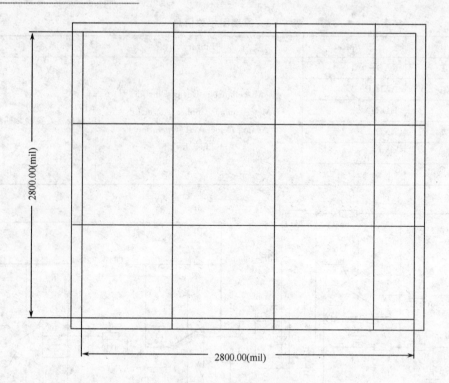

图 6-39 PCB 尺寸图

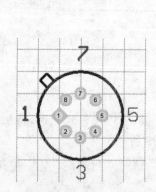

图 6-40 自制封装元件 CRY-8
Visible Grid2＝100 mil

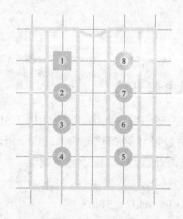

图 6-41 CX88
Visible Grid2＝100 mil

在电子电路设计过程中,速度是很重要的,如果单用鼠标进行操作,不但单手负担太重,容易麻木疲劳而且效率低下。为此 Protel DXP 中提供了极为方便的快捷方式,利用快捷键,可以大大地提高工作效率。表 6-4 为 Protel DXP 中一些常用的快捷键步骤。

表 6-4 Protel DXP 中一些常用的快捷键步骤

快 捷 键	所代表的意义
Page Up	以鼠标为中心放大
Page Down	以鼠标为中心缩小

续表 6-4

快 捷 键	所代表的意义
Home	将鼠标所指的位置居中
End	刷新画面
ctrl+del	删除选取的元件(2个或2个以上)
x	选择浮动图件时,将浮动图件左右翻转
y	选择浮动图件时,将浮动图件上下翻转
alt+backspace	恢复前一次的操作
ctrl+backspace	取消前一次的恢复
v+d	缩放视图,以显示整张电路图
v+f	缩放视图,以显示所有电路部件
backspace	放置导线或多边形时,删除最末一个顶点
delete	放置导线或多边形时,删除最末一个顶点
ctrl+tab	在打开的各个设计文件文档之间切换
a	弹出 edit\align 子菜单
b	弹出 view\toolbars 子菜单
j	弹出 edit\jump 菜单
l	弹出 edit\set location makers 子菜单
m	弹出 edit\move 子菜单
s	弹出 edit\select 子菜单
x	弹出 edit\deselect 菜单
←	光标左移 1 个电气栅格
shift+←	光标左移 10 个电气栅格
→	光标右移 1 个电气栅格
shift+→	光标右移 10 个电气栅格
↑	光标上移 1 个电气栅格
shift+↑	光标上移 10 个电气栅格
↓	光标下移 1 个电气栅格
shift+↓	光标下移 10 个电气栅格
ctrl+1	以零件原来的尺寸的大小显示图纸
ctrl+2	以零件原来的尺寸的 200% 显示图纸
ctrl+4	以零件原来的尺寸的 400% 显示图纸
ctrl+5	以零件原来的尺寸的 50% 显示图纸
ctrl+f	查找指定字符
ctrl+g	查找替换字符
ctrl+b	将选定对象以下边缘为基准,底部对齐
ctrl+t	将选定对象以上边缘为基准,顶部对齐
ctrl+l	将选定对象以左边缘为基准,靠左对齐

续表 6-4

快 捷 键	所代表的意义
ctrl+r	将选定对象以右边缘为基准,靠右对齐
ctrl+h	将选定对象以左右边缘的中心线为基准,水平居中排列
ctrl+v	将选定对象以上下边缘的中心线为基准,垂直居中排列
ctrl+shift+h	将选定对象在左右边缘之间,水平均布
ctrl+shift+v	将选定对象在上下边缘之间,垂直均布
shift+f4	将打开的所有文档窗口平铺显示
shift+f5	将打开的所有文档窗口层叠显示
shift+单左鼠	选定单个对象
crtl+单左鼠,再释放 crtl	拖动单个对象
按 ctrl 后移动或拖动	移动对象时,不受电器格点限制
按 alt 后移动或拖动	移动对象时,保持垂直方向
按 shift+alt 后移动或拖动	移动对象时,保持水平方向

模块七　机床线路电气故障检修

工业机械电气设备在运行的过程中产生故障,会导致设备不能正常工作,不但影响生产效率,严重时还会造成人身或设备事故。因此,电气设备发生故障后,维修人员必须及时、熟练、准确、迅速、安全地查出故障并加以排除,尽快恢复其正常运行。

基础篇　工业机械电气设备维修的一般要求和方法

一、工业机械电气设备维修的一般要求

1) 采取的维修步骤和方法必须正确,切实可行。
2) 不可损坏完好的电器元件。
3) 不可随意更换电器元件及连接导线的型号规格。
4) 不可擅自改动线路。
5) 损坏的电气装置应尽量修复使用,但不能降低其固有的性能。
6) 电气设备的各种保护性能必须满足使用要求。
7) 绝缘电阻合格,通电试车能满足电路的各种功能,控制环节的动作程序符合要求。
8) 修理后的电器装置必须满足其质量标准要求。电器装置的检修质量标准:
① 外观整洁,无破损和碳化现象。
② 所有的触头均应完整、光洁、接触良好。
③ 压力弹簧和反作用力弹簧应具备足够的弹力。
④ 操纵、复位机构都必须灵活可靠。
⑤ 各种衔铁运动灵活,无卡阻现象。
⑥ 灭弧罩完整、清洁,安装牢固。
⑦ 整定数值大小应符合电路使用要求。
⑧ 指示装置能正常发出信号。

二、工业机械电气设备维修的一般方法

1. 电气设备的日常维护保养

(1) 控制设备的日常维护保养
① 电气柜(配电箱)的门、盖、锁耐油密封垫均应良好。
② 操纵台上的所有操纵按钮、主令开关的手柄清洁完好。
③ 检查接触器、继电器等电器的触头系统吸合良好。
④ 试验门开关能起到保护作用。
⑤ 检查各电器的操作机构应该灵活可靠。

模块七　机床线路电气故障检修

⑥ 检查各线路接头与端子板的接头应该牢靠。
⑦ 检查电气柜及导线通道的散热情况应该良好。
⑧ 检查各类指示信号装置和照明装置应该完好。
⑨ 检查电气设备和生产机械上所有裸露导体应该保护接地。

(2) 电气设备的维护保养周期

对设置在电气柜内的电器元件,一般不需经常进行开门监护,主要看定期的维护保养来实现电气设备较长时间的安全稳定运行。其维护保养周期应根据电气设备的构造、使用情况及环境条件等来确定。

2. 电气故障检修的一般步骤和方法

(1) 电气故障检修的一般步骤

1) 检修前的故障调查

当电气设备发生故障后,切忌盲目动手检修。在检修前,应通过问、看、听、摸、闻来了解故障后的操作情况和故障发生后出现的异常现象,根据故障现象判断发生的部位,进而准确地排除故障。

2) 确定故障范围

对简单的线路,可采取对每个电器元件、每根连接导线逐一检查的方法找到故障点;对复杂的线路,应根据电气设备的工作原理和故障现象,采用逻辑分析结合外观检查法、通电试验法等来确定故障可能发生的范围。

3) 查找故障点

选择合适的检修方法查找故障点。常用的检修方法有:直观法、电压测量法、电阻测量法、短接法、试灯法、波形测试法等。查找故障必须在确定的故障范围内,顺着检修思路逐点检查,直到找出故障点。

4) 排除故障

针对不同故障情况和部位采取正确的方法修复故障。对更换的新元件要注意尽量使用相同规格、型号,并进行性能检测,确认性能完好后方可替换。在故障排除中,还要注意避免损坏周围的元件、导线等,以防止故障扩大。

5) 通电试车

故障修复后,应重新通电试车,检查生产机械的各项操作是否符合技术要求。

(2) 查找故障点的常用方法

1) 局部短接法:用局部短接法检查故障,如图7-1所示。
2) 长短短接法:长短短接法是一次短接两个或两个以上触头来检查线路短路故障的方法,如图7-2所示。

思考题

(1) 电气设备检修的一般步骤。
(2) 短接法检修故障时应注意哪些问题?

模块七 机床线路电气故障检修

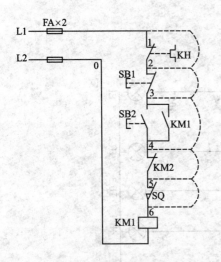

图 7-1 局部短接法

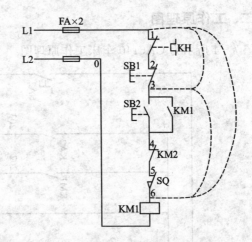

图 7-2 长短短接法

课题一　CA6140 车床电气控制线路的检修

实训目标：能正确检修 CA6140 车床电气控制线路故障。

一、CA6140 车床的主要结构及型号意义

车床是一种应用极为广泛的金属切削机床，能够车削外圆、内圆、端面、螺纹、切断及割槽等，并可以装上钻头或铰刀进行钻孔和铰孔等加工。图 7-3 所示为 CA6140 车床实物图及车床型号含义。

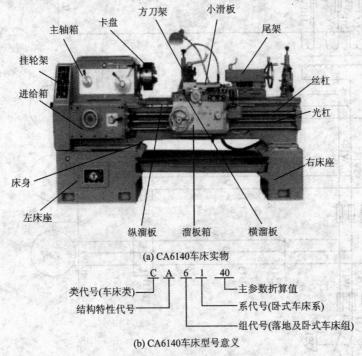

图 7-3　CA6140 车床实物及型号含义

模块七 机床线路电气故障检修

二、工作原理图

图 7-4 所示为 CA6140 车床工作原理图。

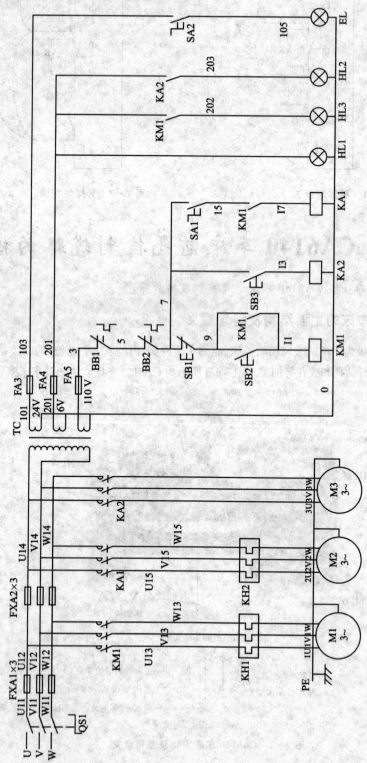

图 7-4 CA6140 型普通车床电路原理图

三、CA6140 车床电气控制线路分析：

1. 主电路分析

车床电气控制线路中共有三台电动机：M1 为主轴电动机，带动主轴旋转和刀架作进给运动；M2 为冷却泵电动机，用以输送冷却液；M3 为刀架快速移动电动机，用以拖动刀架快速移动。其控制和保护如表 7 - 1 所列。

表 7 - 1 主电路的控制和保护电器

名称及代号	作用	控制电器	过载保护电器	短路保护电器
主轴电动机 M1	带动主轴旋转和刀架进给运动	接触器 KM	热继电器 BB1	熔断器 FA1
冷却泵电动机 M2	供应冷却液	中间继电器 KA1	热继电器 BB2	熔断器 FA2
刀架快速移动电动机 M3	拖动刀架快速移动	中间继电器 KA2	无	熔断器 FA2

2. 控制电路分析

控制电路通过控制变压器 TC 输出的 110 V 交流电压供电，由熔断器 FA5 作短路保护。

(1) 主轴电动机 M1 的控制

M1 启动：

按下 SB2→KM1 线圈得电
→KM1 自锁触头闭合
→KM1 主触头闭合，主轴电动机 M1 启动运转
→KM1 辅助常开触头闭合，为 KA1 得电作准备

M1 停止：

按下 SB1→KM1 线圈失电，KM1 触头复位断开，M1 失电停转

(2) 冷却泵电动机 M2 的控制

主轴电动机 M1 和冷却泵电动机 M2 在控制电路中实现顺序控制，只有当主轴电动机 M1 启动后，KM1 的常开触头闭合，合上旋钮开关 SA4，中间继电器 KA1 吸合，冷却泵电动机 M2 才能启动。当 M1 停止运行或断开旋钮开关 SA4 时，M2 停止运行。

(3) 刀架快速移动电动机 M3 的控制

刀架快速移动电动机 M3 的启动是由安装在进给操作手柄顶端的按钮 SB3 控制的，它与中间继电器 KA2 组成点动控制环节。将操作手柄扳到所需移动的方向，按下 SB3，KA2 得电吸合，电动机 M3 启动运转，刀架沿指定方向快速移动。刀架快速移动电动机 M3 是短时间工作，故未设过载保护。

3. 照明与指示电路分析

控制变压器 TC 的二次侧输出 24 V 和 6 V 电压，分别作为车床低压照明和指示灯的电源。EL 为车床的低压照明灯，由开关 SA 控制，FA3 作短路保护；HL1 为电源指示灯、HL2 为刀架移动指示、HL3 为主轴运动指示，FA4 作短路保护。

四、CA6140 车床的故障排除模拟柜外形图

图 7 - 5 所示为 CA6140 车床的故障排除模拟柜外形图。

模块七 机床线路电气故障检修

图 7-5 CA6140 车床故障排除模拟柜外形图

五、实训过程

① 在教师的指导下对车床模拟柜进行操作，熟悉车床的主要结构和运动形式，了解车床的各种工作状态和操作方法。

② 熟悉车床电器元件的实际位置和走线情况，并通过测量等方法找出实际走线路径。

③ 学生观摩检修。在 CA6140 车床模拟柜上设置自然故障点，由教师示范检修，边分析边检查，直至故障排除。

设置故障时应注意以下几点：

1) 人为故障必须是模拟车床在使用过程中出现的自然故障。

2) 切忌通过更改线路或更换电器元件来设置故障。

3) 设置的故障必须与学生应该具有的检修水平相适应，当设置一个以上故障点时，故障现象尽可能不要互相掩盖。尽量设置不容易造成人身或设备事故的故障点。

④ 由教师设置让学生知道的故障点，指导学生如何从故障现象着手进行分析，逐步引导学生采用正确的检查步骤和检修方法进行检修。

⑤ 教师在线路中设置两处人为的自然故障点，由学生按照检查步骤和检修方法进行检修。

六、注意事项

① 认真阅读分析电路图，熟悉掌握各个控制环节的原理及作用，并认真观摩教师的示范检修。

② 工具和仪表的使用应符合使用要求。

③ 检修时,严禁扩大故障范围或产生新的故障点。
④ 停电要验电,带电检修时,必须有指导老师在现场监护,以确保用电安全。同时要做好训练记录。

【评分标准】

CA6140 车床电气故障检修练习评分标准见附表 7-1。

课题二　M7120 平面磨床电气控制线路的检修

实训目标:掌握 M7120 平面磨床电气控制线路的分析方法及其常见故障的维修。

一、M7120 平面磨床的主要结构及型号意义

机械加工中,当对零件表面的光洁度要求较高时,就需要用磨床进行加工,磨床是用砂轮的周边或端面对工件的表面进行机械加工的一种精密机床。图 7-6 所示为 M7120 平面磨床外形结构图和型号的含义。

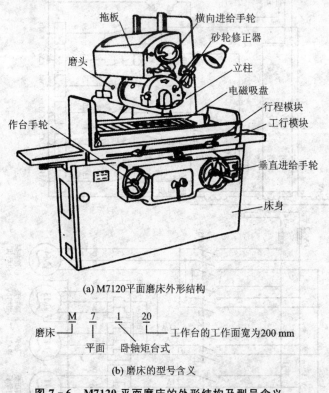

图 7-6　M7120 平面磨床的外形结构及型号含义

由床身、工作台、磨头、立柱、拖板、行程挡块、砂轮修正器、驱动工作台手轮、垂直进给手轮、横向进给手轮等组成。

二、工作原理图

图 7-7 所示为 M7120 机床的工作原理图。

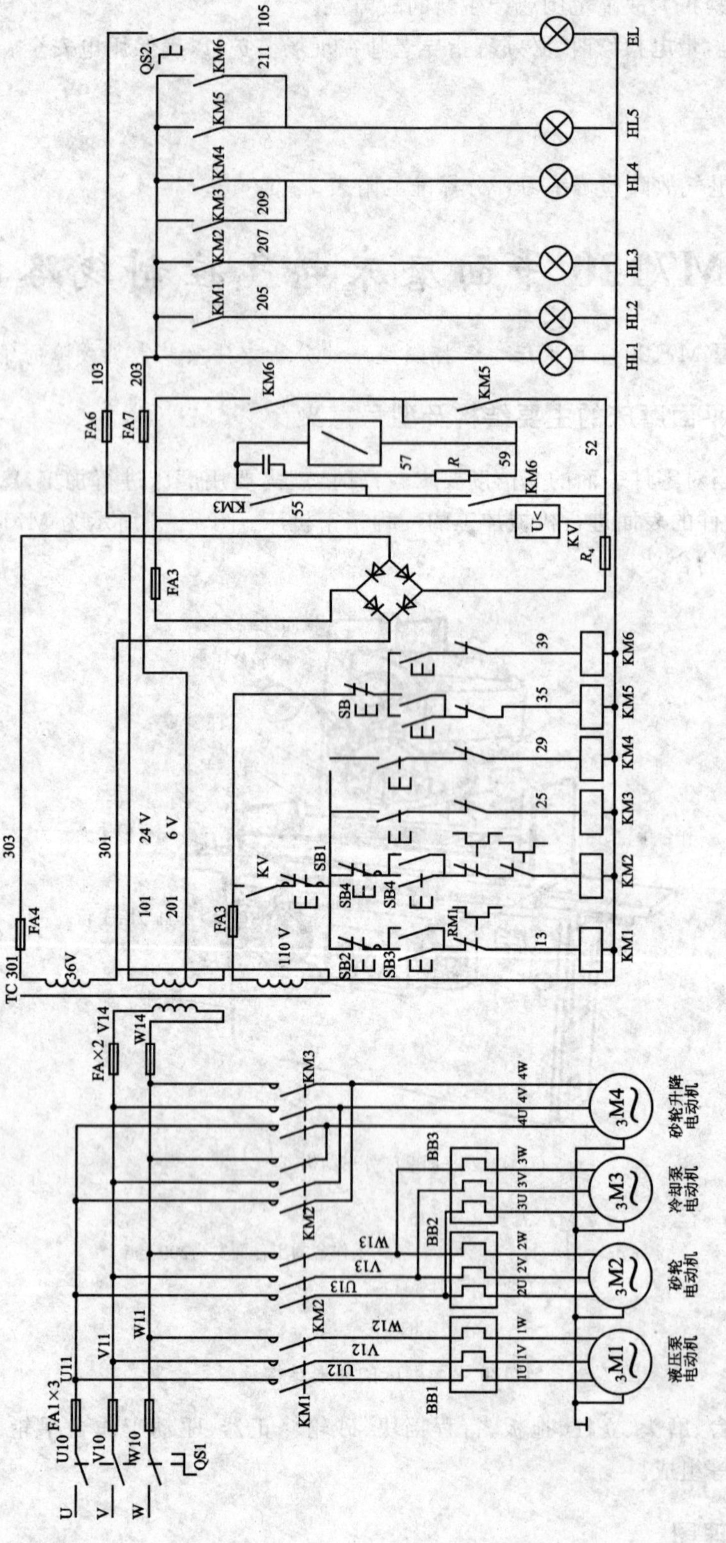

模块七 机床线路电气故障检修

图 7-7 M1720型平面磨床电路原理图

三、M7120 平面磨床电气控制线路分析

M7120 型平面磨床电气原理图由主电路、控制电路、电磁工作台控制电路及照明与指示电路四部分组成。

1. 主电路分析

主电路共有四台电动机,其中 M1 为液压泵电动机,用它实现工作台的往复运动;M2 为砂轮电动机,带动砂轮传动来完成磨削加工工件;M3 为冷却泵电动机,供给加工过程中工件的冷却液;M4 为砂轮升降电动机,带动砂轮上下移动,调整砂轮和工件之间的位置。表 7-2 为四台电动机的作用与控制。

表 7-2 四台电动机的作用及控制

名称及代号	作 用	控制电器	过载保护电器	短路保护电器
液压泵电动机 M1	为液压系统提供动力	接触器 KM1	热继电器 BB1	熔断器 BB1
砂轮电动机 M2	拖动砂轮高速旋转	接触器 KM2	热继电器 BB2	熔断器 BB1
冷却泵电动机 M3	供应冷却液	接触器 KM2	热继电器 BB2	熔断器 BB1
砂轮升降电动机 M4	砂轮的移动	接触器 KM3、KM4	无	熔断器 BB1

2. 控制电路分析

控制电路通过控制变压器 TC 输出的 110 V 交流电压供电,由熔断器 FA3 作短路保护。

① 液压泵电动机 M1 的控制:当电压继电器 KM 吸合后,按下液压泵电动机 M1 的启动按钮 SB3,接触器 KM1 得电吸合并自锁,液压泵电动机 M1 得电运转。

② 砂轮电动机 M2、冷却泵电动机 M3 的控制:按下 SB5,接触器 KM2 得电吸合,砂轮电动机 M2 得电运转。由于冷却泵电动机 M3 和 M2 联动控制,M2 启动运转后,M3 才能启动运转。

③ 砂轮升降电动机 M4 的控制:由于砂轮升降电动机的工作时间短暂,所以采用正反转点动控制。按下正转点动按钮 SB6,接触器 KM3 得电,砂轮升降电动机 M4 通电正转。按下反转点动按钮 SB7 时,接触器 KM4 得电,砂轮升降电动机 M4 通电反转。

3. 电磁吸盘电路分析

电磁吸盘电路包括整流电路、控制电路和保护电路三部分。控制变压器 TC 将交流 380 V 电压降为 36 V,经桥式整流 VC 输出 32 V 左右的直流电压,并通过一个电压继电器后供给电磁吸盘的充磁退磁电路。当整流器两端输出的电压正常时,电压继电器 KV 得电吸合,为控制电路的启动做好准备。欠电压继电器并联在整流电源两端,当直流电压过低时,欠电压继电器立即释放,使液压泵电动机的 1M 和砂轮电动机的 2M 立即停转,从而避免由于电压过低使 YH 吸力不足而导致工件飞出造成事故。

4. 照明与指示电路分析

控制变压器 TC 的二次侧输出 24 V 和 6 V 电压,分别作为磨床低压照明和指示灯的电源。EL 为磨床的低压照明灯,由开关 QS2 控制,FA6 作短路保护;HL1 为电源指示灯,HL2 为液压泵指示,HL3 为砂轮运动指示,FA7 作短路保护。

四、M7120 平面磨床的检修模拟柜外形图

图 7-8 所示为 M7120 平面磨床的检修模拟柜外形图。

图 7-8　M7120 平面磨床的检修模拟柜外形图

五、实训过程

① 在老师的指导下对磨床进行操作,熟悉磨床的主要结构和运动形式,了解磨床的各种工作状态和操作方法。

② 用通电试验法引导学生观察故障现象。

③ 根据故障现象,依据电路图用逻辑分析法确定故障范围。

④ 由教师设置让学生事先知道的故障点,指导学生如何从故障现象着手进行分析。

⑤ 教师示范检修,学生在旁观摩,逐步引导学生采用正确的检修步骤和检修方法。

⑥ 教师设置新的故障,由学生进行检修。

六、注意事项

① 认真阅读分析电路图,熟悉掌握各个控制环节的原理及作用,并认真观摩教师的示范检修。

② 工具和仪表的使用应符合使用要求。

③ 检修时,应避免扩大故障范围或产生新的故障点。

④ 排除故障时，必须修复故障点，但不得采用元件代换法。
⑤ 停电要验电，带电检修时必须有指导老师在现场监护，以确保用电安全。

【评分标准】

M7120 平面磨床电气控制线路检修评分标准见附表 7-2。

课题三　Z3050 摇臂钻床电气控制线路的检修

实训目标：Z3050 摇臂钻床电气控制线路的分析方法及其常见故障的维修。

一、Z3050 摇臂钻床的主要结构及型号意义

钻床是一种应用极为广泛的孔加工机床，它主要用于钻削精度要求不太高的孔，还可以用来扩孔、绞孔、镗钻以及攻螺纹等。图 7-9 所示为 Z3050 摇臂钻床电气控制外形及型号含义。

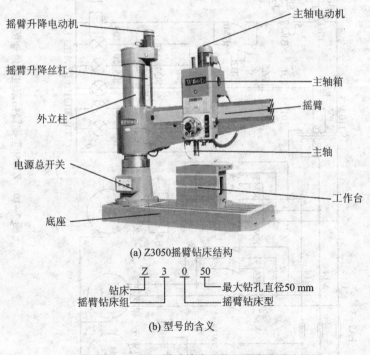

图 7-9　Z3050 摇臂钻床结构和型号含义

二、工作原理图

如图 7-10 所示为 Z3050 摇臂钻床工作原理图。

三、Z3050 摇臂钻床电气控制线路分析

1. 主电路分析

电气控制线路中共有四台电动机，除冷却泵电动机采用组合按钮开关 QS2 直接启动外，其余三台电动机均采用接触器直接启动。表 7-3 所列为 Z3050 摇臂钻床主电路分析。

模块七 机床线路电气故障检修

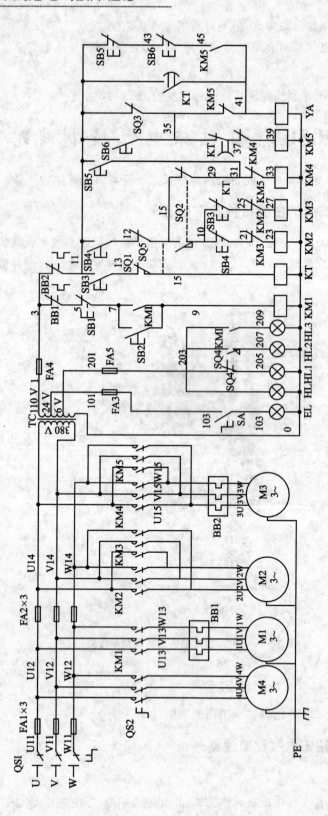

图7-10 Z3050型摇臂钻床电路原理图

表 7-3　Z3050 摇臂钻床各零件名称及代号的分析

名称及代号	作用	控制电器	过载保护电器	短路保护电器
主轴电动机 M1	控制主轴单向运转	接触器 KM1	热继电器 BB1	熔断器 FA1
摇臂升降电动机 M2	摇臂上升、下降	接触器 KM2、KM3	无	熔断器 FA2
液压泵电动机 M3	摇臂放松、夹紧	接触器 KM4、KM5	热继电器 BB2	熔断器 FA2
冷却泵电动机 M4	供应冷却液	组合开关 QS2	无	熔断器 FA1

2. 控制电路分析

控制电路通过控制变压器 TC 输出的 110 V 交流电压供电,由熔断器 FA4 作短路保护。

① 主轴电动机 M1 的控制:按下 SB2 接触器使 KM1 吸合并自锁,主轴电动机 M1 启动运行。

② 摇臂的升降控制:摇臂通常夹紧在外立柱上,以免升降丝杠承担吊挂载荷。因此 Z3050 钻床摇臂的升降是由升降电动机 M2、摇臂夹紧机构和液压系统协调配合,完成控制过程。

③ 立柱和主轴箱的夹紧和放松控制:立柱和主轴箱的夹紧和放松由液压和电气控制系统协调完成。

④ 冷却泵控制:由组合开关 QS2 控制冷却液。

3. 照明电路分析

控制变压器 TC 的二次侧输出 24 V 和 6 V 电压,分别作为钻床低压照明和各指示灯的电源。EL 为钻床的低压照明灯,由开关 SA 控制,FA3 作短路保护;HL 为电源指示灯,FA5 作短路保护。HL1、HL2、HL3 为工作指示灯,FA5 作短路保护。

四、Z3050 摇臂钻床的检修模拟柜外形图

图 7-11 所示为 Z3050 摇臂钻床的检修模拟柜外形图。

五、实训过程

① 在老师的指导下对 Z3050 摇臂钻床进行操作,熟悉钻床的主要结构和运动形式,了解钻床的各种工作状态和操作方法。

② 熟悉钻床电器元件的实际位置和在线情况,并通过测量等方法找出实际走线路径。

③ 学生观察检修:在 Z3050 摇臂钻床上人为设置自然故障点,由教师示范检修,边分析边检查,直至故障排除。教师示范检修时,应将检修步骤及要求贯穿其中,边操作边讲解。

④ 教师在线路中设置两处人为的自然故障点,由学生按照检修步骤和检修方法进行检修。

六、注意事项

① 认真阅读分析电路图,熟悉掌握各个控制环节的原理及作用,并认真观摩教师的示范检修。

② 工具和仪表的使用应符合使用要求。

模块七 机床线路电气故障检修

图 7-11 Z3050 摇臂钻床的检修模拟柜外形图

③ 检修时,应避免扩大故障范围或产生新的故障点。
④ 检修时,不能改变升降电动机原来的电源相序,以免使摇臂升降反向,造成事故。
⑤ 停电要验电,带电检修时必须有指导老师在现场监护,以确保用电安全。

【评分标准】

Z3050 摇臂钻床电气控制线路检修评分标准见附表 7-3。

课题四 X62W 万能铣床电气控制线路的检修

实训目标:掌握 X62W 万能铣床电气控制线路的分析方法及其常见故障的维修。

一、X62W 万能铣床的主要结构及型号意义

万能铣床是一种通用的多用途机床。铣床主要用于加工零件的平面、斜面、沟槽等型面。安装分度头后,可加工直齿轮或螺旋面,安装回转圆工件后则可加工凸轮和弧形槽。

X62W 万能铣床的外形及结构和型号含义如图 7-12 所示。

二、工作原理图

图 7-13 所示为 X62W 万能铣床工作原理图。

三、X62W 万能铣床电气控制线路分析

1. 主电路分析

电气控制线路中共有三台电动机:主轴电动机 M1、进给电动机 M2、冷却泵电动机 M3,如表 7-4 所列。

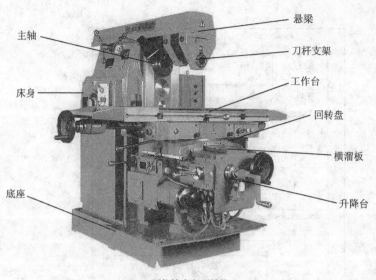

(a) X62W万能铣床主要结构

万能铣床的型号意义

```
 X   6   2   W
 │   │   │   │
铣床 卧式  │  万能
         2号工作台(用0,1,2,3,4号表示工作台台面宽度)
```

(b) 型号命名

图 7 - 12 X62W 万能铣床主要结构和型号命名

表 7 - 4 X62W 万能铣床主电路作用与控制

名称及代号	作 用	控制电器	过载保护电器	短路保护电器
主轴电动机 M1	控制主轴带动铣刀旋转	接触器 KM1、KM2 和 SA5	热继电器 BB1	熔断器 FA1
进给电动机 M2	拖动进给运动和快速移动	接触器 KM3、KM4	热继电器 BB2	熔断器 FA2
冷却泵电动机 M3	供应冷却液	接触器 KM6	热继电器 BB3	熔断器 FA2

2. 控制电路分析

图 7 - 13 为 X62W 万能铣床电路原理图。控制电路通过控制变压器 TC 输出的 110 V 交流电压供电，由熔断器 FA3 作短路保护。

(1) 主轴电动机控制

① SB1、SB3 与 SB2、SB4 分别装在机床两边的停止(制动)和启动按钮，实现两地控制，方便操作。

② KM1 是主轴电动机的启动接触器，KM2 是反接制动和主轴变速冲动接触器。

③ SQ6 是与主轴变速手柄联动瞬时的动作行程开关。

④ 主轴电动机需启动时，要先将 SA5 扳到主轴电动机所需要的旋转方向，然后在按启动按钮 SB3 或 SB4 来启动电动机 M1。

⑤ M1 启动后，速度继电器 KS 的一副常开触点闭合，为主轴电动机的停转制动做好准备。

模块七 机床线路电气故障检修

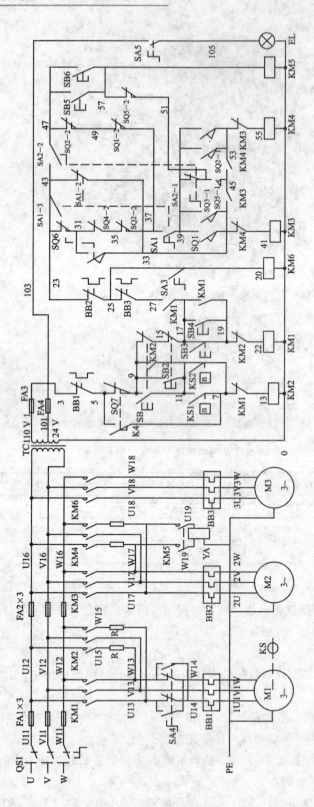

图7-13 X62W万能铣床电路原理图

⑥ 停车时,按停止按钮 SB1 或 SB2 切断 KM1 电路,接通 KM2 电路,改变 M1 的电源相序进行串电阻反接制动。当 M1 的转速低于 120 r/min,速度继电器 KS 的一副常开触点恢复断开,切断 KM2 电路,M1 停转,制动结束。

据以上分析可写出主轴电动机转动(即按 SB3 或 SB4)时控制线路的通路:1→2→3→7→8→9→10→KM1 线圈→101;主轴停止与反接制动(即按 SB1 或 SB2)时的通路:1→2→3→4→5→6→KM2 线圈→101。

⑦ 主轴电动机变速时的瞬动(冲动)控制,是利用变速手柄与冲动行程开关 SQ6 通过机械联动机构进行控制。

(2) 进给电动机控制

工作台的纵向、横向和垂直运动都由进给电动机 M2 驱动,接触器 KM3 和 KM4 时 M2 实现正反转,用以改变进给运动方向。它的控制电路采用了与纵向运动机械操作手柄联动的行程开关 SQ1、SQ2 和横向及垂直运动机械操作手柄联动的行程开关 SQ3、SQ4 组成复合连锁控制。即在选择三种运动形式的六个方向移动时,只能进行其中一个方向的移动,以确保操作安全,当这两个机械操作手柄都在中间位置时,各行程开关都处于未压的原始状态。

(3) 冷却泵电动机控制

冷却泵电动机由手动开关 SA1 及 KM6 控制。

3. 照明电路分析

控制变压器 TC 的二次侧输出 24 V 和 6 V 电压,分别作为铣床低压照明和各指示灯的电源。EL 为铣床的低压照明灯,由开关 SA4 控制,FA4 作短路保护;HL 为电源指示灯。

四、X62W 万能铣床的检修模拟柜外形图

X62W 万能铣床的检修模拟柜外形图如图 7-14 所示。

五、实训过程

① 熟悉铣床的主要结构和运动形式,熟悉对铣床进行实际操作,了解铣的各种工作状态及操作手柄的作用。

② 熟悉铣床电器元件的实际位置和走线情况,以及操作手柄处于不同位置时,行程开关的工作状态及运动部件的工作情况。

③ 学生观察检修:在铣床上人为设置自然故障点,由教师示范检修,边分析边检查,直至故障排除。教师示范检修时,应将检修步骤及要求贯穿其中,边操作边讲解。

④ 教师在线路中设置两处人为的自然故障点,由学生按照检修步骤和检修方法进行检修。

六、注意事项

① 认真阅读分析电路图,熟悉掌握各个控制环节的原理及作用,并认真观摩教师的示范检修。

② 由于该机床的电气控制与机械控制的配合十分密切,因此,在出现故障时,应首先判别是机械故障还是电气故障。

③ 停电要验电,带电检修时必须有指导老师在现场监护,以确保用电安全。

模块七 机床线路电气故障检修

图 7-14 X62W 万能铣床的检修模拟柜外形图

【评分标准】
X62W 万能铣床电气控制线路检修评分标准见附表 7-4。

课题五 T68 镗床电气控制线路的检修

实训目标：掌握 T68 镗床电气控制线路的分析方法及其常见故障的维修。

一、T68 镗床的主要结构及型号意义

镗床是一种精密加工机床，主要用于加工精确的孔和孔间距离要求较为精确的零件。
图 7-15 所示为 T68 镗床外形结构和型号含义。

二、工作原理图

如图 7-16 所示为 T68 镗床工作原理图。

三、T68 镗床电气控制线路分析

1. 主电路分析

镗床电气控制线路共有两台电动机：M1 为主轴电动机，实现低速、高速运转；M2 为快速进给电动机。表 7-5 所列为 T68 镗床电气控制线路和保护电器。

2. 控制线路分析

控制电路通过控制变压器 TC 输出的 110 V 交流电压供电，由熔断器 FA3 作短路保护。

模块七 机床线路电气故障检修

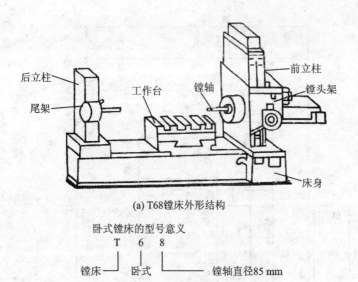

(a) T68镗床外形结构

卧式镗床的型号意义
T 6 8
镗床　卧式　镗轴直径85 mm

(b) T68卧式镗床型号命名

图 7-15　T68 镗床外形结构

表 7-5　主电路的控制和保护电器

名称及代号	作用	控制电器	过载保护电器	短路保护电器
主轴电动机 M1	带动主轴旋转	接触器 KM1、KM2	热继电器 FR	熔断器 FA1
快速移动电动机 M2	拖动工作台快速移动	接触器 KM6、KM7	无	熔断器 FA2

(1) 主轴电动机 M1 的控制
① 主轴电动机的正反转控制；
② 主轴电动机的点动控制；
③ 主轴电动机的停车制动；
④ 主轴电动机的高、低速控制；
⑤ 主轴变速及进给变速控制。

(2) 快速移动电动机的控制
① 正转快速移动 KM6 控制；
② 正转快速移动 KM7 控制。

3. 照明与指示电路分析

控制变压器 TC 的二次侧输出 24 V 和 6 V 电压，分别作为镗床低压照明和指示灯的电源。EL 为镗床的低压照明灯，由开关 SA 控制，FA4 短路保护；HL1 为电源指示灯、HL2 为主轴指示灯。

四、T68 镗床的故障排除模拟柜外形图

T68 镗床的故障排除模拟柜外形图如图 7-17 所示。

模块七 机床线路电气故障检修

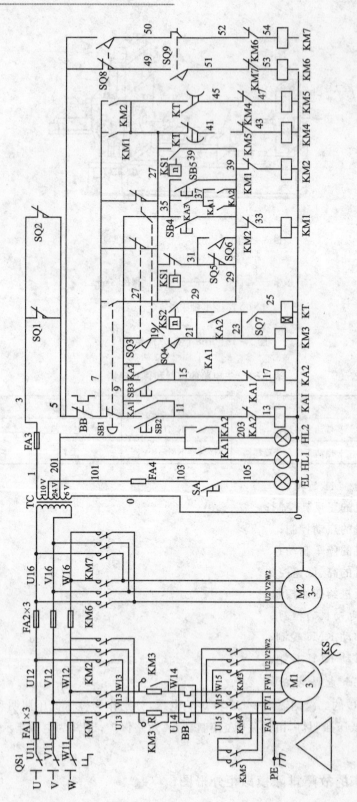

图 7-16 T68镗床工作原理图

图 7-17 T68 镗床的故障排除模拟柜外形图

五、实训过程

① 熟悉镗床的主要结构和运动形式,熟悉对镗床进行实际操作,了解镗床的各种工作状态及操作手柄的作用。

② 熟悉镗床电器元件的实际位置和走线情况,以及操作手柄处于不同位置时,行程开关的工作状态及运动部件的工作情况。

③ 学生观察检修。在镗床上人为设置自然故障点,由教师示范检修,边分析边检查,直至故障排除。教师示范检修时,应将检修步骤及要求贯穿其中,边操作边讲解。

④ 教师在线路中设置两处人为的自然故障点,由学生按照检修步骤和检修方法进行检修。

六、注意事项

① 认真阅读分析电路图,熟悉掌握各个控制环节的原理及作用,并认真观摩教师的示范检修。

② 设备应在教师指导下进行操作。设备通电后,进行排故练习。严禁在电器侧随意扳动电器件。

③ 发现熔芯熔断,应找出故障后,方可更换同规格熔芯。

④ 停电要验电,带电检修时必须有指导老师在现场监护,以确保用电安全。

【评分标准】

T68 镗床电气控制线路检修评分标准见附表 7-5。

模块八　电动机相关知识

【任务引入】

三相异步电动机应用十分广泛,因为它具有结构简单、价格低廉、坚固耐用、使用维护方便等优点。三相异步电动机功率大,多用于工矿企业中。下面重点介绍三相异步电动机的使用及维护知识。

【任务分析】

电动机在长期使用过程中,会出现各种问题和故障。平时的维护与故障维修是必不可少的环节。正确掌握三相异步电动机的维修知识及方法,是本部分学习的重点。

课题一　三相异步电动机的拆装与运行

一、电动机的拆装与运行

1. 电动机的基本要求

① 电动机所用的器材设备,必须适应使用环境的需要。如易爆的危险场所,须采用防爆式品种;多尘场所,要采用密封式产品等。

② 电动机必须安装在固定的底座上,各种器材的安装须牢固可靠。

③ 电动机及其他器材的绝缘电阻必须在 0.5 MΩ 以上。

④ 电动机及其开关等设备的外壳上应钉有标明主要性能数据的铭牌。

⑤ 线路导线的绝缘应良好,连接要正规,电源线的截面积必须满足载流量的需要,按最小截面积规定;铜芯线不得小于 1 mm²,铝芯线不得小于 2.5 mm²。电动机线路在室内水平敷设时,离地低于 2 m 的导线,以及垂直敷设时,离地低于 1.3 m 的导线,均应穿钢管或硬塑料管加以保护。

2. 电动机的选配

① 电动机的选配必须适应各种不同机械设备和不同的工作环境需要。

② 电动机功率要严格按机械设备的实际需要选配,不可任意增加或减小容量。

③ 在具有同样功率的情况下,要选用电流小的电动机。

④ 电动机的转速应根据机械设备的要求选配。

⑤ 电动机工作电压的选定,应以不增加启动控制设备的投资为原则。

⑥ 电动机温升的选择,应根据具体使用环境的实际要求。高温高湿和通风不良等环境,应选用具有较高温升的电动机,因为电动机允许温度越高,价格也越高。

3. 电动机的控制保护装置

(1) 电动机对控制保护装置的要求

① 每台电动机必须装备一只能单独进行操作的控制开关和能单独进行短路和过载保护

的过电流保护装置。

② 使用的开关设备,要具有可靠地接通和切断电动机工作电流以及切断故障电流的能力。

③ 质量必须可靠,结构应完整,操作机构的功能健全。

④ 开关和保护装置的每个单独元件上应标有电压和电流的额定值,以及能明显反映电路"通"与"断"的标志。

⑤ 控制保护装置的具体组成,应能满足实际需要以保证安全为原则。

(2) 开关设备的选装要求

① 功率在 0.5 kW 以下的电动机,允许用插销和插座作为电源通断的直接控制;如进行频繁操作的,则应在插座板上安装一个熔断器。

② 功率在 3 kW 以下的电动机,允许采用 HK 型瓷底胶盖闸刀开关,开关规格必须大于电动机额定电流的 2.5 倍。必须在开关内安装熔体的部分用铜丝接通,然后在开关的后一级另安装一个熔断器,作为过载和短路保护。

③ 功率在 3 kW 以上的电动机,常用的开关有 HH 型刀开关、DZ_4 型或 DZ_5 型自动空气开关,还有 CJO 接触器和 HZ 组合开关等。各类开关的选用可查阅有关电工手册。

④ 功率较大的电动机,启动电流较大,为不影响其他电气设备的正常运行和线路的安全,必须加装启动设备,以减小启动电流。常用的启动设备有星-三角启动器和自耦补偿启动器等。

(3) 熔断器和熔体的选配

一般中小型电动机比较普遍采用熔断熔体的方法来达到切断故障电流的目的。

① 熔断器的选用:熔断器的规格必须选得大于电动机额定电流的三倍。常用的熔断器品种有 RCIA 型(插入式)和 RL 型(螺旋式)两种。RL 型多用于控制箱中。

② 熔丝的选配:熔丝是用来保护电动机的,不可盲目选配。小容量三相异步电动机一般适用的熔丝可查阅相关资料及表格。

注意:如果熔丝经常熔断,不可随意加粗,应检查熔断原因。

(4) 电动机接线盒的接线

电动机接线盒内的接线:电动机接线盒中都有一块接线板,三相绕组的六个线头排成上下两排,并规定上排三个接线柱自左至右排列的编号为 1(U1)、2(V1)、3(W1);下排自左至右的编号为 6(W2)、4(U2)、5(V2),如图 8-1 所示。凡制造和维修时均应按这个序号排列。

在电网电压的既定条件下,根据电动机铭牌标明的额定电压与接法关系,决定电动机接线的方法。如铭牌标出 380 V△连接时,应按图 8-1(d)连接;如铭牌标出 380 V Y 连接时,应按图 8-1(c)连接。把来自操作开关的三根导线的线头分别与 6、4、5 连接(一般情况下电动机接线盒的出线口都开在下方,接下排方便)。如果电动机出现反转,可把任意两根导线的线头对换接线柱的位置即会顺转。

二、三相异步电动机的拆卸与装配

1. 结 构

三相鼠笼式异步电动机的结构如图 8-2 所示,图 8-3 是三相绕线式异步电动机的绕线式转子。

模块八 电动机相关知识

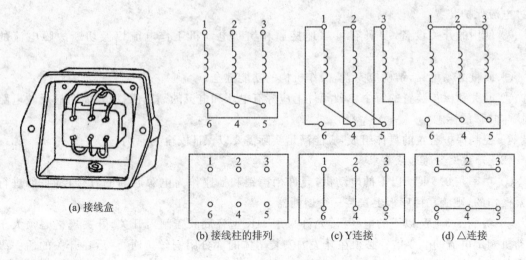

图 8-1 电动机接线板

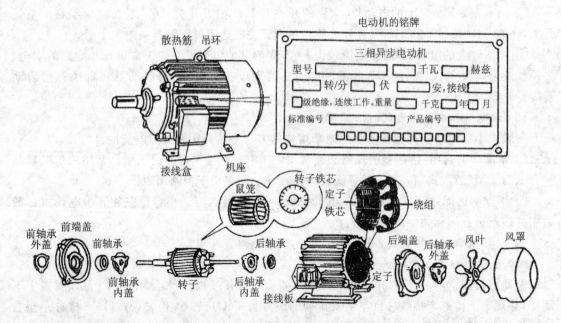

图 8-2 三相鼠笼式异步电动机的结构

电动机因为发生故障需要检修或维护保养等原因,经常需要拆卸和装配。在拆卸前,应先在线头、端盖、刷握等处做好标记,以便于装配;在拆卸过程中,应同时进行检查和测试。

2. 拆卸

(1) 拆卸步骤

如图 8-4 所示为电动机的拆卸步骤。

电动机的拆卸可按下列步骤进行:

① 切断电源,拆开电动机与电源的连接线,并对电源线线头作好绝缘处理。

② 脱开传送带轮或联轴器,松掉地脚螺栓和接地线螺栓。

③ 拆卸传送带轮或联轴器。

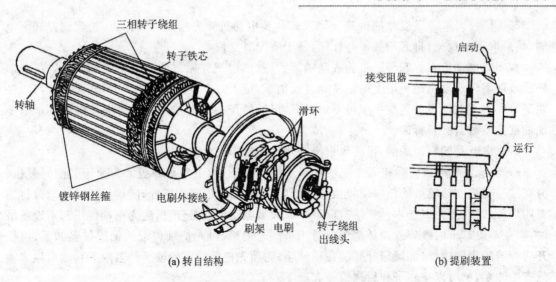

(a) 转自结构　　　　　　　　　　　　(b) 提刷装置

图 8-3　三相绕线式异步电动机的线式转子

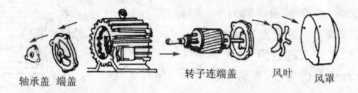

图 8-4　电动机的拆卸步骤

④ 拆卸风罩、风扇。

⑤ 拆卸轴承盖和端盖；对于绕线式电动机，先提起和拆除电刷、电刷架和引出线。

⑥ 抽出或吊出转子。

(2) 主要零部件的拆卸方法

1) 传送带轮或联轴器的拆卸　先在传送带轮（或联轴器）的轴伸端（或联轴端）做好尺寸标记（见图 8-5），再将传送带轮或联轴器上的定位螺钉或销子松脱取下，装上图 8-6 所示的拉具，拉具的丝杆顶端要对准电动机轴的中心，转动丝杆，把传送带轮或联轴器慢慢拉出。如拉不出，不要硬卸，可在定位螺钉孔内注入煤油，待几小时以后再拉。如再拉不出，可用喷灯等急火在传送带外侧轴套四周加热，使其膨胀，就可拉出。加热的温度不能太高，要防止轴变形。拆卸过程中不能用手锤直接敲出传送带轮，敲打会使传送带轮或联轴器碎裂，使轴变形，端盖受损等。

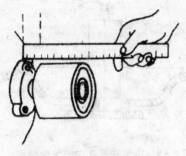　　　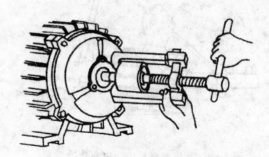

图 8-5　传送带轮的位置标法　　　　图 8-6　用拉具拆卸传送带轮

2) 刷架、风罩和风扇叶的拆卸　绕线式异步电动机要先松开刷架弹簧,抬起刷握卸下电刷,然后取下电刷架,拆卸前应做好标记,便于装配时复位。

封闭式电动机在拆卸传送带轮或联轴器后,就可以把外风罩的螺栓松脱,取下风罩,然后松脱或取下转子轴尾端风扇上的定位螺钉或销子,用手锤在风扇四周均匀轻敲,风扇就可以松脱下来。小型电动机的风扇一般可不用拆下,可随转子一起抽出。如果后端盖内的轴承需要加油或更换时就必须拆卸。

若风扇叶是塑料制成的,可将风扇浸入热水中待膨胀后卸下。

3) 轴承盖和端盖的拆卸　先把轴承外盖螺栓松下,拆下轴承外盖。为便于装配时复位,应在端盖与机座接缝处的任一位置做好标记后,松开端盖的紧固螺栓,随后用手锤均匀敲打端盖四周(敲打时要衬以垫木),把端盖取下。较大型电动机端盖较重,应先把端盖用起重设备吊住,以免端盖卸下时跌碎或碰坏绕组。对于小型电动机,可先把轴伸端的轴承外盖卸下,再松开后端盖的紧固螺栓(如风扇叶是装在轴伸端,则须先把后端盖的轴承外盖取下),然后用木锤敲打轴伸端,就可以把转子和后端盖一起取下。

4) 轴承拆卸的常用方法

① 用拉具拆卸　应根据轴承的大小,选用适宜的拉具,按图8-7的方法夹住轴承,拉具的脚爪应紧扣在轴承的内圈上,拉具的丝杆顶点要对准转子轴的中心,扳转丝杆要慢,用力要均匀。

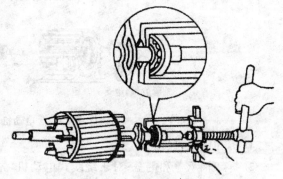

② 用铜棒拆卸　轴承的内圈垫上铜棒,用手锤敲打铜棒,把轴承敲出(见图8-8)。敲打时要在轴承内圈四周相对两侧轮流均匀敲打,不可偏敲一边,用力不要过猛。

图8-7　用拉具拆卸轴承

③ 加热拆卸　如因轴承装配过紧或轴承氧化不易拆卸时,用100℃左右的机油淋浇在轴承内圈上,趁热用上述方法拆卸,可用布包好转轴,防止热量扩散。

④ 轴承在端盖内的拆卸　在拆卸电动机时,若遇到轴承留在端盖的轴承孔内时,可采用图8-9的方法拆卸。把端盖止口面向上,平稳地搁在两块铁板上,垫上一段直径小于轴承外径的金属棒,沿轴承外圈(用手锤敲打金属棒)敲打,将轴承敲出。

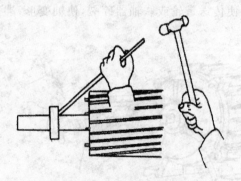

图8-8　用铜棒敲打拆卸滚动轴承

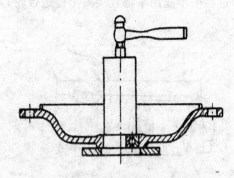

图8-9　拆卸端盖孔内的滚动轴承

5）抽出转子

小型电动机的转子可以连同后端盖一起取出，抽出转子时应小心缓慢，注意不可歪斜，防止碰伤定子绕组。对于绕线式转子，抽出时还要注意不要损伤滑环面和刷架等。对大、中型电动机，转子较重，要用起重设备将转子吊出（见图8-10）。用钢丝绳套住转子两端轴颈，在钢丝绳与轴颈间衬一层纸板或棉纱头（见图8-10(a)）；当转子的重心已移出定子时，在定子与转子间隙塞入纸板垫衬，并在转子移出的轴端垫以支架或木块搁住转子（见图8-10(b)）；然后将钢丝绳钩吊住转子（不要将钢丝绳吊在铁芯风道里，应在钢丝绳和转子间）。

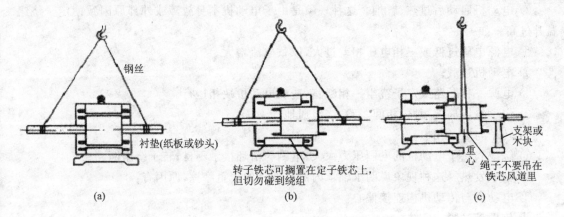

图8-10 用起重设备吊出转子

【任务评价】

三相异步电动机的拆装成绩评分标准见附表8-1。

课题二 三相异步电动机的故障排除

一、三相异步电动机的故障分析与排除

1. 常见故障现象

1）合上闸刀，电动机接通电源后不能启动或有异常响声。这种现象，属于电动机外部因素的有：

① 断相运行，电源一相或两相断路。
② 启动设备发生故障。
③ 电动机过载。

属于电动机机械结构方面的有：

① 机壳破裂。
② 轴承损坏，以致转子与定子相擦。
③ 轴承的滚珠磨损，轴套间隙过大，轴承内严重缺油。
④ 轴承内有异物卡住，转不动。
⑤ 定子在机座内松动或其他零件松动。

属于电动机绕组方面的有：

① 绕组连接有错误。
② 定子绕组断路或短路。
2) 电动机启动后无力,转速较低。这种现象的故障一般都在电动机本身,一般原因是:
① 将三角形接法误接为星形接法。
② 鼠笼转子的端环、笼条断裂或脱焊。
③ 定子绕组局部短路或断路。
④ 绕线转子的绕组断路,电刷的规格不对,滑环表面粗糙不平或有油垢。
3) 电动机启动后过热、冒烟。这种现象是由于电动机本身故障或外部原因致使定子绕组温升过高。如:
① 电源电压过低或三相电压相差过大,以致电流增大。
② 电动机过载。
③ 电源一相断路或定子绕组一相断路,造成电动机缺相运行。
④ 定子绕组局部短路,相间短路,绕组通地。
⑤ 转子与定子相擦。
⑥ 绕线式转子电动机的电刷压力太大;电刷与滑环接触不良;转子绕组断路。
4) 轴承发热。这种现象说明了轴承内部有额外的严重摩擦,原因有:
① 电动机与传动机构连接偏心。
② 传送带过紧。
③ 转轴弯曲。
④ 轴承磨损,轴承内有异物,轴承缺油。
⑤ 轴承标准不适合。

2. 故障的分析

检查三相异步电动机的故障虽然繁多,但故障的产生,总是和一定的因素相联系的。如电动机绕组绝缘损坏是与绕组过热有关,而绕组的过热总是和电动机绕组中电流过大有关的。只要根据电动机的基本原理、结构和性能,以及有关方面情况,就可对故障作正确判断。因此在修理前,要通过看、闻、问、听、摸,充分掌握电动机的情况,就能有针对性地对电动机作必要检查。

二、三相异步电动机定子绕组首尾端判别

当电动机接线板损坏,定子绕组的 6 个线头分不清楚时,不可盲目接线,以免引起电动机内部故障,因此必须分清 6 个线头的首尾端后才能接线。

6 个线头首尾端判别方法:

1. 用 36 V 交流电源和照明灯判别首尾端

① 先用万用表的电阻挡,分别找出三相绕组的各相两个线头。
② 先给三相绕组的线头作假设编号,如 U1、U2、V1、V2、W1、W2。并把 V1、U2 连接起来,构成两相绕组串联。
③ U1、V2 线头上接一只照明灯。
④ W1、W2 两个线头上接通 36 V 交流电源,如果照明灯发亮,说明线头 U1、U2 和 V1、V2 的编号正确。如果照明灯不亮,则把 U1、U2 或 V1、V2 中任意两个线头的编号对调一下

即可。

⑤ 再按上述方法对 W1、W2 两头线头进行判别。判别时的接线如图 8-11 所示。

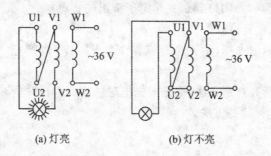

(a) 灯亮　　　　　　　(b) 灯不亮

图 8-11　用 36 V 交流电源和照明灯判别绕组首尾端

2. 用万用表判别 6 个线头的首尾端

(1) 方法之一

① 先用万用表电阻挡分别找出三相绕组的各相两个线头。

② 给各相绕组假设编号为 U1、U2、V1、V2 和 W1、W2。

③ 按图 8-12 接线，用手转动电动机转子，如万用表(微安挡)指针不动，则证明假设的编号是正确的；若指针有偏转，说明其中有一相首尾端假设编号不对。应逐相对调重测，直至正确为止。

(2) 方法之二

① 先分清三相绕组各相的两个线头，并进行假设编号，按图 8-13 的方法接线。

② 注视万用表(微安挡)指针摆动的方向，合上开关瞬间，若指针摆向大于零的一边，则接电池正极的线头与万用表负极所接的线头同为首端或尾端；如指针反向摆动，则接电池正极的线头与万用表正极所接的线头同为首端或尾端。

③ 再将电池和开关接另一相两个线头，进行测试，就可正确判别各相的首尾端。

图中的开关可用按钮开头。

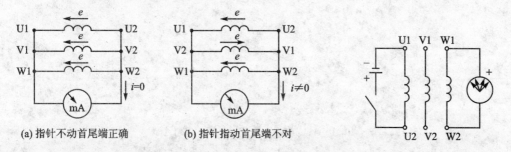

(a) 指针不动首尾端正确　　　(b) 指针指动首尾端不对

图 8-12　用万用表判断首尾端方法之一　　　图 8-13　用万用表判断首尾端方法之二

3. 生产实习

1) 判别三相异步电动机定子绕组的首、尾端。

2) 仪表、万用电表、接线夹、按钮、干电池、12 V 照明灯、220/36 V 变压器、三相异步电动机(从接线盒内引出 6 根无编号的导线)。

3) 实习步骤

① 用万用电表电阻挡找出三相绕组各相的两个线头,作好标记。

② 用 36 V 交流电源和照明灯判别三相定子绕组的首尾端。

③ 用万用表法进行重复检验。

④ 正确后,将原作标记去掉;给三个首端作 U1、V1、W1 的标记,相应的尾端作 U2、V2、W2 的标记。

4) 注意事项:上述所有判别方法,都是根据电磁感应原理设计的,重温这个原理及电感线圈的串并联,就能熟练掌握这些方法。

【任务评价】

三相异步电动机定子绕组首尾端判别成绩评分标准见附表 8-2。

模块九 单片机

第一节 单片机(MCS-51)简介

一、单片机的概述

1. 什么是单片机

单片微型计算机就是将 CPU、RAM、ROM、定时器/计数器和多种接口都集成到一块集成电路芯片上的微型计算机。因此,一块芯片就构成了一台计算机。它已成为工业控制领域、智能仪器仪表、尖端武器、日常生活中最广泛使用的计算机。

2. 单片机的发展历程

单片机自从 20 世纪 70 年代问世以来,以其鲜明的特点得到迅猛的发展,单片机的发展经历了以下几个阶段:

① 单片机的初级阶段 1976 年 Intel 公司推出了 8 位 MCS-48 系列单片机,以其体积小、质量轻、控制功能齐全和低价格的特点,得到了广泛的应用,为单片机的发展奠定了坚实的基础。

② 单片机的发展阶段 80 年代初,Intel 公司推出了 8 位 MCS-51 系列单片机,随着单片机应用的急剧增加,其他的单片机也随之大量涌现如:Motorola 的 68 系列,Zilog 的 Z8 系列等。

③ 高性能单片机发展阶段 随着控制领域对单片机性能要求的增加,出现了 16 位单片机,而且芯片内部也增加了其他的性能。如 Intel 的 MCS-96 系列单片机,在单片机内部集成了 A/D 转换器、PWM 输出。在未来,应各种电子产品对单片机的要求,单片机将会向多功能、高性能、高速度、低电压、低功耗、大容量存储器的方向发展。

二、MCS-51 系列单片机的内部结构

1. 微处理器结构

由单片机的内部结构如图 9-1 可知,MCS-51 单片机主要由以下几部分组成:中央处理器(CPU)、振荡电路、内部总线、程序存储器和数据存储器、定时器/计数器、I/O 口、串行口和中断系统。

2. 振荡电路

单片机必须在时钟的驱动下才能进行工作。MCS-51 单片机内部具有一个时钟振荡电路,需要外接振荡器,即可为各部分提供时钟信号。

典型的时钟电路如图 9-2 所示。在电路中电容通常取 30 pF,晶振的取值通常为:1~33 MHz(不同型号的单片机的上限频率可能有差别)。

3. 时钟周期、状态周期和机器周期

① 时钟周期 单片机在工作时,由内部振荡器产生或由外部直接输入的送到内部控制逻

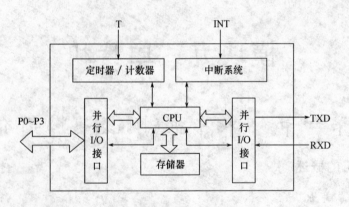

图 9-1 单片机内部结构示意图

辑单元的时间信号的周期。其大小是时钟信号频率(f_{osc})的倒数。

例如：时钟信号频率 f_{osc} 为 6 MHz，则时钟周期为 1/6 μs。

② 状态周期　由 2 个时钟周期组成(1 个状态周期＝2 个时钟周期)。

③ 机器周期　由 12 个时钟周期或 6 个状态周期组成(1 个机器周期＝12 个时钟周期)。

例如：有一个单片机系统，它的 $f_{osc}=12$ MHz，则时钟周期为 1/12 μs，状态周期为 1/6 μs，机器周期为 1 μs。

1 个机器周期＝6 个状态周期＝12 个时钟周期。

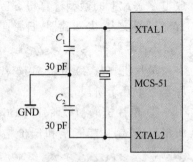

图 9-2 典型时钟电路

三、复位和复位电路

单片机在重新启动时都需要复位，MCS-51 系列单片机有一个复位引脚输入端 RST。MCS-51 系列的单片机复位方法为：在 RST 上加一个维持两个机器周期以上的高电平，则单片机被复位。复位时单片机各部分将处于一个固定的状态。

常用的 MCS-51 单片机复位电路如下：

① 上电自动复位电路如图 9-3(a)所示；

② 手动复位电路如图 9-3(b)所示。

四、MCS-51 单片机的引脚功能

MCS-51 单片机采用 40 脚双列直插式封装形式，如图 9-4 所示，主要包括以下几个部分：

1. 电源引脚 V_{CC} 和 V_{SS}

① V_{CC}(40 脚)：电源端，为＋5 V。

② V_{SS}(20 脚)：接地端。

2. 时钟电路引脚 XTAL1 和 XTAL2

① XTAL1 为内部振荡电路反相放大器的输入端。

② XTAL2 为内部振荡电路反相放大器的输出端。

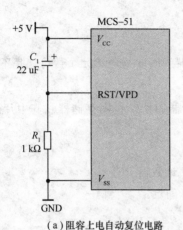
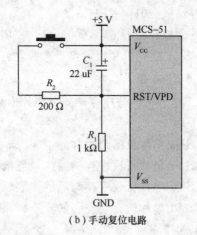

(a) 阻容上电自动复位电路　　(b) 手动复位电路

图 9-3　复位电路

3. 其他引脚

① 控制信号引脚 RST、ALE、PSEN 和 EA。
② I/O(输入/输出)端口 P0、P1、P2 和 P3。
③ MCS-51 单片机 P3 口的第二功能如表 9-1 所列。

表 9-1　MCS-51 单片机 P3 口的第二功能

引　脚	第二功能
P3.0	RXD(串行口输入)
P3.1	TXD (串行口输出)
P3.2	$\overline{INT0}$ (外部中断 0 输入)
P3.3	$\overline{INT1}$ (外部中断 1 输入)
P3.4	T0 (定时器 0 的外部输入)
P3.5	T1 (定时器 1 的外部输入)
P3.6	$\overline{WR}$ (片外数据存储器写选通控制输出)
P3.7	$\overline{RD}$ (片外数据存储器读选通控制输出)

图 9-4　单片机引脚图

五、MCS-51 单片机的存储器

1. MCS-51 系列的单片机存储空间

MCS-51 系列的单片机有 5 个独立的存储空间,它们分别是:

① 片内/片外程序存储器 64 K(0000H~0FFFFH);
② 128B 的片内数据存储器(00H~7FH);
③ 128B 特殊功能寄存器 SFR(80H~0FFH);

模块九　单片机

④ 位寻址区(20H～2FH)；

⑤ 片外数据存储器 64 K(0000H～0FFFFH)。

注：MCS-51 系列单片机各型号芯片在各个存储器空间的物理单元个数可能是不同的。

2. 程序存储器

MCS-51 单片机的程序存储器分为片内程序存储器和片外程序存储器。其中片外程序存储器中：

① MCS-51 单片机的最大存储空间为 64 KB。

② MCS-51 单片机程序存储器的地址指针为程序计数器 PC。

③ MCS-51 单片机程序存储器的读取顺序由 $\overline{EA}$ 确定。

④ MCS-51 单片机存储空间的 6 个特殊功能区域。

3. $\overline{EA}$ 的作用

① 对于片内有 4 KB 程序存储器的单片机,若 $\overline{EA}$＝1 时,则 PC 的值在 0000H～0FFFH 之间,CPU 先从片内程序存储器空间取指执行。当 PC 的值大于 0FFFH 时才访问外部的程序存储器空间。

若 $\overline{EA}$＝0 时,则片内程序存储器空间被忽略,CPU 只从片外程序存储器空间取指执行。

② 对于片内没有程序存储器的单片机,在构成系统时必须在外部扩展程序存储器,其 $\overline{EA}$ 必须接地。

4. 特殊功能区域

程序存储器空间有 6 个特殊功能区域：

① 0000H　　系统的启动单元(系统复位后,单片机从此处开始取指令开始执行)；

② 0003H　　外部中断 0 入口地址；

③ 000BH　　定时器/计数器 0 中断入口地址；

④ 0013H　　外部中断 1 入口地址；

⑤ 001BH　　定时器/计数器 1 中断入口地址；

⑥ 0023H　　串行中断入口地址。

5. 128B 的片内数据存储器(00H～7FH)

MCS-51 单片机的内部数据存储器有以下几个部分：

(1) 工作寄存器区(00H～1FH)

内部 RAM 的 00H-1FH 分为 4 个区(由 RS0 和 RS1 的状态决定当前的工作寄存器组别)，每个区有 8 个单元,分别用 R0～R7 来表示。

第 0 组工作寄存器：地址范围为 00H-07H；

第 1 组工作寄存器：地址范围为 08H-0FH；

第 2 组工作寄存器：地址范围为 10H-17H；

第 3 组工作寄存器：地址范围为 18H-1FH。

举例：

如果 RS0:RS1＝00 时；则(R0)＝00H(使用第 0 组)。

如果 RS0:RS1＝01 时；则(R0)＝08H(使用第 1 组)。

如果 RS0:RS1＝10 时；则(R0)＝10H(使用第 2 组)。

如果 RS0:RS1＝11 时;则(R0)＝18H(使用第 3 组)。

(2) 位寻址区(20H～2FH)

该区域的 16 个字节单元可以用于位寻址(共 128 个位单元,位地址为:00H～7FH);另外也可以作为一般的 RAM 使用。

举例:SETB　　0FH(21H.7);置位 0FH 为"1"
　　　CLR　　 0FH(21H.7);置位 0FH 为"0"

(3) 用户区(30H～7FH)

该区域的 80 个字节单元,主要用于用户的数据存储,在该区域的单元只能以地址单元的形式进行操作。

128B 特殊功能寄存器 SFR(80H～0FFH)

MCS-51 单片机中,有 21 个具有特殊功能的寄存器,主要用来存放单片机相应功能部件的控制命令、状态或数据。其中常用的有以下几个:

① ACC(累加器:8 位)　特殊用途的寄存器,专门存放操作数或运算结果。

例如:MOV　A,30H(把 30H 单元的数据传送给 A)
　　　ADD　A,30H(30H 的数据和 A 的内容相加,并保存在 A 中)

② B(8 位)　专门为乘除法而设置的寄存器。

例如:MUL　A,B　;A 和 B 相乘,结果的高低字节分别放入 A 和 B 中
　　　DIV　A,B　;(A)/(B),商存 A,余数存 B

③ PSW(程序状态字,8 位)　存放指令执行后的有关状态,如表 9-2 所列。

表 9-2　程序状态字结构

位　序	D7	D6	D5	D4	D3	D2	D1	D0
位标志	CY	AC	F0	RS1	RS0	OV	/	P

CY(C):进位和借位标志。当指令执行中有进位和借位产生时,CY 为 1,反之为 0。

AC:辅助进位、借位标志(高半字节对低半字节的进位和借位)。有进位和借位产生时,AC 为 1,反之为 0。

F0:用户标志位,由用户自定义。

RS1 和 RS0:工作寄存器选择标志位。

OV:溢出标志位。

P:奇偶校验位。当 A 中 1 的个数为偶数时,P＝0,反之为 1。

④ SP(堆栈指针,8 位)　专门存放堆栈的栈顶位置。遵循"先进后出"的原则。

注意:禁止用传送指令存放数据。在编程设计时,首先设置堆栈指针 SP 的值(如:MOV SP,♯60H),在执行堆栈操作、程序调用、子程序返回及中断返回等指令时,SP 的值自动增 1 或减 1。

⑤ DPTR(数据地址指针,16 位)　存放程序存储器的地址或外部数据存储器的地址。可分 DPH 和 DPL 两个独立 8 位寄存器使用。

⑥ PC(程序地址寄存器,16 位)　执行指令后自动加一,常将 PC 值设置成程序第一条指令的内存地址。访问范围:0000H～0FFFFH。

第二节 MCS-51 系列单片机的指令系统及汇编语言程序设计

一、指令格式与寻址方式

1. 指令格式

MCS-51 单片机汇编语言指令格式为,如表 9-3 所列。

表 9-3 指令格式

标号:	操作码	操作数或操作数地址	注释

(1) 标号　标号是程序员根据编程需要给指令设定的符号地址,可有可无;通常是由 1~8 个字符组成,第一个字符必须是英文字母,不能是数字或其他符号;标号后必须用冒号;在程序中,不可以重复使用。

(2) 操作码　操作码表示指令的操作种类,规定了指令的具体操作。例如:ADD(加操作),MOV(数据的传送操作)。

(3) 操作数或操作数地址　操作数或操作数地址表示参加运算的数据或数据的地址。操作数和操作码之间必须用逗号分开。操作数一般有以下几种形式:

① 没有操作数项,操作数隐含在操作码中,如 RET 指令;
② 只有一个操作数,如 CPL　A 指令;
③ 有两个操作数,如 MOV　A,#00H 指令,操作数之间以逗号相隔;
④ 有三个操作数,如 CJNE　A,#00H,NEXT 指令,操作数之间也以逗号相隔。

(4) 注释　注释是对指令的解释说明,用以提高程序的可读性;注释前必须以";"和指令分开,注释在每条指令后都可以设有。

二、MCS-51 单片机指令中常用符号含义

指令中常用符号含义如表 9-4 所列。

表 9-4 单片机指令常用符号

符　号	含　　义
Rn	当前工作寄存器中的某一个,即 R0~R7
Ri	R0 或者 R1
Direct	内部 RAM 低 128 字节中的某个字节地址,或者是某个专用寄存器的名字
#data	8 位(1 字节)立即数
#data16	16 位(2 字节)的立即数
Addr16	16 位目的地址,在 LJMP 和 LCALL 的指令中采用
Addr11	11 位目的地址,只在 AJMP 和 ACALL 指令中采用

续表 9-4

符号	含义
Rel	相对转移指令中的偏移量 DPTR 数据指针（由 DPH 和 DPL 构成）
Bit	内部 RAM（包括专用寄存器）中可寻址位的地址或名字
A	累加器 ACC
B	B 寄存器
@	间接寻址标志
/	加在位地址前，表示对该位状态取反
(X)	某寄存器或某单元的内容
((X))	由 X 间接寻址的单元中的内容

三、MCS-51 单片机的寻址方式

MCS-51 有 7 种不同的寻址方式，所下所述。

1. 立即寻址

MOV A,#40H；将 40H 这个立即数传送给累加器 ACC，"#"符号称为立即数符号，40H 在称为立即数。

2. 直接寻址

MOV A,30H；将内部 RAM30H 单元内的数传送给累加器 ACC。例如：MOV A,30H；假如(30H)=55H；则 A=55H。

3. 寄存器寻址

MOV A,R0

数据存放在 R0~R7 中的某个通用寄存器内，或者放在某个专用寄存器中。例如：MOV A,R0；设 R0 的值为 40H；则 A=40H。

4. 寄存器间接寻址

在 51 单片机中有两个寄存器可以用于间接寻址，它们是 R0 和 R1。当指向片外的 64 KB 的 RAM 地址空间时，可用 DPTR 作间接寄存器。

MOV A,@R0

假如：R0 寄存器中的数据是 50H，则以上指令的意思是：将内部 RAM 中 50H 单元内的数传送给累加器 ACC。

例如：R1 内的数是 70H，在内部 RAM 的 70H 单元中存放的数据是 00H，在执行以下指令后，外部 RAM 中 3FFFH 单元的内容是 00H。

```
MOV    A,@R1
MOV    DPTR,#3FFFH
MOVX   @DPTR,A
```

5. 位寻址

当单片机要进行某一位二进制数操作时，可采用位寻址。

例如：SETB C

指令含义:将专用寄存器 PSW 中的 CY 位置为 1。
CLR   P1.0;将单片机的 P1.0 清"0"
SETB   P1.0;将单片机的 P1.0 置"1"

6. 变址寻址

例如:MOVC   A,@A+DPTR

指令含义:假设在执行指令前,数据指针 DPTR 中的数据是 1 000H,累加器 ACC 中的数据是 50H,则上述指令执行的操作是将程序存储器 1050H 单元中的数据传送给累加器 ACC。

同样寻址方式的指令还有两条:

MOVC   A,@A+PC
JMP   @A+DPTR

该类指令常用于编写查表程序。

7. 相对寻址

在跳转程序中有一种相对寻址方式,程序的书写方式是:

SJMP   rel

程序含义:当程序执行到上述语句时,在当前语句位置的基础上向前或向后跳转 rel 中指明的位置。

例如: JZ   rel
        CJNE   A,#DATA,rel
        DJNZ   R0,rel

课题一　51 系列通用 I/O 控制

【任务引入】

单片机 I/O(Input/Output)端口,称为 I/O(简称为 I/O 口)或称为 I/O 通道或 I/O 通路。I/O 端口是单片机与外围器件或外部设备实现控制和信息交换的桥梁。51 系列单片机有 4 个双向 8 位 I/O 口 P0~P3,共 32 根 I/O 引线。每个双向 I/O 口都包含一个锁存器(专用寄存器 P0~P3)、一个输出驱动器和输入缓冲器。

【任务分析】

51 系列通用 I/O 控制电路原理如图 9-51 所示。其中 P1 口为准双向 I/O 口,每一位口线都能独立作为输入/输出线。

① 通过电路分析可以得知低电平"0"让 LED 灯点亮,反之高电平"1"让 LED 灯熄灭。

② 由于此程序的花样显示较复杂,因此可建立一个表格,通过查表方式编程较简单,如果想显示不同的形式,只需将表中的代码更改即可。

【相关知识】

一、Keil-5 软件使用

Keil C 软件菜单命令非常丰富,常用的菜单命令都有对应的快捷键和快捷图标,自己可以打开相应的菜单,熟悉各种命令。

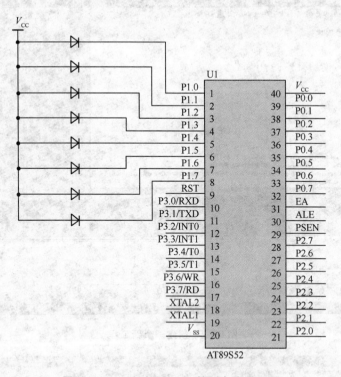

图 9-5 51 系列通用 I/O 控制电路原理图

打开计算机,运行 Keil C51 集成开发环境,如图 9-6 所示。

图 9-6 第一次启动 Keil C

1. 创建项目

选择"Project""New Project…"建立新的工程文件(注意工程文件放置的文件夹),输入文件名,选择"保存",如图 9-7 和图 9-8 所示。

模块九 单片机

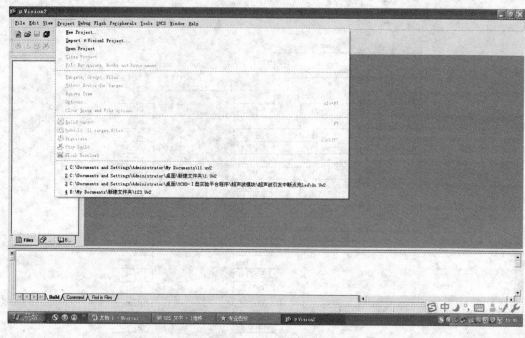

图9-7 创建一个新工程

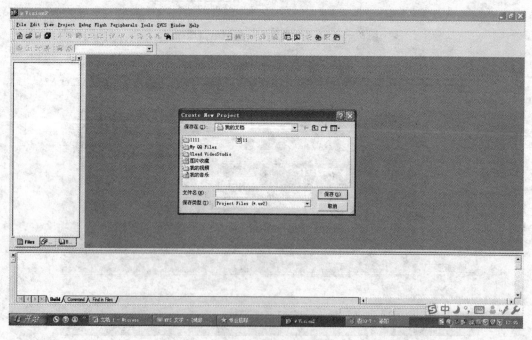

图9-8 为新工程命名并保存

2. 单片机类型选择

工程保存后会弹出来一个器件选择窗口,这里需要选择单片机芯片类型。器件选择的目的是告诉 μVision 2 最终使用的 80C51 芯片的型号是哪一个公司的哪一个型号,因为不同型号的 51 芯片内部的资源是不同的,如图 9-9 所示。

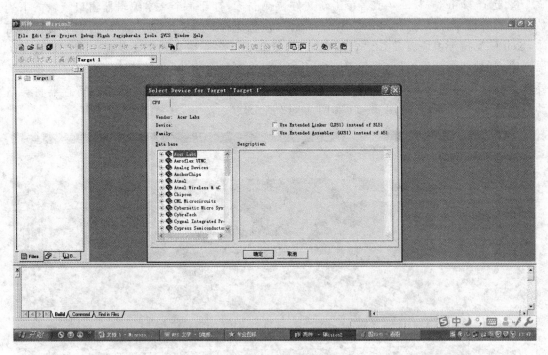

图 9-9 器件选择窗口

① 选择"Atmel"下的"AT89C51",然后在接下来的窗口中,选择"是",加载芯片基本参数,如图 9-10 所示。

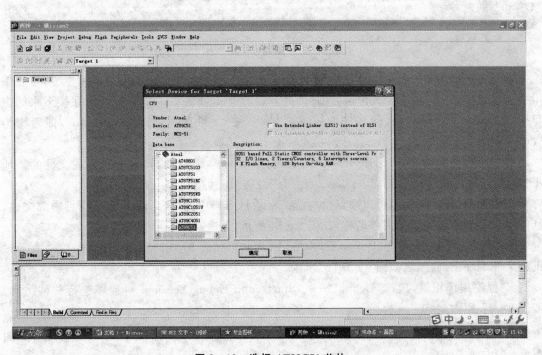

图 9-10 选择 AT89C51 芯片

模块九 单片机

② 选择"File"→"New"或者单击新文件快捷图标,打开一个文本编辑器窗口。输入下列数据传送的程序,然后选择"File"→"Save…",注意保存时给文件起名字以后,加个文件名后缀,Keil C支持汇编语言及C语言编程,它是依靠文件名后缀来判断文件是汇编语言还是C语言格式的,如果是汇编语言,后缀为".asm",或".a",C语言格式的,后缀为".c"。根据实验要求选择保存为汇编语言格式或C语言格式。注意此时程序中的一些代码和寄存器将会自动蓝色显示,方便观察,如图9-11和图9-12所示。

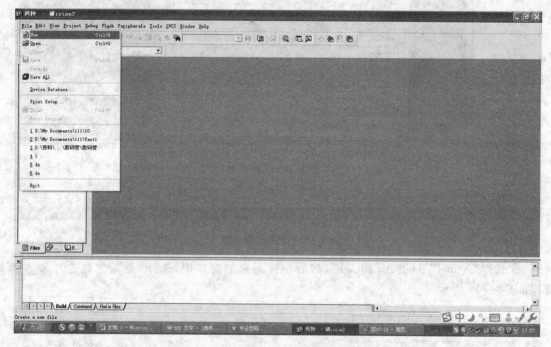

图 9-11 创建一个新文件

③ 选择"Project"→"Targets,Groups,Files…",选择"Groups/Add Files"标签,首先单击下边窗口中的"Source Group 1",然后选择下边的"Add Files to Group…",在接下来的窗口中,首先选择你需要加入的文件的后缀名(默认是.c可选择 Asm Source file,即后缀为".a"),如图9-13所示。

然后选择对应的文件,选择"Add",然后选择"Close",最后选择"确定",完成文件的添加工作。

工程项目添加结束后,可以用鼠标单击工程项目窗口中的"+",展开工程项目内部文件,从中可以看到添加进来的文件名称,如图9-14所示。

④ 编译工程文件,选择"Project"—"Build target",如图9-15所示。图9-16(a)表示该工程文件编译正确,反之如图9-16(b)所示。

⑤ 程序编译正确,选择"Debug"——"Start/Stop Debug Session"对程序进行软件仿真,如图9-17和图9-18所示。

⑥ 选择"Peripherals",选择输入/输出口,单击 ▤ 仿真运行,或单击 ▤ 单步运行,如图9-19所示。

模块九 单片机

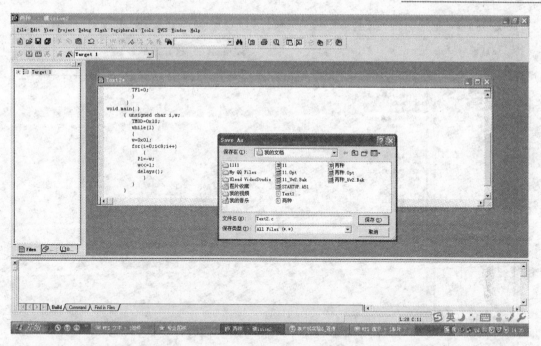

图 9-12 输入程序并保存文件

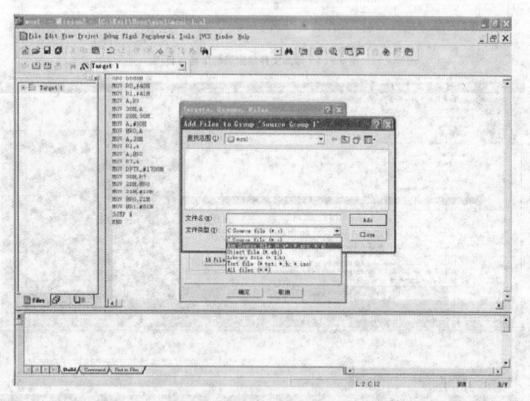

图 9-13 选择准备添加的文件类型

模块九 单片机

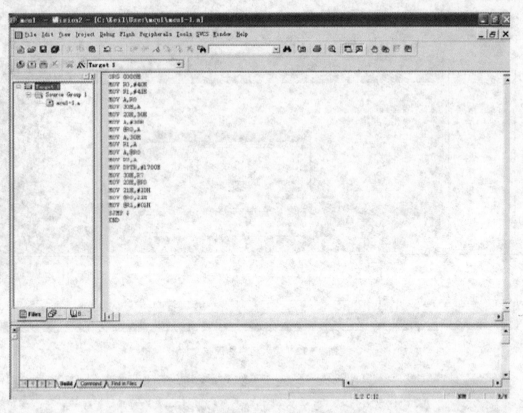

图 9-14 添加文件结束后的工程项目

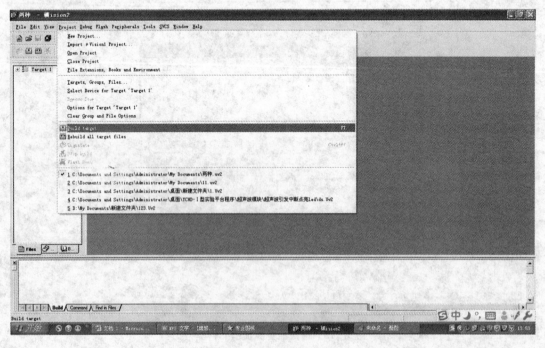

图 9-15 编译文件窗口

模块九 单片机

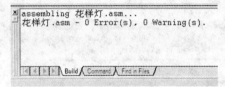

(a) 程序正确　　　　　　　　　　　(b) 程序有误

图 9-16

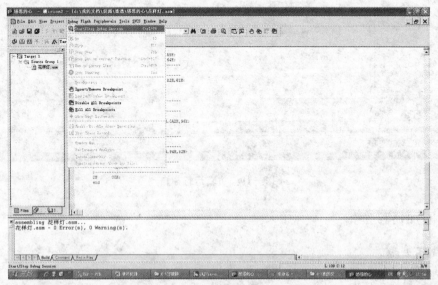

图 9-17　选择 Debug 标签

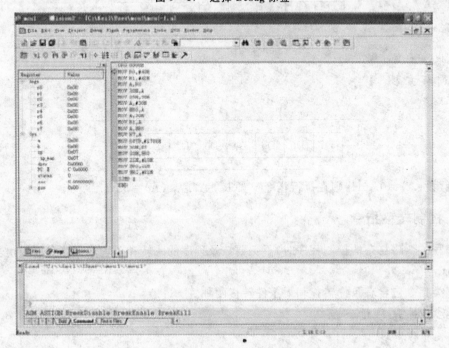

图 9-18　进入 Debug 状态

模块九　单片机

图 9-19　仿真运行窗口

二、累加器移位指令

1. 循环左移

RL A

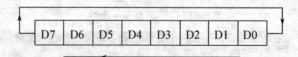

例：假设(A)=0A6H,则在执行指令" RL A"后,(A)=4DH。

2. 循环右移

RR A

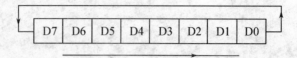

例：假设(A)=0A6H,则在执行指令" RR A"后,(A)=53H。

三、控制转移指令

在编写一个略复杂的控制程序时,不免要涉及程序的跳转和子程序调用,这时就要用到转移类指令。

转移类指令包含有条件转移和无条件转移两种。

1. 无条件转移指令组

（1）长转移指令

LJMP　　目标语句

说明:目标语句可以是程序存储器 64 KB 空间的任何地方。

(2) 绝对转移指令

AJMP　　　目标语句

注意:目标语句必须和当前语句同页。在 51 单片机中,64 KB 程序存储器分成 32 页,每页 2KB(7FFH)。

(3) 短跳转指令

SJMP　　　目标语句(rel)

注意:短跳转的目标语句地址必须在当前语句向前 128(80H)字节,向后 127(7FH)字节,否则在进行程序编译时肯定出错。

2. 条件转移指令组

所谓条件转移,指指令中规定的条件满足时,程序跳转到目标地址。

① 数值比较转移指令

CJNE　　A,#data　,目标语句(rel)

含义:累加器的数和立即数不相等,则跳到目标语句;若相等则顺序执行下一条指令。

CJNE　　A,direct,rel

CJNE　　Rn,#data,rel

CJNE　　@Ri,#data,rel

② 减 1 条件转移指令组:该类指令主要用于循环程序设计。

DJNZ　Rn,目标地址(rel);如果(Rn)-1≠0,则程序跳转到目标语句,否则顺序执行下一条语句。

DJNZ　　direct,目标地址(rel)

3. 子程序调用和返回指令

子程序调用指令

① 长调用指令

　　　LCALL　　　目标子程序标号

例:　LCALL　DELAY　;调用 DELAY 子程序

② 绝对调用指令

　　　ACALL　　　目标子程序

例:　ACALL　DELAY

③ 子程序返回指令

RET　;子程序调用返回

【任务实施】

操作步骤如下:

① 在 Keil 程序中,执行菜单命令"Project"→"New Project"创建"51 系列 I/O 控制口的应用"项目,并选择单片机型号为 AT89C51。

② 执行菜单命令"File"→"New"创建文件,输入汇编源程序,保存"51 系列 I/O 控制口的应用.ASM"。在 Project 栏的 File 项目管理窗口中右击文件组,选择"Add File Group Source Group1",将源程序"51 系列 I/O 控制口的应用.ASM 添加到项目中。

③ 执行菜单命令"Project"→"Options for Target target 1",在弹出的对话框中选择

"Output"选项卡,选中"Create HEX File"。

④ 执行菜单命令"Project"→"Build Target",编译源程序,如果编译成功,则在"Output Window"窗口中显示没有错误,并创建了"51系列I/O控制口的应用.HEX"。

⑤ 在Keil中执行菜单命令"Debug"→"Star/Stop Debug Seession",进入Keil调试环境。在Keil代码编辑窗口中设置相应断点,断点的设置方法,在需要设置断点语句的空白处双击,可设置断点;再次双击,可取消该断点。设置好断点后,在Keil中按F5键运行程序。从运行结果看出使用P1口控制LED0~LED7进行花样显示。显示规律为:

1) 8个LED依次左移点亮。
2) 8个LED依次右移点亮。
3) LED0、LED2、LED4、LED6亮1s后熄灭,LED1、LED3、LED5、LED7亮1s后熄灭,LED0、LED2、LED4、LED 6亮1s后熄灭…循环3次。
4) LED 0、LED 1、LED 2、LED 3亮1s后熄灭,LED4、LED5、LED6、LED7亮1s后熄灭,LED 0、LED 1、LED 2、LED 3亮1s后熄灭……亮1s后熄灭,LED2、LED3、LED6、LED7亮1s后熄灭……循环3次,然后再从(1)进行循环。

【任务评价】

51系列通用I/O控制成绩评分标准见附表9-1所列。

课题二 定时器/计数器的应用

【任务引入】

在单片机应用系统中,常会有定时控制需求,如定时输出、定时检测和定时扫描等。也经常要对外部事件进行计数。80C51单片机片内集成有两个可编程的定时器/计数器:T0和T1。这既可以工作于定时模式,也可以工作于外部事件计数模式。此外,T1还可以作为串行口的波特率发生器。

【任务分析】

AT89S51单片机内部集成了定时器/计数器的功能模块,该模块通过一个开关来选择输入的信号是时间单位脉冲还是外部事件。也就是说,1个定时器/计数器模块一次只能工作在一次只能工作在一种功能下——要么是定时器,要么是计数器。当完成定时器/计数后,定时器模块向CPU输出一个完成信号来中断定时器/计数操作。AT89S51单片机的Timer0和Timer1的功能基本相同,这两个Timer可以工作在定时器模式下,也可以工作在计数器模式下。Timer所处在的工作模式是由定时器/计数器控制寄存器(TMOD)决定的。

图9-20所示为定时器/计数器电路搭建图。

由于定时器直接延时的最大时间$t_{max}=(2^{16}-0)\times12/(12\times10^6)=65\,536\mu s$,为延时1s,必须采用循环计数方式实现。方法为:定时器每延时50 ms,单片机内部寄存器加1,然后定时器重新延时,当内部寄存器计数20次时,表示已延时1s。使用定时器T0工作在方式1,延时50 ms,初始值TMOD为10H,TH0为3CH,TL0B0H。

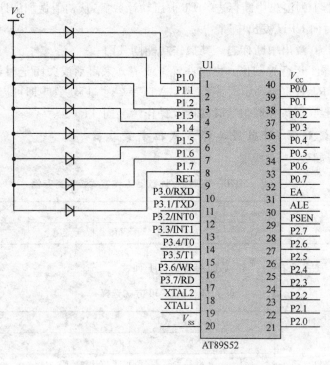

图 9-20 定时器/计数器电路原理图

【相关知识】

一、MCS-51 单片机定时器/计数器组成

定时器/计数器 0(T0):16 位加计数器。
定时器/计数器 1(T1):16 位加计数器。

二、定时器/计数器的功能

① 信号的计数功能:定时器/计数器 0(T0)的外来脉冲输入端为 P3.4;定时器/计数器 1(T1)的外来脉冲输入端为 P3.5。

② 时功能:定时器/计数器的定时功能也是通过计数器实现的,它的计数脉冲是由单片机的片内振荡器输出经 12 分频后产生的信号,即为对机器周期计数。

三、定时器/计数器的控制

定时器/计数器的控制主要是通过以下几个寄存器实现的。

1. TCON---定时器/计数器控制寄存器

TCON 寄存器如表 9-5 所列。

表 9-5 TCON---定时器/计数器控制寄存器

D7	D6	D5	D4	D3	D2	D1	D0
TF1	TR1	TF0	TR0	IE1	IT1	IE0	IT1

① TF1:定时器 1 的溢出中断标志。T1 被启动计数后,从初值做加 1 计数,计满溢出后由硬件置位 TF1,同时向 CPU 发出中断。

② TF0:定时器 0 溢出中断标志。其操作功能同 TF1。

③ TR1:定时器 1 运行控制位。由软件置 1 或清 0 来启动或关闭定时器 1。当 GATE=1,且为高电平时,TR1 置 1 启动定时器 1;当 GATE=0 时,TR1 置 1 即可启动定时器 1。

④ TR0:定时器 0 运行控制位。其功能及操作情况同 TR1。

2. TMOD---定时器/计数器工作方式控制寄存器

TMOD 寄存器如表 9-6 所列。

表 9-6 TMOD---定时器/计数器工作方式控制寄存器

D7	D6	D5	D4	D3	D2	D1	D0
$\overline{CATE}$	C/$\overline{T}$	M1	M0	$\overline{CATE}$	C/$\overline{T}$	M1	M0

① M1 和 M0:方式选择位。定义如表 9-7 所列。

表 9-7 M1、M0 方式选择

M1	M0	工作方式	功能说明
0	0	方式 0	13 位计数器
0	1	方式 1	16 位计数器
1	0	方式 2	自动重装 8 位计数器
1	1	方式 3	定时器 0:分成两个 8 位计数器 定时器 1:停止计数

C/$\overline{T}$:功能选择位。当设置为定时器工作方式该位为"0";当设置为计数器工作方式该位为"1"。

$\overline{CATE}$:门控位。当 $\overline{CAATE}$=0 时,软件控制位 TR0 或 TR1 置 1 即可启动定时器。

当 $\overline{CATE}$=1 时,软件控制位 TR0 或 TR1 须置 1,同时还须(P3.2)或(P3.3)为高电平方可启动定时器,常用于测量信号的脉宽。

注意:TMOD 不能位寻址,只能用字节指令设置,其中高 4 位定义定时器 1,低 4 位定义定时器 0 工作方式。

3. 工作方式计数范围及特点

工作方式 0(M1,M0=0,0),其特点是:

① 为 13 位计数器结构(由 TH 和 TL 的低五位构成);

② 计数范围:1~8 192;

③ 定时时间:(8192-初值)×T 机器周期。

工作方式 1(M1,M0=0,1),其特点是:

① 为 16 位计数器结构(由 TH 和 TL 的全部构成);

② 计数范围:1~65 536;

③ 定时时间:(65536-初值)×T 机器周期。

工作方式 2(M1,M0=1,0),其特点是:

① 为8位计数器结构(由 TL 全部构成，TH 作为预置寄存器)；
② 计数范围：1～256；
③ 定时时间：(256-初值)＊T 机器周期。

注意：在计数溢出后不需要由软件向计数器赋初始值，而改由 TH 完成。IE 为中断允许控制寄存器。

例1：利用 T0，使用工作方式 0，在单片机的 P1.0 输出一个周期为 2 ms，占空比为 1∶1 的方波信号。

解：周期为 2 ms，占空比为 1∶1 的方波信号，只需要利用 T0 产生定时，每隔 1ms 将 P1.0 取反即可。

编程步骤：

(1) 计算 TMOD 的值：由于 GATE＝0；M1M0＝00；C/T＝0，所以 (TMOD)＝00H。
(2) 计算初值(单片机振荡频率为 12 MHz)：所需要的机器周期数：$n＝(1\,000\,\mu s/1\,\mu s)＝1\,000$。计数器的初始值：$X＝8\,192-1\,000＝7\,192$。所以：(TH0)＝0E0H，(TL0)＝18H。

例2：用定时器 T1，使用工作方式 1，在单片机的 P1.0 输出一个周期为 2 min、占空比为 1∶1 的方波信号。

解：周期为 2 min，占空比为 1∶1 的方波信号，只需要利用 T1 产生定时，每隔 1 min 将 P1.0 取反即可。

由于定时器定时时间有限，设定 T1 的定时为 50 ms，软件计数 1 200 次，可以实现 1 min 定时。

编程步骤：

① 计算 TMOD 的值：由于 GATE＝0；M1、M0＝0、1；C/T＝0，所以(TMOD)＝10H。
② 计算初值(单片机的振荡频率为 12 MHz)：所需要的机器周期数：$n＝50\,000\,\mu s/1\,\mu s＝50\,000$，计数器的初始值：$X＝65\,536-50\,000＝15\,536$，所以(TH0)＝3CH；(TL0)＝0B0H。

【任务实施】

① Keil 程序中执行菜单命令"Project"→"New Project"，创建'定时器/计数器的应用'项目，并选择单片机型号为 AT89C51。

② 执行菜单命令"File"→"New"，创建文件，输入汇编源程序，保存"定时器/计数器的应用.ASM"。在 Project 栏的 File 项目管理窗口中右击文件组，选择"Add File Group Source Group1"，将源程序"定时器/计数器的应用.ASM"添加到项目中。

③ 执行菜单命令"Project"→"Options for Target target 1"，在弹出的对话框中选择"Output"选项卡，选中"Create HEX File"。

④ 执行菜单命令"Project"、"Build Target"，编译源程序，如果编译成功，则在"Output Window"窗口中显示没有错误，并创建了"定时器/计数器的应用.HEX"。

⑤ 在 Keil 中执行菜单命令"Debug"→"Star/Stop Debug Seession"，进入 Keil 调试环境。

⑥ 在 Keil 代码编辑窗口中设置相应断点，断点的设置方法，在需要设置断点语句的空白处双击，可设置断点；再次双击，可取消该断点。设置好断点后，在 Keil 中按 F5 键运行程序。从运行结果看出 P0.0 和 P0.1 控制的两个 LED 互闪，闪烁间隔时间为 1 s。

【任务评价】

定时器/计数器的应用成绩评分标准见附表 9-2 所列。

课题三　中断系统的应用

【任务引入】

中断系统是计算机的重要组成部分。采用了中断技术后的计算机,可以解决 CPU 与外设之间速度匹配的问题、实时控制、故障自动处理、计算机与外围设备间的数据传送。中断系统的应用大大提高了计算机效率,同时它也提高了计算机处理故障与应变的能力。

【任务分析】

中断系统的应用电路原理图如图 9-21 所示。主程序将 P1 口进行花样显示,显示规律为:

① 8 个 LED 依次左移点亮。

② 8 个 LED 依次右移点亮。

③ LED0、LED2、LED4、LED6 亮 1 s 熄灭,LED1、LED3、LED5、LED7 亮 1 s 熄灭,LED0、LED2、LED4、LED6 亮 1 s 熄灭……循环 3 次。按下中断按钮(按下 $\overline{INT0}$ 的按钮)时使 8 个 LED 闪烁 5 次,然后返回到中断前的状态,继续按前面的规律进行显示。

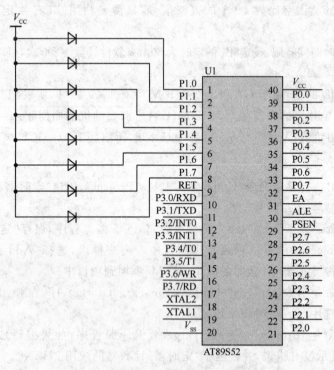

图 9-21　中断系统的应用电路原理图

【相关知识】

一、中断的概念

CPU 在执行程序的过程中,由于某种外界的原因,必须尽快终止 CPU 当前的程序执行,而去执行相应的处理程序,待处理结束后,再回来继续执行开始被终止的程序。这种程序在执行过程中由于外界的原因而被中间打断的情况称为"中断"。

二、中断的作用

① 可以实现 CPU 与外部设备的并行工作,提高 CPU 利用效率。
② 可以实现 CPU 对外部事件的实时处理,进行实时控制。
③ 实现多项任务的实时切换。

三、MCS-51 单片机的中断源

MCS-51 单片机具有多中断控制源,它由以下几部分组成:

外中断:由外部信号触发的中断,MCS-51 有 2 个中断(INT0)和(INT1)组成。

定时中断:由单片机的定时器/计数器的溢出标志触发的中断,MCS-51 单片机有 T0 和 T1 两个定时中断。

串行口中断:由单片机的串行数据传输设置的中断,MCS-51 单片机有 1 个串行中断。

四、中断控制

MCS-51 单片机的中断控制主要是通过以下几个寄存器的设置实现:

① IE(中断允许控制寄存器)如表 9-8 所列。

表 9-8 中断允许控制寄存器

D7	D6	D5	D4	D3	D2	D1	D0
EA	—	—	ES	ET1	EX1	ET0	EX0

EA:总中断允许控制位。EA=1,开放所有中断,各中断源的允许和禁止可通过相应的中断允许位单独加以控制;EA=0,禁止所有中断。

ES:串行口中断允许位。ES=1,允许串行口中断;ES=0,禁止串行口中断。

ET1:定时器 1 中断允许位。ET1=1,允许定时器 1 中断;ET1=0,禁止定时器1 中断。

EX1:外部中断 1 中断允许位。EX1=1,允许外部中断 1 中断;EX1=0,禁止外部中断1 中断。

ET0:定时器 0 中断允许位。ET0=1,允许定时器 0 中断;ET0=0,禁止定时器 0 中断。

EX0:外部中断 0 中断允许位。EX0=1,允许外部中断 0 中断;EX0=0,禁止外部中断0 中断。

② IP(中断优先级控制寄存器)如表 9-9 所列。

表 9-9 中断优先级控制寄存器

D7	D6	D5	D4	D3	D2	D1	D0
—	—	—	PS	PT1	PX1	PT0	PX0

PS:串行口中断优先控制位。PS=1,设定串行口为高优先级中断;PS=0,设定串行口为低优先级中断。

模块九　单片机

PT1:定时器 T1 中断优先控制位。PT1=1,设定定时器 T1 中断为高优先级中断;PT1=0,设定定时器 T1 中断为低优先级中断。

PX1:外部中断 1 中断优先控制位。PX1=1,设定外部中断 1 为高优先级中断;PX1=0,设定外部中断 1 为低优先级中断。

PT0:定时器 T0 中断优先控制位。PT0=1,设定定时器 T0 中断为高优先级中断;PT0=0,设定定时器 T0 中断为低优先级中断。

PX0:外部中断 0 中断优先控制位。PX0=1,设定外部中断 0 为高优先级中断;PX0=0,设定外部中断 0 为低优先级中断。

③ TCON(定时器控制寄存器)如表 9-10 所列。

表 9-10　定时器控制寄存器

D7	D6	D5	D4	D3	D2	D1	D0
TF1	TR1	TF0	TR0	IE1	IT1	IE0	IT0

TF1:定时器 1 的溢出中断标志。T1 被启动计数后,从初值做加 1 计数,计满溢出后由硬件置位 TF1,同时向 CPU 发出中断。

TF0:定时器 0 溢出中断标志。其操作功能同 TF1。

IE1:外部中断 1 标志。IE1=1,外部中断 1 向 CPU 申请中断。

IT1:外部中断 1 触发方式控制位。当 IT1=0 时,外部中断 1 控制为电平触发方式。当 IT1=1 时,外部中断 1 控制为电平触发方式。

IE0:外部中断 0 中断标志。其操作功能与 IE1 相同。

IT0:外中断 0 触发方式控制位。其操作功能与 IT1 相同。

④ SCON(串行口控制寄存器)如表 9-11 所列。

表 9-11　串行口控制寄存器

D7	D6	D5	D4	D3	D2	D1	D0
SM0	SM1	SM2	REN	TB8	RB8	T1	R1

T1:串行发送中断标志。CPU 将数据写入发送缓冲器 SBUF 时,就启动发送,每发送完一个串行帧,硬件将使 TI 置位。

注意:CPU 响应中断时并不清除 TI,必须由软件清除。

R1:串行接收中断标志。在串行口允许接收时,每接收完一个串行帧,硬件将使 RI 置位。

注意:CPU 在响应中断时不会清除 RI,必须由软件清除。

五、中断优先级控制原则

① 低优先级中断不可以打断高优先级中断,但高优先级中断可以打断低优先级中断。

② 如果一个中断请求已经响应,则同级的其他中断服务将被禁止。

③ 当多个同级的中断请求同时出现时,则有以下一个响应的顺序:外部中断 0→定时中断 0→外部中断 1→定时中断 1→串行口中断。

六、中断响应过程

中断响应过程如图9-22所示。

七、中断处理

① 中断现场保护和恢复：中断的现场保护主要是在中断时刻单片机的存储单元中的数据和状态的存储。中断的恢复是恢复单片机在被中断前存储单元中的数据和状态。

② 开中断和关中断：对于一个不允许在执行中断服务程序时被打扰的重要中断，可以在进入中断时关闭中断系统，在执行完后，再开放中断系统。

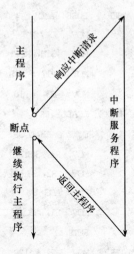

图9-22 中断响应过程流程图

八、中断服务子程序返回指令

```
RETI           ;中断服务子程序返回
```

九、外中断的初始化

方法1
```
CLR    PX0     ;设定外中断0为低优先级
SETB   IT0     ;设定外中断0为边沿触发方式
SETB   EX0     ;开放外中断0允许
SETB   EA      ;开CPU中断允许
```

方法2
```
MOV    IP,#00H    ;设定外中断0为低优先级
MOV    TCON,#01H  ;设定外中断0为边沿触发方式
MOV    IE,#81H    ;开外中断0和CPU中断允许
```

例：P1口输出控制8只发光二极管呈现循环灯状态，当开关按下时，发光二极管全部熄灭一段时间，然后回到原来的状态。

```
        ORG    0000H
        AJMP   ST         中断程序的主程序
        ORG    0003H      和中断服务程序的
        AJMP   SER        布局
ST:     MOV    SP,#40H
        MOV    IE,#81H
        MOV    IP,#01H    中断的初始化
        MOV    TCON,#00H
        MOV    A,#01H     ;ACC初始化
RES:    MOV    P1,A       ;显示
        RL     A          ;循环移位
        LCALL  DEL        ;延时保持
        SJMP   RES        ;循环
```

```
SER:    PUSH   ACC      ⎫
        MOV    30H, R1  ⎬ 保护现场
        MOV    31H, R2  ⎭
        MOV    P1, # 00H
        MOV    R3, # 10
LOOP:   LCALL  DEL
        DJNZ   R3, LOOP
        MOV    R1, 30H  ⎫
        MOV    R2, 31H  ⎬ 恢复现场
        POP    ACC      ⎭
        MOV    P1, ACC
        RETI
DEL:    MOV    R7, # 123
DEL1:   MOV    R6, # 200
DEL2:   DJNZ   R6, DEL2
        DJNZ   R7, DEL1
        RET
        END
```

【任务实施】

① Keil 程序中,执行菜单命令"Project"→"New Project",创建"中断系统的应用"项目,并选择单片机型号为 AT89C51。

② 执行菜单命令"File"→"New",创建文件,输入汇编源程序,保存"中断系统的应用.ASM"。在 Project 栏的 File 项目管理窗口中右击文件组,选择"Add File Group Source Group1",将源程序"中断系统的应用.ASM"添加到项目中。

③ 执行菜单命令"Project"→"Options for Target target 1",在弹出的对话框中选择"Output"选项卡,选中"Create HEX File"。

④ 执行菜单命令"Project"、"Build Target",编译源程序,如果编译成功,则在"Output Window"窗口中显示没有错误,并创建了"中断系统的应用.HEX"。

⑤ 在 Keil 中执行菜单命令"Debug"→"Star/Stop Debug Seession",进入 Keil 调试环境。

⑥ 在 Keil 代码编辑窗口中设置相应断点,断点的设置方法,在需要设置断点语句的空白处双击,可设置断点;再次双击,可取消该断点。设置好断点后,在 Keil 中按 F5 键运行程序。在没有按下 $\overline{INT0}$ 的按钮时,显示顺序规律为:

1) 8 个 LED 依次左移点亮。

2) 8 个 LED 依次右移点亮。

3) LED0、LED2、LED4、LED6 亮 1 s 后熄灭,LED1、LED3、LED5、LED7 亮 1 s 后熄灭,LED0、LED2、LED4、LED6 亮 1 s 后熄灭……循环 3 次。按下中断按钮(按下 $\overline{INT0}$ 的按钮)时使 8 个 LED 闪烁 5 次,然后返回到中断前的状态,继续按前面的规律进行显示。

【任务评价】

中断系统的应用成绩评分标准如附表 9-3 所列。

课题四　数码管的静态显示

【任务引入】

发光二极管(Light Emitting Diode,LED)是单片机应用系统中常用的输出设备,LED由发光二极管构成,具有结构简单、价格便宜等特点。

【任务分析】

① 单片机对按键的识别和过程处理;

② 单片机对正确识别的按键进行计数,计数满时,又从零开始计数;

③ 单片机对计的数值要进行数码显示,计得的数是十进数,含有十位和个位,要把十位和个位拆开分别送出这样的十位和个位数值到对应的数码管上显示。如何拆开十位和个位则可以把所计得的数值对10求余,即可个位数字,对10整除,即可得到十位数字了。

④ 通过查表方式,分别显示出个位和十位数字。

数码管的静态显示电路原理图如图9-23所示。

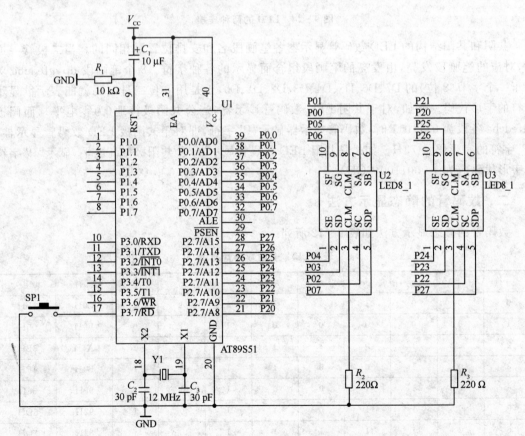

图9-23　数码管的静态显示电路原理图

模块九 单片机

【相关知识】

一、数码显示器的连接与显示方法

八段 LED 显示器由 8 个发光二极管组成。其中 7 个长条形的发光管排列成一个"日"字形,另一个圆点形的发光管在显示器的右下角作为显示小数点用,它能显示各种数字及部分英文字母。LED 显示器有两种不同的连接形式:一种是 8 个发光二极管的正极连在一起,称为共阳极连接;另一种是 8 个发光二极管的负极连在一起,称为共阴极,其内部电路图如图 9-24 所示。

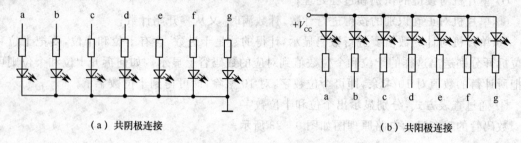

(a) 共阴极连接　　　　　　　　(b) 共阳极连接

图 9-24　LED 的两种连接

共阴和共阳结构的 LED 数码管显示器各笔画段名和安排位置是相同的。当二极管导通时,对应的笔画段发亮,由发亮的笔画段组合而显示的各种字符。8 个笔画段 dphgfedcba 对应于一个字节(8 位)的 D7、D6、D5、D4、D3、D2、D1、D0,于是用 8 位二进制码就能表示欲显示字符的字形代码。例如,对于共阴 LED 数码管显示器,当公共阴极接地(为零电平),而阳极 hgfedcba 各段为 0111011 时,数码管显示器显示"P"字符,即对于共阴极 LED 数码管显示器,"P"字符的字形码是 73H。如果是共阳 LED 数码管显示器,公共阳极接高电平,显示"P"字符的字形代码应为 1 0001100(8CH)。

二、数码管的静态显示方法

数码管的静态显示方法如表 9-12 所列。

表 9-12　七段数码管显示

字符	dp	g	f	e	d	c	b	a	共阳极	共阴极
0	0	0	1	1	1	1	1	1	C0H	3FH
1	0	0	0	0	0	1	1	0	F9H	06H
2	0	1	0	1	1	0	1	1	A4H	5BH
3	0	1	0	0	1	1	1	1	B0H	4FH
4	0	1	1	0	0	1	1	0	99H	66H
5	0	1	1	0	1	1	0	1	92H	6DH
6	0	1	1	1	1	1	0	1	82H	7DH
7	0	0	0	0	0	1	1	1	F8H	07H
8	0	1	1	1	1	1	1	1	80H	7FH
9	0	1	1	0	1	1	1	1	90H	6FH

三、程序框图

该项目程序框图如图 9-25 所示。

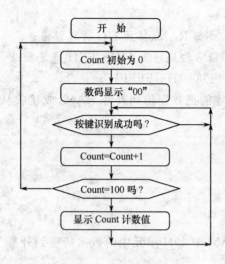

图 9-25 程序流程图

四、指 令

1. 伪指令

MCS-51 单片机汇编语言程序设计中，常用的伪指令有七条，即
① ORG——定位伪指令；
② END——结束汇编伪指令；
③ EQU——赋值伪指令；
④ DB——定义字节指令；
⑤ DW——定义数据字指令；
⑥ DS——定义存储区指令；
⑦ BIT——位定义指令。

2. 数据指针赋值指令(16 位数据指针)

当要对片外的 RAM 和 I/O 接口进行访问时，或进行查表操作时，通常要对 DPTR 赋值。
指令为：

MOV   DPTR,# data16

注意：将数据指针 DPTR 指向外部 RAM 的 2000H 单元。

MOV   DPTR,# 2000H

注意：将数据指针 DPTR 指向存于 ROM 中的表格首地址。

MOV   DPTR,# TABLE

3. 片外数据传送指令

使用 DPTR 和 Ri 进行间接寻址

```
MOVX  A,@DPTR          ;A←((DPTR))片外
MOVX  A,@Ri            ;A←((Ri))片外
MOVX  @DPTR,A          ;(DPTR)片外←(A)
MOVX  @Ri,A            ;(Ri)片外←(A)
```

注意：

① 该指令用在单片机和外部RAM、扩展I/O的数据传送；

② 使用Ri时，只能访问低8位地址为00H～FFH地址段；

③ 使用DPTR时，能访问0000H～FFFFH地址段。

在这里，只有累加器A才能把数据传到外部RAM，或接收从外部数据存储器传回的数据。比如：

```
MOVX  20H,@DPTR
MOVX  @DPTR,SBUF
MOVX  @DPTR,R2
MOVX  @DPTR,@R1
```

都是错误的。

思考：如果要将内部RAM中40H单元中的数据传递到外部RAM的2000H单元中，应如何解决？试写出相应程序。

4. 查表指令（ROM数据传送指令）

指令格式：

```
MOVC  A,  @A+DPTR      ;A←((A)+(DPTR))
MOVC  A,  @A+PC        ;A←((A)+(PC))
```

例：
```
      MOV  DPTR,#3000H
      MOV  A,#55H
      MOVC A,@A+DPTR
```

【任务实施】

① 在Keil程序中执行菜单命令"Project"→"New Project"，创建"数码管显示"项目，并选择单片机型号为AT89C51。

② 执行菜单命令"File"→"New"创建文件，输入汇编源程序，保存"数码管显示.ASM"。在Project栏的File项目管理窗口中右击文件组，选择"Add File Group Source Group1"，将源程序"数码管显示.ASM"添加到项目中。

③ 执行菜单命令"Project"→"Options for Target target 1"，在弹出的对话框中选择"Output"选项卡，选中"Create HEX File"。

④ 执行菜单命令"Project"→"Build Target"，编译源程序，如果编译成功，则在"Output Window"窗口中显示没有错误，并创建了"数码管显示.HEX"。

⑤ 把"单片机系统"区域中的P0.0/AD0～P0.7/AD7端口用8芯排线连接到"四路静态数码显示模块"区域中的任一个a～h端口上，要求P0.0/AD0对应a，P0.1/AD1对应b，……，P0.7/AD7对应着h。把"单片机系统"区域中的P2.0/A8～P2.7/A15端口用8芯排线连接到"四路静态数码显示模块"区域中的任一个数码管的a～h端口上；把"单片机系统"区域中的P3.7/RD端口用导线连接到"独立式键盘"区域中的SP1端口上。

【任务评价】
数码管的静态显示成绩评分标准见附表9-4所列。

课题五　4×4矩阵式键盘识别技术

【任务引入】
　　键盘是由若干个按键组成的，是向系统提供操作人员的干预命令及数据的接口设备。在单片机应用系统中，为了控制系统的工作状态，以及向系统中输入系统时，键盘是不可缺少的输入设备，它实现人机对话的纽带。编码键盘通过硬件的方法产生键码，能自动识别按下的键并产生相应的键码值，以并行或串行的方式发给CPU，它接口简单，响应速度快，但需要专用的硬件电路。非编码键盘通过软件方法产生键码，它不需专用的硬件电路，结构简单、成本低廉，但响应速度不如编码键盘快。为了减少电路的复杂程度，节省单片机的I/O口，在单片机应用系统中广泛使用非编码键盘。

【任务分析】
　　4×4矩阵键盘识别处理：每个按键有它的行值和列值，行值和列值的组合就是识别这个按键的编码。矩阵的行线和列线分别通过两并行接口和CPU通信。每个按键的状态同样需变成数字量"0"和"1"，开关的一端（列线）通过电阻接V_{cc}，而接地是通过程序输出数字"0"实现的。键盘处理程序的任务是：确定有无键按下，判断哪一个键按下，键的功能是什么；还要消除按键在闭合或断开时的抖动。两个并行口中，一个输出扫描码，使按键逐行动态接地，另一个并行口输入按键状态，由行扫描值和回馈信号共同形成键编码而识别按键，通过软件查表，查出该键的功能。

【相关知识】

一、按键消抖

　　开关S未被按下时，P1.0输入为高电平，S闭合后，P1.0输入为低电平。由于按键是机械触点，当机械触点断开、闭合时，会有抖动，P1.0输入端的波形如图9-26所示。这种抖动对于人来说是感觉不到的，但对计算机来说，则是完全能感应到的，因为计算机处理的速度是在微秒级，而机械抖动的时间至少是毫秒级，对计算机而言，这已是一个"漫长"的时间了。

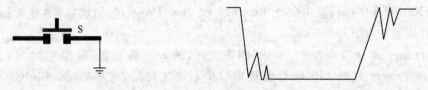

图9-26　按键抖动

　　为使CPU能正确地读出P1口的状态，对每一次按键只作一次响应，就必须考虑如何去除抖动，常用的去抖动的办法有两种：硬件办法和软件办法。单片机中常用软件法，因此，对于硬件办法这里不介绍。软件法其实很简单，就是在单片机获得P1.0口为低的信息后，不是立即认定S1已被按下，而是延时10 ms或更长一些时间后再次检测P1.0口，如果仍为低，说明

S1 的确按下了,这实际上是避开了按钮按下时的抖动时间。而在检测到按键释放后(P1.0 为高)再延时 5~10 ms,消除后沿的抖动,然后再对键值处理。

二、程序框图

程序框图如图 9-27 所示。

图 9-27 程序流程图

【任务实施】

① 在 Keil 程序中执行菜单命令"Project"→"New Project",创建"4×4 矩阵键盘"项目,并选择单片机型号为 AT89C51。

② 执行菜单命令"File"→"New"创建文件,输入汇编源程序,保存"4×4 矩阵键盘.ASM"。在 Project 栏的 File 项目管理窗口中右击文件组,选择"Add File Group Source Group1",将源程序"4×4 矩阵键盘.ASM"添加到项目中。

③ 执行菜单命令"Project"→"Options for Target target 1",在弹出的对话框中选择"Output"选项卡,选中"Create HEX File"。

④ 执行菜单命令"Project"→"Build Target",编译源程序,如果编译成功,则在"Output Window"窗口中显示没有错误,并创建了"4×4 矩阵键盘.HEX"。

⑤ 把"单片机系统"区域中的 P3.0~P3.7 端口用 8 芯排线连接到"4×4 行列式键盘"区

域中的 C1～C4、R1～R4 端口上。

⑥ 把"单片机系统"区域中的 P0.0/AD0～P0.7/AD7 端口用 8 芯排线连接到"四路静态数码显示模块"区域中的任一个 a～h 端口上；要求：P0.0/AD0 对应 a，P0.1/AD1 对应 b，……，P0.7/AD7 对应 h。以 P3.0～P3.3 作为列线，在数码管上显示每个按键的 0～F 序号，如图 9-28 所示。

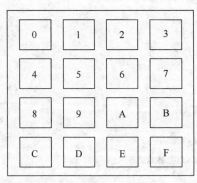

图 9-28　按键序号

【任务评价】
识别 4×4 矩阵式键盘成绩评分见附表 9-5 所列。

课题六　8×8 点阵式 LED 显示

【任务引入】
LED 点阵显示器由一串发光或不发光的点状（或条状）显示器按矩阵的方式排列组成的，其发光体是（LED 发光二极管）。目前，LED 点阵显示器的应用十分广泛，如广告中的字幕机、活动布告栏等。

【任务分析】
一个 8×8 在某一时刻只能显示一个字符，要想显示字符串或者显示图案，必须在显示完一个字符或图案后接着显示下一个字符或图案，因此需建立一个字符串库。
8×8 点阵式 LED 显示器电路如图 9-29 所示。

【相关知识】

一、8×8 点阵 LED 工作原理说明

① 8×8 点阵 LED 结构如图 9-30 所示。
② "★"在 8×8 个 LED 点阵上显示图如图 9-31 所示。
③ "●"在 8×8 个 LED 点阵上显示图如图 9-32 所示。
④ 心形图在 8×8 个 LED 点阵上显示图如图 9-33 所示。

模块九 单片机

二、汇编源程序

```
        CNTA    EQU     30H
        COUNT   EQU     31H
                ORG     00H
                LJMP    START
                ORG     0BH
                LJMP    T0X
                ORG     30H
START:          MOV     CNTA,#00H
                MOV     COUNT,#00H
                MOV     TMOD,#01H
                MOV     TH0,#(65536-1 000)/256
                MOV     TL0,#(65536-1 000) MOD 256
                SETB    TR0
                SETB    ET0
                SETB    EA
WT:             JB      P2.0,WT
                MOV     R6,#5
                MOV     R7,#248
D1:             DJNZ    R7,$
                DJNZ    R6,D1
                JB      P2.0,WT
                INC     COUNT
                MOV     A,COUNT
                CJNE    A,#03H,NEXT
                MOV     COUNT,#00H
NEXT:           JNB     P2.0,$
                SJMP    WT
T0X:            NOP
                MOV     TH0,#(65536-1 000)/256
                MOV     TL0,#(65536-1 000) MOD 256
                MOV     DPTR,#TAB
                MOV     A,CNTA
                MOVC    A,@A+DPTR
                MOV     P3,A
                MOV     DPTR,#GRAPH
                MOV     A,COUNT
                MOV     B,#8
                MUL     AB
                ADD     A,CNTA
                MOVC    A,@A+DPTR
                MOV     P1,A
```

```
        INC   CNTA
        MOV   A,CNTA
        CJNE  A,#8,NEX
        MOV   CNTA,#00H
NEX:    RETI
TAB:    DB 0FEH,0FDH,0FBH,0F7H,0EFH,0DFH,0BFH,07FH
GRAPH:  DB 12H,14H,3CH,48H,3CH,14H,12H,00H
        DB 00H,00H,38H,44H,44H,44H,38H,00H
        DB 30H,48H,44H,22H,44H,48H,30H,00H
        END
```

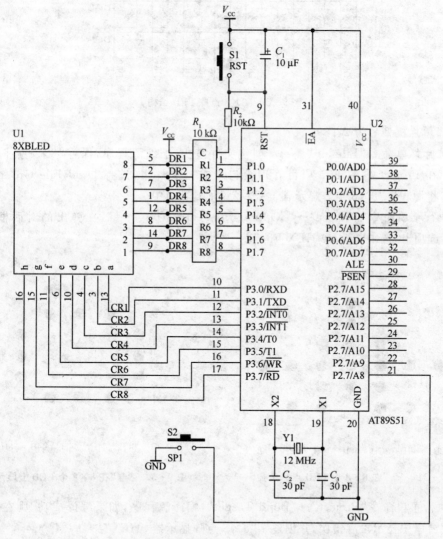

图 9-29 8×8 点阵式 LED 显示电路原理图

【任务实施】

① 在 Keil 程序中执行菜单命令"Project"→"New Project",创建"8×8 点阵显示器"项

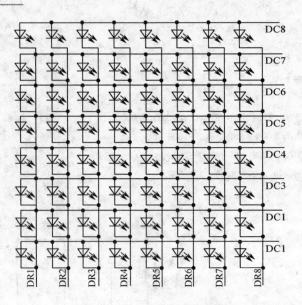

图 9-30　8×8 点阵 LED 结构

目,并选择单片机型号为 AT89C51。

②执行菜单命令"File"→"New"创建文件,输入汇编源程序,保存"8×8 点阵显示器.ASM"。在 Project 栏的 File 项目管理窗口中右击文件组,选择"Add File Group Source Group1",将源程序"8×8 点阵显示器.ASM"添加到项目中。

③执行菜单命令"Project"→"Options for Target target 1",在弹出的对话框中选择"Output"选项卡,选中"Create HEX File"。

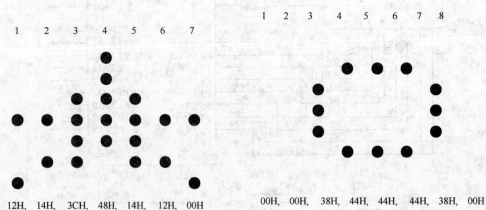

图 9-31　"★"在 8×8 个 LED 点阵上显示　　图 9-32　"●"在 8×8 个 LED 上显示

④执行菜单命令"Project"→"Build Target",编译源程序,如果编译成功,则在"Output Window"窗口中显示没有错误,并创建了"8×8 点阵显示器.HEX"。

⑤把"单片机系统"区域中的 P1 端口用 8 芯排芯连接到"点阵模块"区域中的"DR1~DR8"端口上。

⑥把"单片机系统"区域中的 P3 端口用 8 芯排芯连接到"点阵模块"区域中的"DC1~DC8"端口上。

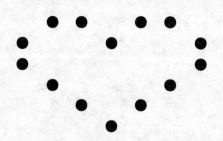

30H, 48H, 44H, 22H, 44H, 48H, 30H, 00H

图 9-33 心形图在 8×8 个 LED 点阵上显示

⑦ 把"单片机系统"区域中的 P2.0/A8 端子用导线连接到"独立式键盘"区域中的 SP1 端子上;在 8×8 点阵式 LED 显示"★"、"●"和心形图,通过按键来选择要显示的图形。

【任务评价】

8×8 点阵式 LED 显示成绩评分标准见附表 9-6 所列。

附 表

附表 1-1 低压电器检验成绩评分标准

班级：_____		姓名：_____	学号：_____	成绩：_____	

序号	主要内容	考核要求	评分标准	配分	扣分	得分
1	低压验电器的使用	熟练掌握低压验电器的使用方法	使用方法错误扣 10~20 分 电压高低判断错 10~20 分	50		
			直流电源极性判断错误 10 分	50		
2	安全文明生产	能够保证人身、设备安全	违反安全文明操作规程扣 5~10 分	10		

本次实训技能点：

学生任务实施过程的小结及反馈：

附表 1-2　螺钉旋具的使用成绩评分标准

班级：		姓名：		学号：		成绩：	
序号	主要内容	考核要求	评分标准		配分	扣分	得分
1	螺钉旋具的使用	熟练掌握螺钉旋具的使用方法	螺钉旋具使用方法错误扣 20 分		20		
			木螺钉旋入木板方向歪斜扣 5～30 分		30		
			电气元件安装歪斜或与木板间有缝隙扣 5～20 分		20		
			操作过程中损坏电气元件扣 30 分		30		
2	安全文明生产	能够保证人身、设备安全	违反安全文明操作规程扣 5～20 分		10		

本次实训技能点：

学生任务实施过程的小结及反馈：

附表1-3　电工常用工具应用与导线绝缘层的剖削成绩评分标准

班级：		姓名：		学号：		成绩：	
序号	主要内容	考核要求	评分标准	配分	扣分	得分	
1	导线绝缘层的剖削	熟练掌握常用导线绝缘层的剖削方法	工具选用错误扣5分	5			
			操作方法错误扣5~10分	10			
			线芯有断丝、受损现象5~10分	10			
2	安装圈的制作	安装圈的形状	安装圈过大或过小扣5~25分	25			
			安装圈不圆扣5~25分	25			
			安装圈开口过大扣5~10分	10			
			绝缘层剖削过多扣15分	15			
3	安全文明生产	能够保证人身、设备安全	违反安全文明操作规程扣5~20分	10			

本次实训技能点：

学生任务实施过程的小结及反馈：

附表1-4　导线的连接成绩评分标准

| 班级： | 姓名： | 学号： | 成绩： |

序号	主要内容	考核要求	评分标准	配分	扣分	得分
1	单股铜线的直线连接	熟练掌握单股铜线的直线连接、T字形连接	剖削方法不正确扣5分	20		
2	单股铜线的T字形连接		芯线有刀伤、钳伤、断芯情况扣5分	20		
3	7芯铜线的直线连接	熟练掌握7芯铜线的直线连接、T字形连接	导线缠绕方法错误扣5分	30		
4	7芯铜线的T字形连接		导线连接不整齐,不紧,不平直,不圆扣5分	30		
5	安全文明生产	能够保证人身、设备安全	违反安全文明操作规程扣5~20分	10		

学生任务实施过程的小结及反馈：

教师点评：

附表 1-5　导线绝缘恢复成绩评分标准

班级：		姓名：	学号：	成绩：		
序号	主要内容	考核要求	评分标准	配分	扣分	得分
1	单股导线接头的绝缘恢复	熟练掌握单股导线和多芯导线接头的绝缘恢复	包缠方法错误扣 30 分 有水渗入绝缘层扣 10 分 有水渗到导线上扣 10 分	50		
2	多芯导线接头的绝缘恢复			50		
3	安全文明生产	能够保证人身、设备安全	违反安全文明操作规程扣 5~20 分	20		

学生任务实施过程的小结及反馈：

教师点评：

附表2-1 接触器的拆装与检修成绩评分标准

班级：_____ 姓名：_____ 学号：_____ 成绩：_____

序号	项目内容	配分	评分标准	扣分	得分
1	拆卸和装配	20	1）拆卸步骤及方法不正确，每次扣5分 2）拆装不熟练扣5～10分 3）丢失零部件，每件扣10分 4）拆卸后不能组装扣15分 5）损坏零部件 扣20分		
2	检修	30	1）未进行检修或检修无效果扣30分 2）检修步骤及方法不正确，每次扣5分 3）扩大故障扣30分		
3	效验	25	1）不能进行通电效验扣25分 2）检验的方法不正确扣10～20分 3）检验效果不正确扣10～20分 4）通电时有震动或噪声扣10分		
4	调整触头压力	25	1）不能凭经验判断触头压力扣10分 2）不会测量触头压力扣10分 3）触头压力测量不准确扣10分 4）触头压力的调整方法不正确扣15分		
5	安全文明生产	10	违反安全文明生产规程扣5～10分		

学生任务实施过程的小结及反馈：

教师点评：

附表 2-2 三相异步电动机正转控制线路的安装与调试成绩评分标准

| 班级： | 姓名： | 学号： | 成绩： |

序号	项目内容	配 分	评分标准	扣分	得分
1	装前检查	5	电器元件漏检或错检,每处扣 5 分		
2	安装元件	15	不按布置图安装扣 15 分 元件安装不牢固,每只扣 4 分 元件安装不整齐、不匀称、不合理每只扣 3 分 损坏元件扣 15 分		
3	布 线	40	不按电路图接线扣 25 分 布线不符合要求: 　主电路,每根扣 4 分 　控制电路,每根扣 2 分 　节点不符合要求,每个节点扣 1 分 　损伤导线绝缘或线芯,每根扣 5 分		
4	通电试车	40	第一次试车不成功扣 20 分 第二次试车不成功扣 30 分 第三次试车不成功扣 40 分		
5	安全文明生产	10	违反安全文明生产规程扣 5~10 分		
6	定额时间	2.5 h	每超 5 min 扣 5 分		

学生任务实施过程的小结及反馈：

教师点评：

附表 2-3　三相异步电动机正反转控制线路的安装与调试成绩评分标准

| 班级：_____ | 姓名：_____ | 学号：_____ | 成绩：_____ |

序号	项目内容	配　分	评分标准	扣分	得分
1	装前检查	5	电器元件漏检或错检，每处扣 5 分		
2	安装元件	15	不按布置图安装扣 15 分 元件安装不牢固，每只扣 4 分 元件安装不整齐、不匀称、不合理每只扣 3 分 损坏元件扣 15 分		
3	布　线	40	不按电路图接线扣 25 分 布线不符合要求： 　　主电路，每根扣 4 分 　　控制电路，每根扣 2 分 节点不符合要求，每个节点扣 1 分 损伤导线绝缘或线芯，每根扣 5 分		
4	通电试车	40	第一次试车不成功扣 20 分 第二次试车不成功扣 30 分 第三次试车不成功扣 40 分		
5	安全文明生产	10	违反安全文明生产规程扣 5~10 分		
6	定额时间	2.5 h	每超 5 min 扣 5 分		

学生任务实施过程的小结及反馈：

教师点评：

附表 2-4　顺序控制线路的安装与调试成绩评分标准

班级：		姓名：		学号：	成绩：	
序号	项目内容	配　分	评分标准		扣分	得分
1	装前检查	5	电器元件漏检或错检，每处扣 5 分			
2	安装元件	15	不按布置图安装扣 15 分 元件安装不牢固，每只扣 4 分 元件安装不整齐、不匀称、不合理每只扣 3 分 损坏元件扣 15 分			
3	布　线	40	不按电路图接线扣 25 分 布线不符合要求： 　主电路，每根扣 4 分 　控制电路，每根扣 2 分 节点不符合要求，每个节点扣 1 分 损伤导线绝缘或线芯，每根扣 5 分			
4	通电试车	40	第一次试车不成功扣 20 分 第二次试车不成功扣 30 分 第三次试车不成功扣 40 分			
5	安全文明生产	10	违反安全文明生产规程扣 5~10 分			
6	定额时间	2.5 h	每超 5 min 扣 5 分			

学生任务实施过程的小结及反馈：

教师点评：

附表 2-5 星形—三角形降压启动控制线路安装与调试成绩评分标准

班级：_____ 姓名：_____ 学号：_____ 成绩：_____

序号	项目内容	配 分	评分标准	扣分	得分
1	装前检查	5	电器元件漏检或错检，每处扣 5 分		
2	安装元件	15	不按布置图安装扣 15 分 元件安装不牢固，每只扣 4 分 元件安装不整齐、不匀称、不合理每只扣 3 分 损坏元件扣 15 分		
3	布　线	40	不按电路图接线扣 25 分 布线不符合要求： 　主电路，每根扣 4 分 　控制电路，每根扣 2 分 节点不符合要求，每个节点扣 1 分 损伤导线绝缘或线芯，每根扣 5 分		
4	通电试车	40	第一次试车不成功扣 20 分 第二次试车不成功扣 30 分 第三次试车不成功扣 40 分		
5	安全文明生产	10	违反安全文明生产规程扣 5～10 分		
6	定额时间	3 h	每超 5 min 扣 5 分		

学生任务实施过程的小结及反馈：

教师点评：

附表 2-6 单相半波整流能耗制动控制线路的安装与调试成绩评分标准

| 班级： | 姓名： | 学号： | 成绩： |

序号	项目内容	配 分	评分标准	扣分	得分
1	装前检查	5	电器元件漏检或错检，每处扣 5 分		
2	安装元件	15	不按布置图安装扣 15 分 元件安装不牢固，每只扣 4 分 元件安装不整齐、不匀称、不合理每只扣 3 分 损坏元件扣 15 分		
3	布 线	40	不按电路图接线扣 25 分 布线不符合要求： 　主电路，每根扣 4 分 　控制电路，每根扣 2 分 节点不符合要求，每个节点扣 1 分 损伤导线绝缘或线芯，每根扣 5 分		
4	通电试车	40	第一次试车不成功扣 20 分 第二次试车不成功扣 30 分 第三次试车不成功扣 40 分		
5	安全文明生产	10	违反安全文明生产规程扣 5~10 分		
6	定额时间	3 h	每超 5 min 扣 5 分		

学生任务实施过程的小结及反馈：

教师点评：

附表 2-7　单相半波整流能耗制动控制线路的安装与调试成绩评分标准

班级：＿＿＿＿＿＿　　姓名：＿＿＿＿＿＿　　学号：＿＿＿＿＿＿　　成绩：＿＿＿＿＿＿

序号	项目内容	配　分	评分标准	扣分	得分
1	装前检查	5	电器元件漏检或错检，每处扣 5 分		
2	安装元件	15	不按布置图安装扣 15 分 元件安装不牢固，每只扣 4 分 元件安装不整齐、不匀称、不合理每只扣 3 分 损坏元件扣 15 分		
3	布　线	40	不按电路图接线扣 25 分 布线不符合要求： 　　主电路，每根扣 4 分 　　控制电路，每根扣 2 分 节点不符合要求，每个节点扣 1 分 损伤导线绝缘或线芯，每根扣 5 分		
4	通电试车	40	第一次试车不成功扣 20 分 第二次试车不成功扣 30 分 第三次试车不成功扣 40 分		
5	安全文明生产	10	违反安全文明生产规程扣 5~10 分		
6	定额时间	3 h	每超 5 min 扣 5 分		

学生任务实施过程的小结及反馈：

教师点评：

附表 3-1 PLC 认知实训课题成绩评分标准

班级：_____　　姓名：_____　　学号：_____　　成绩：_____

序号	课题内容	考核要求	配分	评分标准	扣分	得分
1	PLC 整机识别	型号标识识别 硬件组成识别	20	标识识别不清，一次扣 3 分 各部分组成不清，每次扣 5 分		
2	编程软件使用	软件的正确使用 梯形图的正确输入	20	软件操作不当，每次扣 1 分 梯形图输入错误，每次扣 1 分		
3	程序下载	正确下载梯形 图示例程序	50	梯形图不能实现正确下载，扣 50 分		
4	安全文明生产	安全用电，不人为损坏设备，保持实训环境整洁，操作习惯良好	10	违反安全文明生产规程，扣 5~10 分		

学生任务实施过程的小结及反馈：

教师点评：

附表 3-2 典型电动机控制课题成绩评分标准

班级：		姓名：		学号：		成绩：		
序号	课题内容	考核要求	配分	评分标准		扣分	得分
1	接线图及 I/O 分配	I/O 分配表正确 输入输出接线图正确	20	分配表，每错一处扣 5 分 输入输出图，每错一处扣 5 分			
2	接　线	能够用导线正确将模拟实验板与 PLC 端子连接	20	连接线错一根，扣 10 分			
3	PLC 编程调试成功	程序编制实现功能操作步骤正确	50	一个功能不实现，扣 10 分 步骤操作错一处，扣 5 分 显示运行不正常，扣 5 分/台			
4	安全文明生产		10	违反安全文明生产规程，扣 5~10 分			

学生任务实施过程的小结及反馈：

教师点评：

附表 3-3 抢答器控制课题成绩评分标准

班级：_____ 姓名：_____ 学号：_____ 成绩：_____

序号	课题内容	考核要求	配分	评分标准	扣分	得分
1	接线图及 I/O 分配	I/O 分配表正确 输入输出接线图正确	20	分配表，每错一处扣 5 分 输入输出图，每错一处扣 5 分		
2	接线	能够用导线正确将模拟实验板与 PLC 端子连接	20	连接线错一根，扣 10 分		
3	PLC 编程调试成功	程序编制实现功能操作步骤正确	50	一个功能不实现，扣 10 分 步骤操作错一处，扣 5 分 显示运行不正常，扣 5 分/台		
4	安全文明生产		10	违反安全文明生产规程，扣 5~10 分		

学生任务实施过程的小结及反馈：

教师点评：

附表 3-4 十字路口交通灯控制课题成绩评分标准

班级：_____ 姓名：_____ 学号：_____ 成绩：_____

序号	课题内容	考核要求	配分	评分标准	扣分	得分
1	接线图及 I/O 分配	I/O 分配表正确 输入输出接线图正确	20	分配表，每错一处扣 5 分 输入输出图，每错一处扣 5 分		
2	接　线	能够用导线正确将模拟实验板与 PLC 端子连接	20	连接线错一根，扣 10 分		
3	PLC 编程调试成功	程序编制实现功能操作步骤正确	50	一个功能不实现，扣 10 分 步骤操作错一处，扣 5 分 显示运行不正常，扣 5 分/台		
4	安全文明生产		10	违反安全文明生产规程，扣 5~10 分		

学生任务实施过程的小结及反馈：

教师点评：

附表 3-5 四节传送带控制课题成绩评分标准

班级：		姓名：		学号：		成绩：		
序号	课题内容	考核要求	配分	评分标准	扣分	得分
1	接线图及 I/O 分配	I/O 分配表正确 输入输出接线图正确	20	分配表,每错一处扣 5 分 输入输出图,每错一处扣 5 分		
2	接线	能够用导线正确将模拟实验板与 PLC 端子连接	20	连接线错一根,扣 10 分		
3	PLC 编程调试成功	程序编制实现功能操作步骤正确	50	一个功能不实现,扣 10 分 步骤操作错一处,扣 5 分 显示运行不正常,扣 5 分/台		
4	安全文明生产		10	违反安全文明生产规程,扣 5~10 分		

学生任务实施过程的小结及反馈：

教师点评：

附表 3-6 音乐喷泉控制课题成绩评分标准

| 班级： | | 姓名： | | 学号： | | 成绩： | |

序号	课题内容	考核要求	配分	评分标准	扣分	得分
1	接线图及 I/O 分配	I/O 分配表正确 输入输出接线图正确	20	分配表，每错一处扣 5 分 输入输出图，每错一处扣 5 分		
2	接线	能够用导线正确将模拟实验板与 PLC 端子连接	20	连接线错一根，扣 10 分		
3	PLC 编程调试成功	程序编制实现功能操作步骤正确	50	一个功能不实现，扣 10 分 步骤操作错一处，扣 5 分 显示运行不正常，扣 5 分/台		
4	安全文明生产		10	违反安全文明生产规程，扣 5~10 分		

学生任务实施过程的小结及反馈：

教师点评：

附表 3-7　装配流水线控制课题成绩评分标准

班级：＿＿＿＿＿＿　　姓名：＿＿＿＿＿＿　　学号：＿＿＿＿＿＿　　成绩：＿＿＿＿＿＿							
序号	课题内容	考核要求	配分	评分标准	扣分	得分	
1	接线图及 I/O 分配	I/O 分配表正确 输入输出接线图正确	20	分配表，每错一处扣 5 分 输入输出图，每错一处扣 5 分			
2	接　线	能够用导线正确将模拟实验板与 PLC 端子连接	20	连接线错一根，扣 10 分			
3	PLC 编程调试成功	程序编制实现功能操作步骤正确	50	一个功能不实现，扣 10 分 步骤操作错一处，扣 5 分 显示运行不正常，扣 5 分/台			
4	安全文明生产		10	违反安全文明生产规程，扣 5～10 分			

学生任务实施过程的小结及反馈：

教师点评：

附表 3-8　机械手控制课题成绩评分标准

班级：		姓名：		学号：		成绩：	
序号	课题内容	考核要求	配分	评分标准		扣分	得分
1	接线图及 I/O 分配	I/O 分配表正确 输入输出接线图正确	20	分配表，每错一处扣 5 分 输入输出图，每错一处扣 5 分			
2	接　线	能够用导线正确将模拟实验板与 PLC 端子连接	20	连接线错一根，扣 10 分			
3	PLC 编程调试成功	程序编制实现功能操作步骤正确	50	一个功能不实现，扣 10 分 步骤操作错一处，扣 5 分 显示运行不正常，扣 5 分/台			
4	安全文明生　产		10	违反安全文明生产规程，扣 5~10 分			

学生任务实施过程的小结及反馈：

教师点评：

附表 3-9 基于 PLC 的 C6140 普通车床电气控制课题成绩评分标准

班级：_____　姓名：_____　学号：_____　成绩：_____

序号	课题内容	考核要求	配分	评分标准	扣分	得分
1	接线图及 I/O 分配	I/O 分配表正确 输入输出接线图正确	20	分配表,每错一处扣 5 分 输入输出图,每错一处扣 5 分		
2	接线	能够用导线正确将模拟实验板与 PLC 端子连接	20	连接线错一根,扣 10 分		
3	PLC 编程调试成功	程序编制实现功能操作步骤正确	50	一个功能不实现,扣 10 分 步骤操作错一处,扣 5 分 显示运行不正常,扣 5 分/台		
4	安全文明生产		10	违反安全文明生产规程,扣 5~10 分		

学生任务实施过程的小结及反馈：

教师点评：

附表 3-10 基于 PLC 的变频器外部端子的电机正反转控制课题成绩评分标准

班级:		姓名:		学号:		成绩:		
序号	课题内容	考核要求	配分	评分标准	扣分	得分
1	电路安装	变频器端口使用正确 PLC 端口使用正确	30	分配表,每错一处扣 5 分 输入输出图,每错一处扣 5 分		
2	变频器参数输入	正确将所需参数输入到变频器	30	参数输入错误一个,扣 4 分		
3	PLC 编程调试成功	程序编制实现功能操作步骤正确	30	显示运行不正常,扣 10 分		
4	安全文明生产		10	违反安全文明生产规程,扣 5~10 分		

学生任务实施过程的小结及反馈:

教师点评:

附表 4-1　用钳形电流表测量三相笼型异步电动机的空载电流成绩评分标准

| 班级： | | | 姓名： | | 学号： | | 成绩： | |

序号	主要内容	配分	考核要求	评分标准	扣分	得分
1	测量准备	20	测量准备工作准确到位	钳形表测量挡位选择不正确扣 10 分		
2	测量过程	40	测量过程准确无误	测量过程中操作步骤每错 1 处扣 5 分		
3	测量结果	20	测量结果在允许误差范围之内	测量结果有较大误差或错误扣 5 分		
4	维护保养	5	对使用的仪器进行简单的维护保养	维护保养有误扣 5 分		
5	安全文明生产	15		违纪一次扣 5 分		

学生任务实施过程的小结及反馈：

教师点评：

附表 4-2 使用兆欧表测量电动机绝缘电阻成绩评分标准

班级：_____ 姓名：_____ 学号：_____ 成绩：_____

序号	主要内容	配分	考核要求	评分标准	扣分	得分
1	测量准备	20	测量准备工作准确到位	兆欧表接线不正确扣10分		
2	测量过程	40	测量过程准确无误	测量过程中操作步骤每错1处扣5分		
3	测量结果	20	测量结果在允许误差范围之内	测量结果有较大误差或错误扣5分		
4	维护保养	5	对使用的仪器进行简单的维护保养	维护保养有误扣5分		
5	安全文明生产	15	违纪一次扣5分			

学生任务实施过程的小结及反馈：

教师点评：

附表 4-3　使用指针式万用表的基本操作成绩评分标准

班级：_____　　姓名：_____　　学号：_____　　成绩：_____

序号	主要内容	配分	考核要求	评分标准	扣分	得分
1	测量准备	20	测量准备工作准确到位	万用表测量挡位选择不正确扣10分		
2	测量过程	40	测量过程准确无误	测量过程中操作步骤每错1处扣5分		
3	测量结果	20	测量结果在允许误差范围之内	测量结果有较大误差或错误扣5分		
4	维护保养	5	对使用的仪器进行简单的维护保养	维护保养有误扣5分		
5	安全文明生产	15	违纪一次扣5分			

学生任务实施过程的小结及反馈：

教师点评：

附表 4-4　使用数字式万用表基本操作成绩评分标准

班级：_____　　姓名：_____　　学号：_____　　成绩：_____

序号	主要内容	配分	考核要求	评分标准	扣分	得分
1	测量准备	20	测量准备工作准确到位	万用表测量挡位选择不正确扣 10 分		
2	测量过程	40	测量过程准确无误	测量过程中操作步骤每错 1 处扣 5 分		
3	测量结果	20	测量结果在允许误差范围之内	测量结果有较大误差或错误扣 5 分		
4	维护保养	5	对使用的仪器进行简单的维护保养	维护保养有误扣 5 分		
5	安全文明生产	15		违纪一次扣 5 分		

学生任务实施过程的小结及反馈：

教师点评：

附表 4-5　使用数字式示波器测量波形的成绩评分标准

班级：_____　　姓名：_____　　学号：_____　　成绩：_____

序号	主要内容	配分	考核要求	评分标准	扣分	得分
1	测量准备	20	测量准备工作准确到位	通道选择、校准不正确扣10分		
2	测量过程	40	测量过程准确无误	测量过程中操作步骤每错1处扣5分		
3	测量结果	20	测量结果在允许误差范围之内	测量结果有较大误差或错误扣5分		
4	维护保养	5	对使用的仪器进行简单的维护保养	维护保养有误扣5分		
5	安全文明生产	15	违纪一次扣5分			

学生任务实施过程的小结及反馈：

教师点评：

附表 5-1　电阻器的识别与检测成绩评分标准

班级：		姓名：		学号：	成绩：		
序号	主要内容	配分	考核要求	评分标准		扣分	得分
1	电阻器的识别	20	正确识别电阻体上色环颜色	色环颜色识别错误每错1处扣4分			
2		20	并根据其颜色读出电阻值	读数错误每错1处扣4分			
3	电阻器、电位器的检测	40	正确使用万用表进行检测，测量结果正确	万用表使用不正确，每步扣3分 测量结果不正确，每件扣5分 不会检测，每件扣10分			
4	维护保养	5	对使用的仪器进行简单的维护保养	维护保养有误扣5分			
5	安全文明生产	15	违纪一次扣5分				

学生任务实施过程的小结及反馈：

教师点评：

附表 5-2 电容器的识别与检测评分表

班级：_____ 姓名：_____ 学号：_____ 成绩：_____

序号	主要内容	配分	考核要求	评分标准	扣分	得分
1	电容器的识别	20	正确识别其名称、型号及主要参数	-名称漏写或写错每件扣5分 型号漏写或写错每件扣3分 主要参数漏写或写错每件扣5分 不会识别，每件扣5分		
2	电容器的检测	40	正确使用万用表进行检测，测量结果正确	万用表使用不正确，每步扣3分 测量结果不正确，每件扣5分 不会检测，每件扣10分		
3	维护保养	5	对使用的仪器进行简单的维护保养	维护保养有误扣5分		
4	安全文明生产	15		违纪一次扣5分		

学生任务实施过程的小结及反馈：

教师点评：

附表 5-3 二极管识别与检测成绩评分标准

班级：_____　姓名：_____　学号：_____　成绩：_____

序号	主要内容	配分	考核要求	评分标准	扣分	得分
1	二极管的识别	40	正确识别其名称、型号、引脚极性及主要参数	名称漏写或写错，扣3分 极性、材料、类型及用途每漏写或写错，扣3分 不会直观识别引脚极性，每件扣2分		
2	二极管的检测	40	正确使用万用表进行引脚极性的判别及质量的好坏	万用表使用不正确，每步扣3分 不会判别引脚极性，每件扣5分 不会判别质量好坏，每件扣10分		
3	维护保养	5	对使用的仪器进行简单的维护保养	维护保养有误扣5分		
4	安全文明生产	15	违纪一次扣5分			

学生任务实施过程的小结及反馈：

教师点评：

附表 5-4 三极管识别与检测评分表

班级：_____ 姓名：_____ 学号：_____ 成绩：_____

序号	主要内容	配分	考核要求	评分标准	扣分	得分
1	三极管的识别	40	正确识别其名称、型号、引脚极性及主要参数	名称漏写或写错，扣3分 极性、材料、类型及用途每漏写或写错，扣3分 不会直观识别引脚极性，每件扣2分		
2	三极管的检测	40	正确使用万用表进行引脚极性的判别及质量好坏的判别	万用表使用不正确，每步扣3分 不会判别引脚极性，每件扣5分 不会判别质量好坏，每件扣10分		
3	维护保养	5	对使用的仪器进行简单的维护保养	维护保养有误扣5分		
4	安全文明生产	15		违纪一次扣5分		

学生任务实施过程的小结及反馈：

教师点评：

附表 5-5 电烙铁的拆装成绩评分标准

| 班级： | | | 姓名： | | 学号： | 成绩： |

序号	主要内容	配分	考核要求	评分标准	扣分	得分
1	电源线加工	20	电源线端头加工正确	剪裁、剥头、拧股每错一处扣5分		
2	安装烙铁芯	35	电烙铁芯安装正确可靠	不正确扣5分		
3	电源线与电烙铁插头、接线柱、地线的连接	20	电源线与插头、电烙铁接线柱连接可靠、无短路；电源线接地可靠	连接不可靠，每处扣5分出现短路扣10分		
4	手柄及螺钉固定	5	手柄及螺钉安装可靠	没拧紧，每处扣5分；出现断线或短路扣10分		
5	万用表复测	10	正确使用万用表检测电阻丝的通路和绝缘	不会使用万用表，每错一处扣2分		
6	安全文明生产	10	违纪一次扣5～10分			

学生任务实施过程的小结及反馈：

教师点评：

附表 5-6　元器件插装焊接成绩评分标准

班级：＿＿＿＿　姓名：＿＿＿＿＿　学号：＿＿＿＿　成绩：＿＿＿＿

序号	考核内容	配分	考核要求	评分标准	扣分	得分
1	插　件	40	电阻器、二极管卧式的安装离电路板间距 5 mm，色标法电阻的色环标志方向不一致 电容器、三极管垂直安装，元件底部离万能电路板距离 8 mm 按图装配，元件的位置、极性正确	元件安装歪斜，不对称，高度超差，色环电阻标志方向不一致。每处扣 3 分 错误漏装，每处扣 5 分		
2	焊　接	40	焊点光亮，清洁，焊料合适无漏焊、虚焊、假焊、搭焊、溅锡等现象 焊接后引脚剪脚留头长度小于 1 mm	焊点不光亮，焊料过多或过少，每处扣 3 分 漏焊、虚焊、假焊、搭焊、溅锡等每处扣 3 分 剪脚留头大于 1 mm，每处扣 2 分		
3	安全文明生产	20	安全用电，不人为损坏元器件、加工件和设备等 保持实习环境整洁，操作习惯良好	发生安全事故，扣总分 20 分 违反文明生产要求，视情况扣总分 5～20 分		

学生任务实施过程的小结及反馈：

教师点评：

附表 5-7 制作多用充电器成绩评分标准

班级: _____		姓名: _____		学号: _____	成绩: _____	

序号	考核内容	配分	考核要求	评分标准	扣分	得分
1	插件	20	电阻器、二极管离电路板间距5 mm,色标法电阻的色环标志方向不一致 电容器、三极管垂直安装,元件底部离万能电路板距离8 mm 按图装配,元件的位置、极性正确	元件安装歪斜,不对称,高度超差,色环电阻标志方向不一致,每处扣1分 错误漏装,每处扣5分		
2	焊接	20	焊点光亮,清洁,焊料合适 布局平直 无漏焊,虚焊,假焊,搭焊和溅锡等现象 焊接后引脚剪脚留头长度小于1 mm	焊点不光亮,焊料过多或过少,线不平直,每处扣0.5分 漏焊、虚焊、假焊、搭焊和溅锡等每处扣3分 剪脚留头大于1mm,每处扣0.5分		
3	总装	15	整机装配符合工艺要求 导线连接正确,绝缘恢复良好 变压器固定牢靠	错装、漏装每处扣1分 导线连接错误,每处扣1分 紧固件松动扣2分		
4	调试	30	按调试要求和步骤正确测量 正确使用万用表,正确使用示波器观察波形 关键点电位正常 直流电压3V、4.5V、6V输出	调试步骤错误,每次扣3分 万用表、示波器使用错误,每次扣5分 测量结果错误,每次扣5分,误差大,每次扣2分 无直流电压输出扣10分		
5	安全文明生产	15	安全用电,不人为损坏元气件、加工件和设备等 保持实习环境整洁,操作习惯良好	发生安全事故扣总分20分 违反文明生产要求,视情况扣总分5~20分		

学生任务实施过程的小结及反馈:

教师点评:

附表 5-8 制作光控音乐电路成绩评分标准

| 班级: | 姓名: | 学号: | 成绩: |

序号	考核内容	配分	考核要求	评分标准	扣分	得分
1	插件	20	1. 电阻器、二极管离电路板间距 5 mm,色标法电阻的色环标志方向不一致 2. 电容器、三极管垂直安装,元件底部离万能电路板 8 mm 3. 按图装配,元件的位置、极性正确	1. 元件安装歪斜,不对称,高度超差,色环电阻标志方向不一致,每处扣 1 分 2. 错误漏装,每处扣 5 分		
2	焊接	20	1. 焊点光亮,清洁,焊料合适 2. 布局平直 3. 无漏焊、虚焊、假焊、搭焊、溅锡等现象 4. 焊接后引脚剪脚留头长度小于 1 mm	1. 焊点不光亮,焊料过多或过少,线不平直,每处扣 0.5 分 2. 漏焊、虚焊、假焊、搭焊、溅锡等每处扣 3 分 3. 剪脚留头大于 1 mm,每处扣 0.5 分		
3	总装	20	1. 整机装配符合工艺要求 2. 导线连接正确,绝缘恢复良好 3. 变压器固定牢靠	1. 错装、漏装每处扣 1 分 2. 导线连接错误,每处扣 1 分 3. 紧固件松动扣 2 分		
4	调试	30	1. 按调试要求和步骤正确测量 2. 光电转换电路调试 3. 开关控制电路调试 4. 音乐播放电路调试	1. 调试步骤错误,每次扣 3 分 2. 万用表、示波器、使用错误,每次扣 5 分 3. 测量结果错误,每次扣 5 分;误差大,每次扣 2 分 4. 无声音输出扣 10 分		
5	安全文明生产	10	1. 安全用电,不人为损坏元器件、加工件和设备等 2. 保持实习环境整洁,操作习惯良好	1. 发生安全事故,扣总分 20 分 2. 违反文明生产要求,视情况扣总分 5~20 分		

学生任务实施过程的小结及反馈:

教师点评:

附表 5-9 制作温控电路成绩评分标准

班级：_____ 姓名：_____ 学号：_____ 成绩：_____

序号	考核内容	配分	考核要求	评分标准	扣分	得分
1	插件	20	1. 电阻器、二极管离电路板间距 5 mm，色标法电阻的色环标志方向不一致 2. 电容器、三极管垂直安装，元件底部离万能电路板 8 mm 3. 按图装配，元件的位置、极性正确	1. 元件安装歪斜，不对称，高度超差，色环电阻标志方向不一致，每处扣 1 分 2. 错误漏装，每处扣 5 分		
2	焊接	20	1. 焊点光亮，清洁，焊料合适 2. 布局平直 3. 无漏焊、虚焊、假焊、搭焊、溅锡等现象 4. 焊接后引脚剪脚留头长度小于 1 mm	1. 焊点不光亮，焊料过多或过少，线不平直，每处扣 0.5 分 2. 漏焊、虚焊、假焊、搭焊、溅锡等，每处扣 3 分 3. 剪脚留头大于 1 mm，每处扣 0.5 分		
3	总装	20	1. 整机装配符合工艺要求 2. 导线连接正确，绝缘恢复良好 3. 器件是否固定牢靠	1. 错装、漏装每处扣 1 分 2. 导线连接错误，每处扣 1 分 3. 紧固件松动扣 2 分		
4	调试	30	1. 按调试要求和步骤正确测量 2. 正确使用万用表、示波器观察波形 3. 关键点电位正常 4. 直流继电器是否吸合	1. 调试步骤错误，每次扣 3 分 2. 万用表、示波器、使用错误，每次扣 5 分 3. 测量结果错误，每次扣 5 分；误差大，每次扣 2 分 4. 直流继电器未吸合扣 10 分		
5	安全文明生产	10	1. 安全用电，不人为损坏元器件、加工件和设备等 2. 保持实习环境整洁，操作习惯良好	1. 发生安全事故，扣总分 20 分 2. 违反文明生产要求，视情况扣总分 5～20 分		

学生任务实施过程的小结及反馈：

教师点评：

附表 5-10 制作水满告知电路成绩评分标准

班级：_____　　姓名：_____　　学号：_____　　成绩：_____

序号	考核内容	配分	考核要求	评分标准	扣分	得分
1	插件	20	1. 电阻器、二极管离电路板间距5 mm,色标法电阻的色环标志方向不一致 2. 电容器、三极管垂直安装,元件底部距离万能电路板8 mm 3. 按图装配,元件的位置,极性正确	1. 元件安装歪斜,不对称,高度超差,色环电阻标志方向不一致,每处扣1分 2. 错误漏装,每处扣5分		
2	焊接	20	1. 焊点光亮,清洁,焊料合适 2. 布局平直 3. 无漏焊、虚焊、假焊、搭焊、溅锡等现象 4. 焊接后引脚剪脚留头长度小于1 mm	1. 焊点不光亮,焊料过多或过少,线不平直,每处扣0.5分 2. 漏焊、虚焊、假焊、搭焊、溅锡等每处扣3分 3. 剪脚留头大于1 mm,每处扣0.5分		
3	总装	20	1. 整机装配符合工艺要求 2. 导线连接正确,绝缘恢复良好	1. 错装、漏装每处扣1分 2. 导线连接错误,每处扣1分		
4	调试	30	1. 按调试要求和步骤正确测量 2. 正确使用万用表 3. 通电试验是否有问题	1. 调试步骤错误,每次扣3分 2. 万用表、示波器、使用错误,每次扣5分 3. 通电试验出现问题,每次扣2分		
5	安全文明生产	10	1. 安全用电,不人为损坏元器件、加工件和设备等 2. 保持实习环境整洁,操作习惯良好	1. 发生安全事故,扣总分20分 2. 违反文明生产要求,视情况扣总分5~20分		

学生任务实施过程的小结及反馈：

教师点评：

附表 5-11　制作十进制全加器译码显示电路成绩评分标准

班级：	姓名：	学号：	成绩：

序号	考核内容	配分	考核要求	评分标准	扣分	得分
1	插件	20	1. 电阻器离电路板间距 5 mm，色标法电阻的色环标志方向不一致 2. 按图装配，元件的位置、引脚位置正确	1. 元件安装歪斜，不对称，高度超差，色环电阻标志方向不一致，每处扣 1 分 2. 错误漏装，每处扣 5 分		
2	焊接	20	1. 焊点光亮，清洁，焊料合适 2. 布局平直 3. 无漏焊、虚焊、假焊、搭焊、溅锡等现象 4. 焊接后引脚剪脚留头长度小于 1 mm	1. 焊点不光亮，焊料过多或过少，线不平直，每处扣 0.5 分 2. 漏焊、虚焊、假焊、搭焊、溅锡等每处扣 3 分 3. 剪脚留头大于 1 mm，每处扣 0.5 分		
3	总装	20	1. 整机装配符合工艺要求 2. 导线连接正确，绝缘恢复良好 3. 引脚拖紧固电路板	1. 错装、漏装每处扣 1 分 2. 导线连接错误，每处扣 1 分 3. 紧固件松动扣 2 分		
4	调试	30	1. 按调试要求和步骤正确测量 2. 正确使用万用表 3. 10 V 档测量 S1、S2 电压	1. 调试步骤错误，每次扣 3 分 2. 万用表使用错误，每次扣 5 分 3. 测量结果错误，每次扣 5 分，误差大，每次扣 2 分 4. 无直流电压输出扣 10 分		
5	安全文明生产	10	1. 安全用电，不人为损坏元器件、加工件和设备等 2. 保持实习环境整洁，操作习惯良好	1. 发生安全事故，扣总分 20 分 2. 违反文明生产要求，视情况扣总分 5~20 分		

学生任务实施过程的小结及反馈：

教师点评：

附表 5-12　制作 555 集成块门铃电路成绩评分标准

班级：_____	姓名：_____		学号：_____	成绩：_____		
序号	考核内容	配分	考核要求	评分标准	扣分	得分
1	插件	20	1. 电阻器、二极管离电路板间距 5 mm，色标法电阻的色环标志方向不一致 2. 电容器垂直安装，元件底部距离万能电路板 8 mm 3. 按图装配，元件的位置、极性正确	1. 元件安装歪斜，不对称，高度超差，色环电阻标志方向不一致，每处扣 1 分 2. 错误漏装，每处扣 5 分		
2	焊接	20	1. 焊点光亮、清洁，焊料合适 2. 布局平直 3. 无漏焊、虚焊、假焊、搭焊、溅锡等现象 4. 焊接后引脚剪脚留头长度小于 1 mm	1. 焊点不光亮，焊料过多或过少，线不平直，每处扣 0.5 分 2. 漏焊、虚焊、假焊、搭焊、溅锡等每处扣 3 分 3. 剪脚留头大于 1 mm，每处扣 0.5 分		
3	总装	20	1. 整机装配符合工艺要求 2. 导线连接正确，绝缘恢复良好 3. 变压器固定牢靠	1. 错装、漏装每处扣 1 分 2. 导线连接错误，每处扣 1 分 3. 紧固件松动扣 2 分		
4	调试	30	1. 按调试要求和步骤正确测量 2. 正确使用万用表 3. 555 集成块各个引脚电压值正常	1. 调试步骤错误，每次扣 3 分 2. 万用表使用错误，每次扣 5 分 3. 测量结果错误，每次扣 5 分，误差大，每次扣 2 分		
5	安全文明生产	10	1. 安全用电，不人为损坏元器件、加工件和设备等 2. 保持实习环境整洁，操作习惯良好	1. 发生安全事故，扣总分 20 分 2. 违反文明生产要求，视情况扣总分 5~20 分		

学生任务实施过程的小结及反馈：

教师点评：

附表 6-1　利用 DXP 软件自制元器件并绘制原理图成绩评分标准

班级：	姓名：	学号：	成绩：		

序号	课题与技术要求	配分	评分标准	自检记录	交检记录	得分
1	软件使用正确	8	不合格无分			
2	元件绘制正确	16	不合格无分			
3	元件属性操作正确	12	一处不合格扣 2 分			
4	绘图工具使用正确	10	一处不合格扣 2 分			
5	电气检测正确	12	一处不合格扣 2 分			
6	PCB 操作正确	12	一处不合格扣 2 分			
7	按实训要求完成 PCB 设计	10				
8	安全用电	12	一处不合格扣 2 分			
9	安全文明生产	8	违纪一次扣 5 分			

学生任务实施过程的小结及反馈：

教师点评：

附表 6-2　利用 DXP 软件设计 PCB 板成绩评分标准

班级：_____		姓名：_____		学号：_____	成绩：_____	
序号	课题与技术要求	配分	评分标准	自检记录	交检记录	得分
1	软件使用正确	8	不合格无分			
2	元件绘制正确	16	不合格无分			
3	元件属性操作正确	12	一处不合格扣 2 分			
4	绘图工具使用正确	10	一处不合格扣 2 分			
5	电气检测正确	12	一处不合格扣 2 分			
6	PCB 操作正确	12	一处不合格扣 2 分			
7	按实训要求完成 PCB 设计	10				
8	安全用电	12	一处不合格扣 2 分			
9	安全文明生产	8	违纪一次扣 5 分			

学生任务实施过程的小结及反馈：

教师点评：

附表 7-1 CA6140 车床电气故障检修练习评分标准

班级：			姓名：	学号：	成绩：	

序号	考核内容	配分	评分标准	扣分	得分
1	故障分析	30	1. 故障分析、排除故障思路不正确扣 5~10 分 2. 不能标出最小故障范围扣 15 分		
2	故障排除	60	1. 断电不验电扣 5 分 2. 工具及仪表使用不当每次扣 5 分 3. 检查故障的方法不正确扣 20 分 4. 排除故障的方法不正确扣 20 分 5. 不能排除故障点每个扣 30 分 6. 扩大故障范围或产生新的故障点每个扣 40 分 7. 损坏电器元件每只扣 20~40 分 8. 排除故障后通电试车不成功扣 50 分		
3	文明生产	10	违反安全文明生产规定扣 10 分		
4	规定时间	1 h	每超时 5 min 扣 5 分		

学生任务实施过程的小结及反馈情况：

教师点评：

附表 7-2　M7120 平面磨床电气控制线路检修评分标准

班级：_____　　姓名：_____　　学号：_____　　成绩：_____

序号	考核内容	配分	评分标准	扣分	得分
1	故障分析	30	1. 故障分析、排除故障思路不正确扣 5～10 分 2. 不能标出最小故障范围扣 15 分		
2	故障排除	60	1. 断电不验电扣 5 分 2. 工具及仪表使用不当每次扣 5 分 3. 检查故障的方法不正确扣 20 分 4. 排除故障的方法不正确扣 20 分 5. 不能排除故障点每个扣 30 分 6. 扩大故障范围或产生新的故障点每个扣 40 分 7. 损坏电器元件每只扣 20～40 分 8. 排除故障后通电试车不成功扣 50 分		
3	文明生产	10	违反安全文明生产规定扣 10 分		
4	规定时间	1 h	每超时 5 min 扣 5 分		

学生任务实施过程的小结及反馈情况：

教师点评：

附表 7-3　Z3050 摇臂钻床电气控制线路检修评分标准

班级：			姓名：	学号：	成绩：	
序号	考核内容	配分	评分标准		扣分	得分
1	故障分析	30	1. 故障分析、排除故障思路不正确扣 5～10 分 2. 不能标出最小故障范围扣 15 分			
2	故障排除	60	1. 断电不验电扣 5 分 2. 工具及仪表使用不当每次扣 5 分 3. 检查故障的方法不正确扣 20 分 4. 排除故障的方法不正确扣 20 分 5. 不能排除故障点每个扣 30 分 6. 扩大故障范围或产生新的故障点每个扣 40 分 7. 损坏电器元件每只扣 20～40 分 8. 排除故障后通电试车不成功扣 50 分			
3	文明生产	10	违反安全文明生产规定扣 10 分			
4	规定时间	1 h	每超时 5 min 扣 5 分			

学生任务实施过程的小结及反馈情况：

教师点评：

附表 7-4　X62W 万能铣床电气控制线路检修评分标准

班级：_____　　姓名：_____　　学号：_____　　成绩：_____

序号	考核内容	配分	评分标准	扣分	得分
1	故障分析	30	1. 故障分析、排除故障思路不正确扣 5~10 分 2. 不能标出最小故障范围扣 15 分		
2	故障排除	60	1. 断电不验电扣 5 分 2. 工具及仪表使用不当每次扣 5 分 3. 检查故障的方法不正确扣 20 分 4. 排除故障的方法不正确扣 20 分 5. 不能排除故障点每个扣 30 分 6. 扩大故障范围或产生新的故障点每个扣 40 分 7. 损坏电器元件每只扣 20~40 分 8. 排除故障后通电试车不成功扣 50 分		
3	文明生产	10	违反安全文明生产规定扣 10 分		
4	规定时间	1 h	每超时 5 min 扣 5 分		

学生任务实施过程的小结及反馈情况：

教师点评：

附表 7-5　T68 镗床机床线路检修评分标准

班级：＿＿＿＿＿＿　　姓名：＿＿＿＿＿＿　　学号：＿＿＿＿　　成绩：＿＿＿＿＿＿

序号	考核内容	配分	评分标准	扣分	得分
1	仪表使用	10	仪表使用是否正确扣 5~10 分		
2	判别方法	30	判别方法否正确扣 10~30 分		
3	判别结果	40	1. 三相判别是否正确扣 10~20 分 2. 首尾端判别是否正确扣 20~40 分		
4	复验方法	10	检查方法、结果是否正确扣 5~10 分		
5	文明生产	10	违反安全文明生产规定扣 10 分		
6	规定时间	2.5 h	每超时 5 min 扣 5 分		

学生任务实施过程的小结及反馈情况：

教师点评：

附表 8-1　三相异步电动机的拆装成绩评分标准

班级：			姓名： 　　　学号： 　　　成绩：		
序号	考核内容	配分	评分标准	扣分	得分
1	故障分析	30	1. 故障分析、排除故障思路不正确扣 5~10 分 2. 不能标出最小故障范围扣 15 分		
2	故障排除	60	1. 断电不验电扣 5 分 2. 工具及仪表使用不当每次扣 5 分 3. 检查故障的方法不正确扣 20 分 4. 排除故障的方法不正确扣 20 分 5. 不能排除故障点每个扣 30 分 6. 扩大故障范围或产生新的故障点每个扣 40 分 7. 损坏电器元件每只扣 20~40 分 8. 排除故障后通电试车不成功扣 50 分		
3	文明生产	10	违反安全文明生产规定扣 10 分		
4	规定时间	1 h	每超时 5 min 扣 5 分		

学生任务实施过程的小结及反馈情况：

教师点评：

附表 8-2　三相异步电动机定子绕组首尾端判别成绩评分标准

班级：_____　　姓名：_____　　学号：_____　　成绩：_____

序号	考核内容	配分	评分标准	扣分	得分
1	仪表使用	10	仪表使用是否正确扣 5~10 分		
2	判别方法	30	判别方法否正确扣 10~30 分		
3	判别结果	40	1. 三相判别是否正确扣 10~20 分 2. 首尾端判别是否正确扣 20~40 分		
4	复验方法	10	检查方法、结果是否正确扣 5~10 分		
5	文明生产	10	违反安全文明生产规定扣 10 分		
6	规定时间	2.5 h	每超时 5 min 扣 5 分		

学生任务实施过程的小结及反馈情况：

教师点评：

附表 9-1　51 系列通用 I/O 控制成绩评分标准

班级：		姓名：		学号：		成绩：	

序号	课题与技术要求	配分	评分标准	自检记录	交检记录	得分
1	软件使用正确	8	不合格无分			
2	源程序编写正确	12	不合格无分			
3	程序现象正确	26	一处不合格扣 2 分			
4	操作过程正确	10	一处不合格扣 2 分			
5	电路原理图绘制正确	12	一处不合格扣 2 分			
6	设备使用过程正确	12	一处不合格扣 2 分			
7	安全用电	12	一处不合格扣 2 分			
8	安全文明生产	8	违纪一次扣 5 分			

学生任务实施过程的小结及反馈：

教师点评：

附表 9-2 定时器/计数器的应用成绩评分标准

班级：_____ 姓名：_____ 学号：_____ 成绩：_____

序号	课题与技术要求	配分	评分标准	自检记录	交检记录	得分
1	软件使用正确	8	不合格无分			
2	源程序编写正确	12	不合格无分			
3	按任务要求程序现象正确	26	一处不合格扣2分			
4	操作过程正确	10	一处不合格扣2分			
5	电路原理图绘制正确	12	一处不合格扣2分			
6	设备使用过程正确	12	一处不合格扣2分			
7	安全用电	12	一处不合格扣2分			
8	安全文明生产	8	违纪一次扣5分			

学生任务实施过程的小结及反馈：

教师点评：

附表 9-3　中断系统的应用成绩评分标准

班级：	姓名：	学号：	成绩：		
序号	课题与技术要求	配分	评分标准	自检记录	交检记录	得分

序号	课题与技术要求	配分	评分标准	自检记录	交检记录	得分
1	软件使用正确	8	不合格无分			
2	源程序编写正确	12	不合格无分			
3	按任务程序现象正确	26	一处不合格扣 2 分			
4	操作过程正确	10	一处不合格扣 2 分			
5	电路原理图绘制正确	12	一处不合格扣 2 分			
6	设备使用过程正确	12	一处不合格扣 2 分			
7	安全用电	12	一处不合格扣 2 分			
8	安全文明生产	8	违纪一次扣 5 分			

学生任务实施过程的小结及反馈：

教师点评：

附表9-4 数码管的静态显示成绩评分标准

班级：＿＿＿＿＿＿ 姓名：＿＿＿＿＿＿＿ 学号：＿＿＿＿＿ 成绩：＿＿＿＿＿＿

序号	课题与技术要求	配分	评分标准	自检记录	交检记录	得分
1	软件使用正确	8	不合格无分			
2	源程序编写正确	12	不合格无分			
3	按任务程序现象正确	26	一处不合格扣2分			
4	操作过程正确	10	一处不合格扣2分			
5	电路原理图绘制正确	12	一处不合格扣2分			
6	设备使用过程正确	12	一处不合格扣2分			
7	安全用电	12	一处不合格扣2分			
8	安全文明生产	8	违纪一次扣5分			

学生任务实施过程的小结及反馈：

教师点评：

附表 9-5　识别 4×4 矩阵式键盘成绩评分标准

班级：＿＿＿＿＿		姓名：＿＿＿＿＿		学号：＿＿＿＿	成绩：＿＿＿＿＿	
序号	课题与技术要求	配分	评分标准	自检记录	交检记录	得分
1	软件使用正确	8	不合格无分			
2	源程序编写正确	12	不合格无分			
3	按任务程序现象正确	26	一处不合格扣2分			
4	操作过程正确	10	一处不合格扣2分			
5	电路原理图绘制正确	12	一处不合格扣2分			
6	设备使用过程正确	12	一处不合格扣2分			
7	安全用电	12	一处不合格扣2分			
8	安全文明生产	8	违纪一次扣5分			

学生任务实施过程的小结及反馈：

教师点评：

附表 9-6 8×8 点阵式 LED 显示成绩评分标准

班级：＿＿＿＿＿＿ 姓名：＿＿＿＿＿＿ 学号：＿＿＿＿ 成绩：＿＿＿＿＿＿

序号	课题与技术要求	配分	评分标准	自检记录	交检记录	得分
1	软件使用正确	8	不合格无分			
2	源程序编写正确	12	不合格无分			
3	按任务程序现象正确	26	一处不合格扣 2 分			
4	操作过程正确	10	一处不合格扣 2 分			
5	电路原理图绘制正确	12	一处不合格扣 2 分			
6	设备使用过程正确	12	一处不合格扣 2 分			
7	安全用电	12	一处不合格扣 2 分			
8	安全文明生产	8	违纪一次扣 5 分			

学生任务实施过程的小结及反馈：

教师点评：

参考文献

[1] 机械工业技师考评培训教材编审委员会. 维修电工技师培训教材. 北京:机械工业出版社,2003.
[2] 舒伟红. 单片机原理与实训教程. 北京:科学出版社,2008.
[3] 王天曦,李鸿儒. 电子技术工艺基础. 北京:清华大学出版社,2000.
[4] 清华大学电子工艺实习教研组. 电子工艺实习讲义. 2005.
[5] 杨承毅,刘起义. 电工电子仪表的使用. 北京:人民邮电出版社,2009.
[6] 温风英. 电工电子技术与技能. 北京:机械工业出版社.
[7] 李敬梅. 电力拖动控制线路与技能训练. 北京:中国劳动社会保障出版社,2007.
[8] 刘进峰. 电子制作实训. 北京:中国劳动社会保障出版社,2006.
[9] 方承远. 工厂电气控制技术. 北京:机械工业出版社,2007.
[10] 浙江天煌科技实业有限公司. THPWJ-2型高级维修电工及技师技能实训考核装置实验讲义,THHAJS-1R型维修电工技师、高级技师技能实训考核装置实验讲义.
[11] 王廷才,王崇文. 电子线路计算机辅助设计 Protel 2004. 北京:高等教育出版社,2009.
[12] 谭胜富. 电工安全技术. 北京:化学工业出版社,2009.
[13] 吴志敏,阳胜峰. 西门子PLC与变频器、触摸屏综合应用教程. 北京:中国电力出版社.
[14] 程周. 欧姆龙系列PLC入门与应用实例. 北京:中国电力出版社,2009.